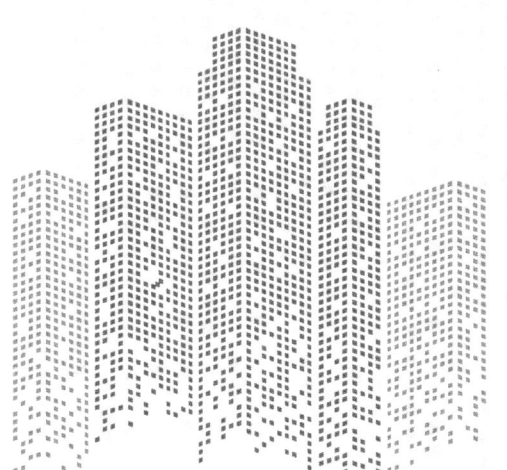

传承与创新
新时代科技工作的思考与探索

INHERITANCE AND
INNOVATION

高随祥　吴　静　张艳荣　◎主编

科学出版社
北　京

内 容 简 介

本书从"科学家精神""科技管理创新""科技成果转化""科技合作与竞争""人才队伍建设"五个部分，阐述了对新时代中国科学事业发展的探索与思考。本书既有以我国科学家的具体事例为基础的对新时代科学家精神的深入分析和阐述；又有从科研机构党建工作、原始创新策源地打造、关键核心技术突破、科技资源优化配置、生态文明建设的评价指标体系等方面，对科技攻关的组织、实施和管理进行了研究并提出的政策性建议；还有就基础研究如何支撑国家现代产业体系、如何构建高校和科研机构科技成果转化体系、如何形成基于企业的科技成果转化机制进行的分析探讨和对策方案；更有聚焦国家科研机构人才队伍建设、解放科研人员创新能力、提升战略科学家领导力等问题而进行的深入思考和分析，并提出了具体的建议。

本书适合科技工作者和科技战线的党务工作者阅读。

图书在版编目（CIP）数据

传承与创新：新时代科技工作的思考与探索/高随祥，吴静，张艳荣主编. —北京：科学出版社，2023.2
 ISBN 978-7-03-072674-2

Ⅰ. ①传⋯ Ⅱ. ①高⋯ ②吴⋯ ③张⋯ Ⅲ. ①科学研究工作-研究-中国 Ⅳ. ①G322

中国版本图书馆CIP数据核字（2022）第111624号

特约编辑：王佳家 / 责任编辑：刘英红 / 责任校对：贾伟娟
责任印制：张 伟 / 封面设计：润一文化

科学出版社 出版
北京东黄城根北街16号
邮政编码：100717
http://www.sciencep.com

北京中科印刷有限公司 印刷
科学出版社发行 各地新华书店经销

*

2023年2月第 一 版　开本：720×1000　1/16
2023年7月第二次印刷　印张：18 1/2
字数：312 000
定价：148.00元
（如有印装质量问题，我社负责调换）

本书编委会（按姓名音序排列）

白鹭	曹敏	程睿	邓海啸	范一中	盖永华
关红霞	关树宏	高随祥	郭曰方	韩诚山	韩广轩
何林	黄飞敏	黄鹤飞	黄延强	金魁	孔大力
李琦	李雪	李于	刘博	刘陈立	刘传周
聂广军	沈俊	史迅	宋华龙	孙东明	孙鸿雁
孙周通	谭红军	陶建华	王道爱	王飞	王佳家
吴静	吴永红	武延军	许操	袁小华	张爱兵
张明义	张西营	张新刚	张艳荣	赵方臣	赵惠
赵宇	郑大伟	周莉	周伟奇	周溪	周霞
祝惠					

前　言

新中国成立以来，我国的科技事业在底子薄、基础差的艰难条件下，几代科技工作者数十年接续奋斗、攻坚克难、勇于攀登，取得了跨越式的巨大进步，与世界先进科技的差距大幅缩小。从"向科学进军"到"科学的春天"，再到"863"计划和"973"计划、科教兴国、知识创新工程、创新驱动发展战略以及当前的新时代高水平科技自立自强，我们向世界科技巅峰发起了一次又一次冲锋，实现了从跟跑、并跑到部分领跑的跨越，取得了辉煌的科技成就，为社会发展、国民经济建设和人民福祉增进做出了重要贡献。从"两弹一星"研制、人工合成牛胰岛素、青蒿素的发现，到杂交水稻育种、哥德巴赫猜想的突破，再到现在的北斗导航、嫦娥探月、载人航天、深空探测、深海探测、深地探测、高铁核电、先进制造、现代农业、清洁能源、生态环境治理、基因组计划、干细胞和生命科学进展、纳米科技、量子科技、现代信息技术、高性能计算等，我们在很多科技领域已经走在了世界的前列。

当前，我们进入了实现中华民族伟大复兴"第二个百年"奋斗目标的新时代，新一轮科技革命的浪潮风起云涌，社会和经济的发展更加依赖于科技进步，国家间的竞争越来越聚焦于科技实力的竞争，国家和人民对科技发展寄予前所未有的更高期望，但我们在一些科技领域与世界先进水平还有一定差距，科技工作面临新的需求和更大的挑战。在这样的形势下，如何传承和弘扬我国科技发展历程中所铸造的中国科学家精神，如何在新发展阶段更加有效地组织和实施科学研究工作，如何提升科研机构的效能，如何促进重大科技成果产出，如何加速实现高水平科技自立自强，如何更好地适应国家需求和满足人民期盼，这些问题需要我们深入思考和解答。这是一件紧迫而有现实意义的大事。

本书收录了专家学者和一线科技工作者的 17 篇文章，分为"科学家精神""科技管理创新""科技成果转化""科技合作与竞争""人才队伍建设"五个部分。在"科学家精神"部分，中国科学院文联名誉主席、俄罗斯艺术科学院荣誉院士郭曰方在《大力弘扬科学家精神　建设世界科技强国》文章中，以我国科学家的具体事例为基础，对新时代科学家精神进行了深入的分析和阐述。中国科学院科学家精神宣讲团专家、中国科学院文献情报中心原党委书记何林在《感悟"两弹一星"精神》一文中，借助"两弹一星"科学家的故事，生动阐释了"两弹一星"精神。中国科学院大学党委副书记、中国科学院党校副校长高随祥教授在《当代中国科学家精神探源》文章中，分析了当代中国科学家精神形成的历史背景，阐述了当代中国科学家精神的内涵。在"科技管理创新"部分，作者们分别从科研机构党建工作、原始创新策源地打造、关键核心技术突破、科技资源优化配置、生态文明建设的评价指标体系等方面，对科技攻关的组织、实施和管理进行了研究并提出了政策性建议。在"科技成果转化"部分，作者们就基础研究如何支撑国家现代产业体系、如何构建高校和科研机构科技成果转化现代化体系、如何形成基于企业的科技成果转化机制进行了分析探讨并提出了对策方案。在"科技合作与竞争"部分，作者们围绕科学共同体、独立自主与合作共享、竞争格局下的软件研发突破等专题进行了分析和研究，并提出了自己的见解。在"人才队伍建设"部分，作者们聚焦国家科研机构人才队伍建设、解放科研人员创新能力、提升战略科学家领导力等问题而进行的深入思考和分析，并提出了具体的建议。其中特别是中国科学院大学谭红军同志的《战略科学家领导力研究》一文，从战略科学家的界定、战略科学家领导力的概念出发，深入研究和深刻阐述了战略科学家的科技感召力、洞察力、原创力、激励力、影响力等领导力要素，分析了战略科学家领导力形成的路径，是一篇关于战略科学家领导力的系统性研究论文。

希望本书的这些研究和思考能引起读者的共鸣，所提出的问题、建议和对策能对科技管理研究者和科技政策制定者有所启发和帮助。

本书在编撰和成书过程中，不仅得到了文章作者们的积极响应和配合，也得到了中国科学院大学、中国科学院党校、科学出版社等单位的大力支持和帮助，特别是得到了中国科学院大学"管理支撑创新能力提升研究项目"的资助，中国科学院党校办公室的朱飞燕、杨赛楠、李焱、孙千然、王雪洁等同志参与了书稿的整理和校对等工作，审稿专家对书稿提出了中肯的修改意见，在此一并致谢！特别感谢中国科技出版传媒集团王佳家等相关同志的大力帮助！

编　者

2022 年 5 月 10 日

目　　录

前言

科学家精神

大力弘扬科学家精神　建设世界科技强国 …………………… 3
感悟"两弹一星"精神 …………………………………………… 28
当代中国科学家精神探源 ………………………………………… 40

科技管理创新

新时代科研院所党建工作的理论与实践 ………………………… 67
加快打造原始创新策源地 ………………………………………… 75
加速突破关键核心技术 …………………………………………… 86
科技资源区域间优化配置——分析与建议 ……………………… 96
新时代生态文明建设评价指标体系的分析 …………………… 108

科技成果转化

基础研究支撑国家现代产业体系构建 ………………………… 129
中国高校和科研院所科技成果转化现代化体系构建 ………… 140
基于企业的科技成果转化机制 ………………………………… 149

科技合作与竞争

发挥科学共同体对新时代科技进步的支撑作用 ……………… 163

当前国际形势下的独立自主与合作共享 ·················· 173

中美竞争格局下基础软件和工业软件如何破局 ·············· 182

人才队伍建设

国家科研机构人才队伍建设的思考——以中国科学院为例 ········· 201

解放科研院所基层科研人员的创新能力 ·················· 209

战略科学家领导力研究 ························ 218

科学家精神

大力弘扬科学家精神 建设世界科技强国

绵延数千年的中华文化以其独特的光芒闪耀在人类历史发展的史册，植根于中华文化沃土而形成的中华民族精神，更是以其耀眼的光芒照耀着我们前进的道路。正是这种闪耀着时代光芒的民族精神，哺育了一代又一代具有先进思想、坚定理想信念、坚强意志的优秀中华儿女，他们前仆后继、英勇奋斗、踔厉前行、奋勇开拓，创造了一个又一个人间奇迹，推动了中国的历史发展和民族进步。在五千多年中华民族历史发展的进程中，从钻木取火、仓颉造字、农耕桑麻、铅字印刷，到今天的信息技术、量子通信、航空航天、蛟龙探海、核电高铁、生命科学等高新科技，当代中国的科学技术在很多方面已经阔步跨入世界先进行列。新中国成立70多年的辉煌成就一再证明并将继续证明，中国科学家作为中华民族的脊梁，他们为共和国科技发展、经济建设、社会进步、繁荣富强，做出了彪炳千古的巨大贡献。在漫长的科研实践中形成的科学家精神，便成为中华民族精神中宝贵的精神财富。

2019年5月，《关于进一步弘扬科学家精神加强作风和学风建设的意见》印发，要求"大力弘扬胸怀祖国、服务人民的爱国精神……大力弘扬勇攀高峰、敢为人先的创新精神……大力弘扬追求真理、严谨治学的求实精神……大力弘扬淡泊名利、潜心研究的奉献精神……大力弘扬集智攻关、团结协作的协同精神……大力弘扬甘为人梯、奖掖后学的育人精神"。这是对科学家精神的概括，它包括了以爱国、奉献为核心的人文精神，也包括了以实证、求真、理性为核心的科学精神两大方面。这里，我谈谈学习科学家精神的一些粗浅体会。

我赞赏科学家们在推动社会进步和科学探索的艰苦历程中，所表现出来的高尚精神和做出的杰出贡献。科学大师之所以能成为科学殿堂的佼佼者，起决定性作用的因素还是他们所具备的内在素质，其中包括科学的、文化的、人文的、艺术的修养，以及思想的、道德的、心理的、意志的锤炼。简而言之，科学家所具备的超乎寻常人的人文精神和科学精神，是促使他们献身科学并最终取得成功的原动力。古今中外科学家，概莫能外。

关于科学家精神

一、胸怀祖国、服务人民的爱国主义精神

人们常说科学无国界，科学家有祖国。20世纪三四十年代，面对积贫积弱、任人宰割的中国，一大批年轻学子抱着"科学救国"的理想出国学习，新中国成立后的一段时间里，便迅速掀起赤子归航的热潮，近3000位科学家，毅然舍弃国外优厚的物质待遇和科研岗位，冲破重重阻挠甚至冒着生命危险回到祖国，以满腔热忱投入社会主义建设事业。如今，虽然他们之中有些人已经去世，但是，他们的高大形象和大师风范犹如一座座丰碑，永远矗立在亿万人民的心中。

无疑，他们的选择成就了自己的一生。然而，很少有人知道他们为了这种选择所经历的巨大痛苦和磨难。

1950年8月29日，物理学家赵忠尧和钱学森夫妇等一起，登上了美国的"威尔逊总统号"航船。正要起航时，美国联邦调查局的特工突然上船搜查。钱学森携带的八百多公斤重的书籍和笔记本被扣留。钱学森本人则被指为"毛的间谍"，被押送到特米那岛上关了起来。赵忠尧的几十箱东西也遭到野蛮翻查，但对方没有发现什么，因为早在一个月前，他就已经将重要资料和器材托人带回了祖国，而把其余的零部件拆散了任意摆放，成功地迷惑了美国的搜查官员，赵忠尧被放行了。同船的还有邓稼先、涂光炽、罗时钧、沈善炯、鲍立奎等一百多位留美学者。这些年轻学者三三

两两伫立在航船的甲板上,迎着扑面而来的海风,眺望着远方,那滚滚翻腾的波涛浪花飞溅,心潮逐浪,喜笑颜开。他们仿佛看到祖国微笑的面颊,听到父老乡亲的呼唤!华罗庚先生诗曰:"归去来兮,归去来兮,梁园虽好,非久留之地"。

没有想到,美军最高司令部向军方连发三道拦截赵忠尧的命令,当轮船途经日本横滨时,美军武装人员气势汹汹地冲上船,将赵忠尧押进了美军在日本的巢鸭军事监狱。与赵忠尧一起被关押的还有罗时钧和沈善炯。赵忠尧向美方提出了强烈抗议,得到的回答却是:我们只是执行华盛顿的决定,没有权力处理你们的事。台湾驻日代表团派了3个人,软硬兼施,要把赵忠尧等人带到台湾去,有一次甚至让他们面对一堵墙站好,美国宪兵在他们背后拉枪栓进行威胁,告诉他们,如不承认"罪行",再坚持不去台湾"洗心革面",就枪毙你们!赵忠尧等三个人宁死不屈,坚决不同意到台湾去。硬的不行,再来软的,台湾大学校长傅斯年给赵忠尧发来急电:望兄来台共事,以防不测。赵忠尧回电说,我回大陆之意已决!如此纠缠了两个月之久,赵忠尧仍不为所动。

美国政府为了扣留赵忠尧,不惜编造出各种谣言,说他窃取美国原子弹的机密,说他和钱学森是同案嫌犯等。他们仔细检查了赵忠尧的每一件行李、每一张纸上的每一个字,甚至想从他儿子赵维志写给父亲的信中寻找他们希望得到的"罪证",但那是一封充满了亲情的信,没有他们想要的东西。

赵忠尧被以"莫须有"的罪名关进监狱的消息被迅速披露,顿时在国际上掀起轩然大波,引起世界舆论高度关注,美国科学界对此表示强烈抗议,中国也掀起了谴责美国政府暴行、营救赵忠尧的巨大浪潮。中华人民共和国总理兼外交部部长周恩来为此发表了声明,钱三强也联合一批著名科学家发起了声援赵忠尧的活动。钱三强还请他的老师、世界保卫和平委员会主席约里奥·居里出面,呼吁全世界爱好和平的正义人士谴责美国政府的无理行径。在国内外的强大压力之下,美国政府在没有证据的情况下,只得将赵忠尧放行。1950年11月底,赵忠尧终于途经香港回到了祖国。

钱学森却被美国扣留长达5年之久。美国军方曾扬言,我们宁可把这家伙枪毙了，也不能让他离开美国。那些对我们至关重要的情况，他知道得太多了。无论在哪里，他都能抵得上 5 个师。我们决不能把这 5 个师白白送给中国共产党。直到 1955 年，美国迫于国际舆论压力和中国政府的强烈抗议，才允许钱学森自由出境。钱学森决定立即回国，他偕夫人蒋英登上轮船绕道香港回到朝思暮想的祖国。如今，随着中国嫦娥探月和航天工程的实施，人们越来越认识到钱学森先生为航天事业所做出的巨大贡献。

郭永怀先生 1940 年赴加拿大多伦多大学学习，1945 年获美国加州理工学院博士学位，是国际上著名的力学家和应用数学家。1946 年他应聘美国康奈尔大学时就首先声明：我来贵校是暂时的，在适当的时候就要离去。理由很简单，中国是我的祖国。后来，他在一份"如果发生战争，你是否愿意为美国服兵役"的表格上，一连填了三个大字：不！不！不！从此，便被剥夺了他查阅秘密资料的权利，校方也禁止他从事机密工作。美国当局自然很快察觉了中国留学生回国的意图，就采取摸底的方式进行调查。郭永怀在调查表上毅然写道：中国是我的祖国，我想走的时候就走。结果，他成为禁止离开美国的人。后来，1955 年他经钱学森的推荐，从美国回到祖国并担任中国科学院力学研究所常务副所长，协助钱学森主持力学所的日常工作，为我国力学事业做出重要贡献，并最早参加我国核试验的研究工作。1968 年 12 月 5 日，在一次回京向周恩来总理汇报核试验进展情况的途中，因飞机失事而壮烈牺牲，当搜救人员来到飞机失事的现场，吃惊地发现，向周恩来总理汇报的那个机密文件包，紧紧地抱在他和警卫员牟方东的胸前。他和警卫员是抱在一起以身殉职的。郭永怀被追认为革命烈士和荣获"两弹一星"功勋奖章。

邓稼先是我国核武器理论研究的奠基者、开拓者之一，也是我国研制、发展核武器在技术上的主要组织领导者之一，组织领导设计了中国原子弹和氢弹，把中国国防自卫武器引领到了世界先进水平。他放弃在美国优厚的物质待遇和良好的科研条件，毅然回到祖国。为了原子弹、氢弹尽快研制成功，他隐姓埋名，在戈壁荒漠一待就是 28 年。作为原子弹试验的现场总指挥，每次核试验他都要带头冲向试验现场，超剂量的核辐射造成他的皮肤大面积出血，1986 年，62 岁的邓稼先被癌症的魔爪无情地击倒了。弥留之际，他颤动着嘴唇断断续续地说，为了这件事，我死了，值得。

"热爱祖国、无私奉献，自力更生、艰苦奋斗，大力协同、勇于登攀"的"两弹一星"精神，是科学家精神最集中、最生动的体现。"两弹一星"功勋奖章获得者和数不清的科技工作者，为今天我国的航天事业和国防安全做出了历史性的重大贡献。

同样，新中国成立前夕的一段时间，国民党统治区还有一大批科学家向往着新中国的光明前景，他们不畏国民党的威逼利诱，毅然决定留在大陆，后来都成为新中国科学事业的奠基人。著名力学家钱伟长就是其中一位杰出代表，他说，我期待着新中国的诞生，她能为知识分子科学强国提供广阔舞台。著名气象学家竺可桢在他的日记中曾记录了这样一件事：蒋介石的长子蒋经国希望他一起去台湾。有一天，在上海枫林桥附近，蒋经国遇到了竺可桢，他很客气地问竺可桢：竺先生，您怎么还留在上海？为什么不到台北去？有什么问题，请直接来找我。竺可桢支支吾吾地答道，上海还有些事情要办，便匆匆握手言别，从此躲进朋友家里借宿，直到北平解放；淮海战役前夜，电子学家陈芳允拒绝为国民党军队安装雷达，跑到爱人的家里，请当医生的岳父拔掉他的一只大脚指甲，躲进医院。

科学家们对襁褓中诞生的新中国寄予厚望，他们期望可以真正在属于自己的土地上挥洒聪明才智，期盼令国人扬眉吐气的日子早日来临！这一天终于来了。日出东方，1949年10月1日，毛泽东主席登上天安门城楼，升起了第一面五星红旗！新中国成立的那天，还在美国的葛庭燧先生，带领中国留学生举着五星红旗在大街上游行庆祝，欢乐之情无以言表。

科学家的爱国主义精神，一件件、一桩桩，令人动容。林俊德先生是中国爆炸力学与核试验工程领域的著名专家。他扎根大西北荒漠，默默奉献了自己的一生。他身患癌症，从2012年5月4日确诊，到5月31日去世，在短短27天的时间里，他以超乎寻常的抗争，书写着一位天地英雄视死如归的人生。他请求医生放弃手术治疗，多给他一点时间。他说还有很多很多事情要抓紧时间完成，需要分秒必争。手提电脑，那就是他要留给国家和亲人的遗嘱。一份份科研成果，一件件机密资料，一个个学生档案，一句句殷切叮咛，必须毫无保留地全部移交！每一个文字，甚至标点符号，都是他耿耿丹心的结晶。他戴着面罩,身上插着十几根导管,每天气喘吁吁地坐在电脑桌前,忍受着癌症晚期的剧烈疼痛,向着生命的峰巅冲刺!生命的力量,就在那最后的 2 分钟,失去了支撑。妻儿搀扶着他躺在床上,他拉着妻子的手,用微弱的声音只说了一句话:"我完成了。完——成——了——"随即,便永远永远地闭上了眼睛。

天文学家南仁东,跋山涉水,风餐露宿,四处奔波,在贵州大山深处,用 22 年的心血带领他的团队铸造了中国"天眼"——500 米口径球面射电望远镜(Five- hundred-meter Aperture Spherical radio Telescope,FAST)工程,并探测到了来自数千光年甚至几万光年的数十个优质脉冲星候选体,其中两颗获得了国际认证,使得中国走在了世界天文界的前列。在他 72 岁离世时,留给我们的最后一句话是:美丽的宇宙太空,正以它的神秘和绚丽,召唤我们踏过平庸,进入无垠的广袤。在生命的最后时刻,他怀着深深的眷恋之情,感谢祖国、感谢贵州的父老乡亲对 FAST 工程不离不弃的支持。

改革开放以来,一大批中青年科学家挑起了先辈交给的重担,涌现出了无数像林俊德、南仁东一样的时代楷模和光辉典范。

这些科学家都有一个共同突出的品格,那就是热爱祖国,报效祖国,忠于人民,服务人民,鞠躬尽瘁,死而后已,对祖国和人民无限忠诚。

回顾新中国成立的 70 多年,我国的科技发展经历了初创阶段、"向科学进军"、十二年科技规划、"两弹一星"研制、科学的春天、跟踪世界科技前沿、"863"计划、知识创新工程,直到今天的创新超越战略规划等重要历史时期,有谁能够说清,有多少为祖国繁荣富强而默默奉献、无怨无悔奋斗一生的科技工作者?!可以说,我国老中青科学家用爱国主义精神谱写了一部气壮山河的科学史诗!他们的贡献功垂千古,他们的精神光照日月!

二、勇攀高峰、敢为人先的创新精神

经过科学家 70 多年的艰苦奋斗,我国在许多科研领域已经取得骄人成绩，并跻身世界先进行列。

但是，我们还必须清醒地认识到，在日趋激烈的国际竞争中，要迈向创新型国家前列，到21世纪中叶真正成为世界科技强国，还有很长的路要走，需要中国科学家继续坚持不懈的努力。因此，大力倡导勇攀高峰、敢为人先的创新精神，具有重要的现实意义和深远的历史意义。

2022年3月5日，国务院总理李克强在两会政府工作报告中提出："深入实施创新驱动发展战略，巩固壮大实体经济根基。推进科技创新，促进产业优化升级，突破供给约束堵点，依靠创新提高发展质量。"为此，他特别提出："提升科技创新能力……加快建设世界重要人才中心和创新高地，完善人才发展体制机制，弘扬科学家精神，加大对青年科研人员支持力度，让各类人才潜心钻研、尽展其能。加大企业创新激励力度。强化企业创新主体地位，持续推进关键核心技术攻关，深化产学研用结合……增强制造业核心竞争力……促进数字经济发展。"[①]认真学习李克强总理的工作报告，我们深刻领会到"科技创新"已被提到前所未有的高度，这将为广大科技人员搭建海阔凭鱼跳、天高任鸟飞的创新平台。

探索求知，开拓创新，锲而不舍，敢为天下先，是科学家取得重大突破的锐利武器。凡是有成就的科学家在科研实践中都表现出超乎常人的创新能力。正是这种不同寻常的创新精神，使他们在任何困难条件下，都能做到坚持不懈、出奇制胜。

创新思维贯穿于科学研究的全部过程。从选题、分析、综合、演绎、归纳、质疑、比较、感悟、抽象、推理、假设、实证、观察、判断、立论，到撰写论文、做出成果，乃至于实际应用，都闪耀着创新的智慧之光。

现代科学在20世纪取得了辉煌成就，其中相对论、量子力学、信息论和基因论四大基础理论，对人类的思维方式和认识方法产生了深刻的影响。这些成就，以其创新思维的光芒照亮了21世纪科学探索的时空。

当代中国的科技发展史实际上就是一部科技创新史。勇攀高峰、敢为

---

① 李克强：《政府工作报告——2022年3月5日在第十三届全国人民代表大会第五次会议上》，人民出版社2022年版，第22—24页。

天下先的创新精神,则是不断取得创新成果的动力和源泉。科学研究的创新思想和方法,是取得创新突破的生命线。因此,树立敢为人先的创新思维,营造激励创新的良好生态环境,便显得尤其重要。因此,应该在以下几个方面发力。

第一,要提高科技人员的创新能力,必须使科技人员树立创造性思维、敢于标新立异、敢为天下先的精神,摒弃论资排辈、排斥不同学术观点、压制学术民主、"枪打出头鸟"的封建文化传统。几千年的封建文化传统,确实有一些消极因素阻碍着科技人员创造性的发挥,诸如妒贤嫉能、唯命是从、因循守旧等,这种陈腐落后的文化积弊是对创新思维的束缚压制甚至是摧残,那么科技创新便是一句空话。一方面,要特别强调反对"枪打出头鸟",要提倡敢于"冒尖",敢为天下先;另一方面,要想"冒尖",要做"出头鸟",敢为天下先,就要有勇气面对来自各方的非议,顶住各种压力,面对各种困难,更要有一种宁折不弯的英雄主义气概,否则,创新思维很可能被扼杀在摇篮之中。

良好的学校教育对人才的成长至关重要。在学校教育中最重要的是要抓好四个方面:一要培育爱国主义精神和追求真理的精神;二要坚持科学教育与人文教育并重,要把科学文化、科学艺术与专业学习结合起来;三要培养学生的创造性思维,科学创新源于怀疑和批判;四要献身科学,必须有苦其心志、锲而不舍的追求,任其东南西北风,咬定青山不放松,不为功利、物质的引诱而动摇。

第二,要充分认识科学研究的创新思想和方法的价值,这也是取得创新突破的关键因素。例如,按照经典遗传学的观点,水稻是自花授粉,不能杂交的。袁隆平最初也是这样认为的。20 世纪 60 年代初,袁隆平在田间发现一株优势非常强的水稻,如获至宝。第二年,他把它的种子种下去,希望品种成龙,结果大失所望,与上年选的植株完全不同,个头高的高、矮的矮,生长期长的长、短的短,面目全非。但就在失望之余,他突然产生了新想法,为什么遗传会有这样大的分离呢?纯种不会有分离,只有杂种才会有分离。于是,他大胆提出假设:他选的这株是天然杂交稻!这个思考等于推翻了经典遗传学认为水稻不能杂交的结论。当然,这只是他大胆的初步假设，要做出科学证明，还有待做艰苦的研究工作，必须培养出真正的人工杂交水稻。为避免自花授粉，他选择雄性不育植株来授粉，取得了很大成功，使我国水稻由亩产 300 公斤提高到 500 公斤，对最重要的农业增产问题做出了伟大的贡献，被国际上誉为"杂交水稻之父"。矮秆水稻、杂交水稻成功之后，袁隆平又开始研究第三代超级稻，经两年试种均达到亩产 800 公斤，到了 2020 年亩产量最高居然可达到 1530.76 公斤。这是非常了不起的成就，袁隆平因此荣获国家最高科技奖。

19 世纪，科学家发现了自然界的三个伟大定律：能量守恒、生物进化和细胞是生命的基石。20 世纪又有许多重大发现：相对论、原子核内部构造、遗传物质 DNA 的双螺旋结构、生物工程、克隆、信息技术等，都给社会发展和人民生活带来革命性的变化，这无一不是创新思维的结果。其实，最重要的发现就是发现了人脑思维的许多奥秘。美国学者芭芭拉·布朗在《超级思维》一书中提出，每一个人的头脑中都存在着一种超级智力，一种依靠大脑而存在的思维，且是尚未受到人们承认的潜力和能力的机智。思维的能量是巨大的，它的潜力是惊人的。但是，对于人类这种最重要的资源，对于人类的思维王国，无论是社会、科学还是宗教，都尚未充分认识它。

美国心理学家威廉·詹姆斯指出：一个普通的人，只动用了自己能力的 10%，还有 90% 潜力。只有人才具有惊人的创新能力，每个人都有创新的渴望和创新的潜力，创新思维是百花园中最美丽的花朵。每个人的人脑中约有 150 亿个神经细胞，把握这种创造力，使每个人都能自觉地发展自己、完善自己，实现自己的抱负，在改造世界的伟大实践中，创造更加雄伟的事业。

第三，创新灵感的培养。许多科学家强调，科研工作与文学艺术创造一样需要灵感。国学大师王国维在《人间词话》中写到治学的三个境界："昨夜西风凋碧树，独上高楼，望尽天涯路"，这是第一境界，是治学或研究的开始，要找到学科发展的前沿，作为科研创新的起点；"衣带渐宽终不悔，为伊消得人憔悴"，这是第二境界，是科学研究的紧张阶段，遇到困难，尚未找到解决的方法；"众里寻他千百度，蓦然回首，那人却在，灯火阑珊处",这是第三境界,正当山穷水尽的时候,忽然灵感到来,问题得以解决。苦和乐伴随着科学创造的全过程,灵感是点燃创新的火花。

爱因斯坦喜欢拉小提琴,据说,在构思相对论的时候,他把自己关在屋内,与小提琴优美的旋律为伴,并从中获得了灵感。著名科学家钱学森曾说,小时候,我父亲就是这样对我进行教育和培养的,他让我学理科,同时又送我去学绘画和音乐,就是把科学与文化艺术结合起来。我觉得艺术上的修养对我后来的科学工作很重要,它有助于开拓科学创新思维。现在我要宣传这个观点。钱学森的这一番话,可以说是金玉良言。李政道先生说,科学与艺术是一枚硬币的两面,连接它们的是创造性。杨振宁、李政道等许多科学大师之所以能够不断超越他人,超越自我,与他们深厚的科学文化、人文文化素养及艺术修养有着密切关系。他们的知识面广,思路开阔,善于把形象思维与逻辑思维、科学文化与人文文化、科学与艺术紧密地融合起来。所以,在遇到科学难题的时候,他们总是能够出奇制胜。

第四,创新文化建设。它是促进科研单位持续发展的重要保证。营造和谐的科学生态和人文环境,不可能一蹴而就,需要长期努力,最关键的是要形成先进的、能够催生创新的科学管理文化。俗话说,人心齐,泰山移。一个单位,只要有了共同的奋斗目标、一致认同的发展理念、坚定正确的价值观、团结和谐的人际关系、公平公正的管理制度、实事求是的良好氛围、人人心情舒畅的工作环境,这个单位就能在任何情况下,都迸发出无穷无尽的创造力,就没有任何艰难险阻能够挡住它阔步前进的步履。

中国科学院作为中国科技战线的排头兵和"火车头",经过几十年的发展,形成了具有自身特点的创新文化特征,主要表现为:一是以国家富强、民族振兴为己任的爱国主义情怀;二是服从、服务于国家目标的献身精神,如"两弹一星"精神;三是勇于创新探索、追求真理的科学精神;四是"三老四严"(说老实话、做老实人、办老实事,严肃、严密、严格、严谨)的科学态度;五是高瞻远瞩、追踪前沿的超前意识;六是尊重知识、尊重人才的民主学术氛围。

1998年中国科学院在我国科技界首次提出了创新文化建设的概念。多年来,创新文化不断被赋予符合社会主义先进文化发展要求的内涵,并通过基础建设、制度规范、价值凝练三个层面和全员参与、全方位实施、全过程管理的工作机制，深入到全院科技创新实践中，形成了具有中国科学院特色的创新文化理论和实践。当前创新的理念、价值观已深入人心，成为支撑中国科学院科技创新实践的重要力量。创新文化已辐射到国家其他创新体系乃至全社会，成为中国科学院对我国先进文化建设的重要贡献之一。

面对新形势、新挑战、新要求、新任务，弘扬科学家精神，建设科技强国，进一步提升创新能力和核心竞争力，建设与完善以人为本、激励创新、竞争择优、开放合作、和谐有序的体制机制和文化环境，是我们必须全力做好的一件大事，应该引起全国各级党组织和科研单位的高度重视。

科技竞争，说到底是科技人才的竞争。如何培养造就高水平创新型人才，是我国面临的一个突出问题。科技主管部门应该组织相关科学家、企业家围绕科技发展战略、科技人才培养、管理体制机制、待遇激励、奖励办法等，专门召开研讨会，制订切实可行的人才培养和使用规划，从根本上解决高水平创新型人才不足的问题。

三、追求真理、严谨治学的求实精神

科学探索是一种极其艰苦的劳动。只有在崎岖的山路上不畏艰难勇于攀登的人，才能到达光辉的顶点。面对深不可测、神秘而美丽的科学世界，需要意志和毅力，需要勇气和智慧，需要幻想和实践，需要探索和积累，需要创造和创新。科学家们在实践和创造的过程中所积累形成的科学知识、科学思想、科学方法和科学精神，是人类科学文化宝库中光彩夺目的珍贵财富。科学创新文化是先进文化的重要组成部分，它不仅深刻地影响着人类生活、全方位地提高着人的素质和创造力，而且激励和孕育着科学家的创造性思维，支撑着他们不断做出突破性、创新性的贡献。

知识就是力量，这是培根的一句至理名言。知识的含义非常广泛，就科学家而言，深厚的科学文化素养是他们走向成功的基石。科学知识不仅能够帮助人们形成智力、能力、生产力，同时也能帮助人们形成新的思想道德和精神品格，促进人的全面发展。科学思想是人类在科学活动中所运用的具有系统性的思想观念。科学知识只有集结为科学思想，才能成为条理化、系统化、理性化的知识，才能体现出科学知识的力量，人类认识世界、改造世界的重要成果都凝聚在科学思想之中。所谓科学方法，是人们揭示客观世界奥秘、获得新知识和探索真理的工具。科学方法的确立，为科学知识的应用找到了实践途径。当然，最重要的是树立科学精神，科学精神是科学的灵魂。科学精神的核心是追求真理、崇尚理性，包括求知、求真、务实、实证、批判、包容、开放、开拓、创新等。

科学家们不仅以他们杰出的科学成就对人类社会做出了重要贡献，而且，他们身上所表现出来的人文修养、高尚品德、追求真理的执着精神，更是人们学习的重要品质。意志坚强、严于律己、客观公正，对社会的责任感、公仆意识等，在极端困难条件下的工作热忱和顽强意志，都是科学家身上所体现出的共同品格。

科学家身上所体现出的高尚精神和美德，是人类社会文明中无比灿烂的精神财富。他们对于事业的忘我精神，对于科学研究的执着，使他们没有闲暇，也无热忱去谋求物质上的利益。古今中外许许多多科学大师，尽管个人出身、经历、成长环境及性格、爱好不尽相同，却都有着许多共同的品格和人格。这包括他们对人生的目的、社会责任的认识，对科学的理想和信念，对道德与价值的诠释，以及他们的勤奋、好学、意志、毅力、严谨、求实、谦虚、谨慎、协作、团结等美德。正是这种品格和人格，使他们在科学实践中沿着崎岖的山路不断向上攀登，最终取得光辉的成就。

由于各种各样的原因，许多科学家自觉或不自觉地走上了科学之路。但是，有一点却是共同的，几乎所有的科学家从他们踏进科学宫殿门槛的那一天起，就爱上了科学。对科学的迷恋和追求，使他们"衣带渐宽终不悔，为伊消得人憔悴"，没有任何艰难险阻、困难挫折能够阻挡他们勇往直前。

居里夫人在《我的信念》一文中曾说过一段这样的话：我一直沉醉于世界的优美之中，我所热爱的科学，也不断增加它崭新的远景。我认定科学本身就具有伟大的美。一位从事研究工作的科学家不仅是一个技术人员，并且他是一个小孩,在大自然的景色中,好像迷醉于神话故事一般。这种魅力,就是使我终生能够在实验室里埋头工作的主要因素了。

德国理论物理学家马克斯·玻恩谈到自己对科学的感受时说,我一开始就觉得研究工作是很大的乐事,直到今天,仍然是一种享受。也许,除艺术之外,它甚至比在其他职业方面所做创造性的工作更有乐趣。这种乐趣就在于体会到洞察自然界的奥秘,发现创造的秘密,并为这个纷繁世界的某一部分带来某种情理和秩序。

钱学森上小学时,同学们爱玩飞镖。大家一起玩时,钱学森做的飞镖飞得最高最稳最远,有的同学不服气,拿过来想看看是不是他在飞镖上耍了什么新花招,都很想知道这是为什么。钱学森说,其实,我的飞镖也没有什么秘密,也曾失败过很多次,然后一点点改进,我发现飞镖的头部不能太重,重了就往下扎;也不能太轻,轻了尾巴向下沉,先是向上飞,然后向下栽;翅膀不能太小,小了飞不稳;也不能太大,大了只会兜圈子,飞不远。钱学森的话很简单,却蕴含着空气动力学的基本原理。老师连连点头,同学们交口称赞。钱学森的梦想就是从这小小的飞镖开始起飞的。从此,飞镖带着他飞向高远的天空,最终成为世界著名的中国力学专家和空气动力学家。

茅以升9岁那年,秦淮河举行端午节盛大的龙舟比赛,因为文德桥坍塌造成人员重大伤亡,许多小伙伴没有回来。从此,茅以升便萌发了为人民造桥的梦想。著名的钱塘江大桥、武汉长江大桥就是在他的领导下建成的。

"以兴趣始,以毅力终",这是顾炎武先生的至理名言之一。正是科学家们这种总想知道为什么的兴趣,总想洞察发现自然界奥秘的愿望,使他们走上了科学之路。这种愿望的巨大推动力是不可低估的,许多科学家的成功都验证了这一点。

四、淡泊名利、潜心研究的奉献精神

格物致知,淡泊明志,在科学家这个群体表现得尤为突出。为了探索科学真知，他们潜心科研、心无旁骛、宵衣旰食、砥砺前行，从不为名利与物质享受所动，表现出高风亮节和凛然风骨。这样的事例不胜枚举。为了表彰23位"两弹一星"功勋奖章获得者和33位国家最高科技奖获得者做出的突出贡献，国家给每个人奖励了数额可观的奖金，但是，很多人都将这些奖金捐献出来支持科研和培养研究生。仅以钱七虎先生为例，他是我国著名的防护工程专家、军事工程专家，中国工程院院士，国家最高科学技术奖获得者。他林林总总捐出了1600万元的各种奖金。他们说，奖金和官位，那不是他们的追求。只有科研和奉献，才是他们终生的奋斗目标。

汪德昭院士，是我国著名的海洋水声学权威，也是国际上知名的科学家。1956年响应周恩来总理号召，从法国回到阔别20多年的祖国，在周恩来总理、邓小平的支持下，筹建了我国第一个国防水声学研究机构。"文化大革命"期间，中国科学院声学所被拆散，我国的水声学研究处于困难境地。1977年8月10日，汪德昭通过方毅同志给邓小平呈交了一封信，信中他主要谈了两件事：一件事是希望恢复中国科学院声学所；另一件事是希望留在科研第一线工作，请求中央不要调他去担任国家海洋局局长。他在信中说，我今年已经72岁了，但身体很好，精神很好，精力充沛，每天仍可以工作十个小时以上。我在周恩来总理关于加强基础理论研究号召鼓舞下，多年来一直不间断地为水声科研工作。生命不息，奋斗不止！我决心和我共同战斗了二十年的战友们在一起，为在20世纪内实现我国科学技术现代化，贡献出我的全部力量！信写得很长，字里行间流露出这位年逾古稀的老科学家的拳拳爱国之心，读来令人感动。邓小平很快作了批示："我看颇有道理，请方毅同志研究处理。"方毅于8月25日批转给中国科学院党组副书记李昌："此信可印发。小平同志的指示印在前面。请即同海洋局商研办理。这信的意见很好。处理情况望告邓小平同志和告我。"经过一段时间的积极筹备，中国科学院恢复了声学研究所，汪德昭任所长。又经过十几年的努力，我国的水声学研究特别是在浅海水声理论方面，在国际上处于领先地位。

蔡希陶先生是我国著名的植物学家，西双版纳热带植物园的开拓者和奠基人。20世纪30年代，他带领十几个年轻人来到西双版纳葫芦岛。当时，那里遍布热带雨林，是野兽出没的地方，处处荆棘丛生，蚊虫叮咬，闷热多雨，瘴疬横行。他们硬是用镰刀、斧头在葫芦岛上劈开一条生路，建立了我国第一个热带植物研究所。国民党政府不给钱，他们就靠卖烟草、卖花草维持生活，后来又养狗卖狗，一直坚持到新中国成立。蔡希陶从世界各地为我国引进了近3000种珍稀植物，如龙血树、美登木等，如今，中国科学院热带西双版纳植物园不仅建成了东南亚首屈一指的热带亚热带植物学科学研究基地，而且成了国内外著名的旅游胜地。蔡希陶先生临终留下遗嘱，将他的骨灰埋在他亲手栽种的那棵龙血树下。他说，他离不开葫芦岛，他的血液，他的汗水，与葫芦岛的热带雨林已融为一体，他的梦想，他的渴望，已化作罗梭江奔腾不息的波涛……

淡泊名利，潜心科研，无私无畏，默默奉献，科学家精神薪火相传。在科研岗位上数十年辛勤耕耘的，还有那些默默无闻的无名英雄。中国科学院有许多野外台站，气象的、天文的、地质的、冰川的、沙漠的、生态的、植物的、动物的等等，科技工作者的工作与生活条件都极为艰苦，他们常年风餐露宿，翻山越岭，跋涉在崇山峻岭、峡谷丛林之中，为祖国的繁荣富强奔波操劳、无怨无悔。改革开放以来，涌现出许许多多像老一代科学家那样的时代楷模。

秦大河院士是我国徒步丈量南极大陆的第一人。他冒着零下80度的极地严寒，在220天艰苦卓绝的跋涉中，55 000米挖一个雪坑，55 000米采一个雪样，穿越5 986 000米南极雪原，用双脚丈量着对祖国的忠诚和对科学的追求，最终成为世界上唯一拥有南极地表1米以下冰雪标本的科学家，也是第一位在南极极点展示五星红旗的中国科学家。

中国科学院新疆生态与地理研究所研究员徐新文，任塔克拉玛干沙漠研究站站长、国家荒漠-绿洲生态建设工程技术研究中心主任。他三十余年如一日，始终坚守沙漠研究和防沙治沙第一线，被誉之为"沙漠公路防沙治沙'第一人'""流动沙漠的'克星'"。"没有荒凉的沙漠，更没有荒凉的人生"。从新疆到中亚，由"死亡之海"到遥远的"撒哈拉"，从事沙漠研究工作已有36个年头了。始终坚守在沙漠一线，不懈奋斗，带领他的团队不断创造着中国的治沙奇迹……

"景感生态学"理论创始人、中国科学院城市环境研究所的拓荒者赵景柱同志，在长期的研究中探索出如何将人文社会科学渗透到生态学，更好地让生态学为生态文明服务，创新性地提出了"景感生态学"的学科思想，认为生态系统的管理和景观的营造需要融入文化，构建了"景感生态"理论框架体系。他在群众眼中是个不折不扣的"拼命三郎"，2021年4月，赵景柱同志的病情已经十分严重，连续低烧40多天，但他仍然坚持完成了中国科学院"美丽中国生态文明建设科技工程"先导专项项目的中期评估工作。他又继续坚持工作了两个月后才被同事强行送到医院接受诊疗，住院期间仍坚持工作，仅仅一个多月就不幸离世，享年63岁，他用一生诠释了忠诚、尽责。

中国科学院南海海洋研究所黄晖，是我国当前珊瑚礁生物生态学研究领域的领军人物。面对全球范围的珊瑚礁退化，以及我国珊瑚礁生态所面临的严峻挑战，黄晖提出人工修复受损珊瑚礁的宏大构想，并摸索出适合不同类型珊瑚礁恢复的技术方法，在国内首次实现了人工幼体培育，为珊瑚礁人工修复打下了坚实基础。在西沙群岛和南海南部共建立300亩修复示范区，可培育珊瑚断枝40 000株的苗圃，已初具规模化和成效化。她说，海有多深，梦就有多远。为了子孙后代能享有珊瑚海的美丽富饶，她下定决心，要把一生献给珊瑚礁的修复事业。

长江后浪推前浪，新一代优秀人才承前启后，层出不穷，正在创造新的辉煌。

五、集智攻关、团结协作的协同精神

随着现代科学技术的迅猛发展，高新科技日新月异，出现了许多新兴学科和交叉学科，已打破传统的自然科学与社会科学界限，仅仅靠过去的单兵作战，或者某一个研究课题的努力，已很难解决带有全局性的、战略性的重大突破。因此，除了培养具有卓越才能的学科带头人外，组织一支具有多学科交叉和有协同精神的科研团队，便成了科技攻关的关键问题。为此，要抓好以下几个关键环节。

1. 选拔具有卓越组织才能的学科带头人

重大科技项目及其产业化的成功,关键在于尖子人才的选拔和使用。一流人才可办成一流研究所,否则,不管有多好的设备、多少资金也办不好。一个研究所,一个团队,一个研发群体,不可能要求所有人员都是一流人才,但一定要有若干科学与人文素质出众的尖子人才,这些尖子人才的领导能力和科学素养水平,决定了整个团队在科技竞争中的位置。在尖子人才的工作和生活条件方面,应努力与国际接轨。在这方面,党中央国务院对国家最高科学奖获得者给予表彰,并制定了一系列政策鼓励科技人员做出创新成果,鼓励企业科技人员自主创新。我们相信依靠政策的支持,定能在竞争中从国内外选拔出国际一流的人才,特别是选拔出有国际经验、有国外经历并具备科技管理能力和有奉献精神的青年人才,使他们在重要科技项目和科技产业中发挥骨干作用。

2. 遴选与科技攻关目标相关的多学科优秀团队

引进并培养具有较高水平有创新能力的科技人才,为他们提供充分发挥聪明才智的舞台,集智集力,协同协作,是占领科技制高点的根本保证。新中国成立70多年来,许多重大科研项目和重大工程取得的突出成就,如青藏高原综合考察、黄淮海平原的综合治理、包头金川攀枝花三大共生矿综合利用与开发、"两弹一星"工程、航空航天、南水北调、西气东输、三峡大坝、青藏铁路、高铁建设、核电站建设、高能对撞机、大型计算机、大飞机研制、北斗卫星、东风系列导弹、歼-20战机、青蒿素的发现等等,都是集体智慧的结晶。改革开放40多年来,涌现了许多特别能战斗的创新团队,使我国整体创新水平上了一个新的台阶。

沙坡头站被国际同行赞誉为"沙都"和"沙漠明珠",是联合国教育、科学及文化组织人与生物圈和世界实验室的研究点,也是国际沙漠化治理研究培训中心的培训基地。1997年又被联合国开发署"增强中国执行联合国防治荒漠化公约能力建设项目"列为技术试验示范基地,是全国爱国主义教育科普基地。

走进沙坡头沙漠研究试验站,立即会被这里蕴藏的厚重的黄河文化深深吸引,更会被这里与风沙拼搏的科研人员的精神所感动。在唐代诗人王维写下的"大漠孤烟直,长河落日圆"千古绝唱的地方,浩瀚沙海留下了沙坡头人拼搏奉献的足迹,九曲黄河见证了他们的功绩。伫立沙坡头,极目环望,黄河从脚下缓缓流过,似乎天地间万般难事都已被治沙英雄踩在脚下。

宁夏沙坡头,地处祖国第三大沙漠——腾格里沙漠的东南隅,是宁夏、内蒙古、甘肃三省区的交接点,黄河第一入川口,包(头)兰(州)铁路从这里千里穿越。从 20 世纪 50 年代开始,为了保护从这里通过的包兰铁路,老一辈科学家刘慎谔、李鸣冈、杨喜林、石庆辉、陈文瑞、李玉俊等率领一支治沙队伍,从 20 岁左右就离开大城市,骑着毛驴长途跋涉来到大西北沙漠地区安营扎寨,在广袤无垠的浩浩荒漠中探索降服沙漠恶魔、解决铁路被风沙不断掩埋难题的良方妙策,打响了中国沙漠筑路与防沙治沙的攻坚战。

包兰铁路于 1956 年正式动工修建。在铁路必经的中卫沙坡头地段,是厚达七八十米到百余米的流动沙带。这里黄沙裸露,流动性大,沙丘纵横交错,高低起伏,形成了一片浩瀚的沙海,铁路随时都有被流沙吞没的危险。包兰铁路沙坡头地区沙害的防治没有国际先例可以照抄,为获得铁路防沙的第一手研究资料,科学家们承受着恶劣的自然条件对身体的伤害,白天风吹日晒,晚上露宿沙面,饿了吃炒面,渴了吃冰雪,面朝沙漠背朝天,一干就是几十年。

经过无数科学家的努力,经过无数次艰难的试验,经过无数次科研攻关,在这场人与自然的搏击中,科学家们创造性地提出了高立式栅栏阻沙带、封沙育草带、沙障植物带、灌溉造林带、卵石防火带"五带一体"的沙坡头治沙模式。创造性的工作征服了世代为患的流沙侵袭,在"天上不飞鸟,地上不见草"的沙漠地带建起了"以固为主,固阻结合""机械固沙与生物固沙相结合"的铁路防护体系,开辟了世界沙漠铁路建设的先河,为世界沙漠铁路提供了成功的示范模式,堪称世界一流的治沙工程——麦草方格沙障,在铁路两侧形成,被称为"沙岭笼翠"。沙漠研究试验站的几代科学家们把生命融入了这片沙漠,用科学和生命征服了肆虐的黄沙。当年的创业者从 20 岁左右就离开大城市来到大西北沙漠地区,一代代年轻的科学家踏着前辈的足迹毅然来到了沙坡头,继承老一辈科学家未竟的治沙事业,并取得了不凡的科技成就。

FAST 是国家"十一五"重大科技基础设施建设项目,是具有中国自主知识产权、世界最大单口径、最灵敏的射电望远镜,被誉为"中国天眼"。从 1994 年提出建造 FAST 构想,到 2016 年落成启用,再到今天完成调试并取得一系列科学成果,以南仁东为代表的"中国天眼"FAST 团队,历经 25 年扎根贵州大山深处,用实际行动诠释了"追赶、领先、跨越"的精神。

FAST 目前拥有 3 项自主创新:一是利用贵州天然喀斯特巨型洼地作为望远镜台址,二是自主发明了主动变形反射面,三是自主提出轻型索拖动馈源平台和并联机器人。在"中国天眼"FAST 团队的共同努力下,多项关键核心技术取得了突破。

FAST 的建设和调试工作涉及天文、力学、结构、测量、控制、电子学等多学科领域,具有强交叉学科特点。自 2011 年开工建设伊始,FAST 团队全体人员肩负起望远镜现场建设重任,开始了异地坚守、舍家拼搏的奉献之旅。从工程建设到开展调试,FAST 团队人员始终驻守望远镜现场,每个月都要保证 26 天以上驻场时间,长期与家人分居两地。FAST 团队经过不懈努力,快速实现了望远镜的系统集成,提前完成了功能性调试任务,并在两年时间内完成了各专业组的验收,其调试工作进展得到业界的广泛认可。

近年来,"中国天眼"FAST 团队先后荣获 2017 年度"全国五四红旗团支部"、第十五届"中国青年科技奖"、第三十二届"北京青年五四奖章"、北京市科学技术进步一等奖、广西科学技术奖技术发明奖一等奖、辽宁省科技进步一等奖、贵州省科技进步二等奖、中国钢结构协会科学技术特等奖、中国机械工业科学技术奖一等奖、中国电子学会科技进步一等奖、中国科学院杰出科技成就奖、全国三八红旗集体奖、中央国家机关五一劳动奖,授权专利 58 项,发表论文 188 篇。

中国科学院深海探测技术研究团队,在中国科学院先导专项支持下,通过系列关键技术攻关,成功研制了我国首套 7000m、11 000m 级深渊着陆器，为我国深海科考进入万米时代做出了重要贡献，搭载多型国产材料、能源及传感设备完成海上试验，取得了多项国际领先的科考成果，全面推动了我国深渊科学研究与工程技术的发展。近年来，着陆器已累计完成了184次下潜作业，其中26次超过万米，获得了丰硕的科考成果，且多项成果为国际首次，为我国深渊科学研究取得突破性进展提供了重要支撑，已有多篇学术成果在国际高水平期刊上发表。这一支年轻的团队，平均年龄不到32岁，他们富有激情，充满活力和创造力，以敢闯敢试的拼搏精神、无畏艰辛的奉献精神、开拓进取的创新精神，很好地诠释了新时代青年科技工作者应有的风采。

在中国科学院知识创新工程支持下，中国科学院微小卫星创新研究院十年砥砺前行，十年集智攻关，研制团队在各级部门的领导下，实现了中国科学院在北斗导航领域的跨越发展。他们开放融合、团结协作，按照"小核心、大外围"的发展思路，汇聚中国科学院内10余支创新力量，联合国内30多家优势单位，在独具特色的"功能链"设计理念的指导下，打造了紧密耦合、高效协同的中国科学院导航卫星创新团队。他们万众一心、众志成城，用"特别能吃苦、特别能战斗、特别能奉献、特别能攻关"的航天精神，克服了千难万阻，创造了中国航天史乃至世界卫星导航领域高密度发射的新纪录，为北斗比肩世界一流做出了突出贡献。北斗系统是党中央亲自决策实施的国家重大科技工程，是我国迄今为止规模最大、覆盖范围最广、服务性能最高、与百姓生活关联最紧密的巨型复杂航天系统。北斗系统建设调动了千军万马，历尽千难万险，经过千辛万苦，正在走进千家万户、造福千秋万代。截至2022年北斗系统已覆盖全球一半国家，相信用不了多长时间将可以实现为全球提供服务。

2021年4月29日11时23分，搭载空间站天和核心舱的长征五号B遥二运载火箭在我国海南文昌航天发射场成功发射，标志着中国空间站在轨组装建造全面展开。习近平总书记在贺电中指出："建造空间站、建成国家太空实验室，是实现我国载人航天工程'三步走'战略的重要目标，是建设科技强国、航天强国的重要引领性工程。"①

国家太空实验室重大科研设施之一的多学科科学实验柜的研制之路，是一条从零开始的创新之路，中国科学院空间应用工程与技术中心科学实验柜研制团队，凭着迎难而上、坚忍不拔的毅力，3000余天伴星追月、负重攻坚，倾注全部智慧和力量，将一个个2立方大小的科学实验柜打造成专业领域太空实验室，助力科学家探索宇宙的无穷奥秘。

科学实验柜的关键技术多、技术攻关难、试验验证难、研制时间紧，空间应用中心迅速组织一批专业基础好、敢于挑战的青年骨干力量，成立了集成技术中心，团队平均年龄不到30岁，很多是"85后""90后"。年轻团队没有经历过重大工程任务历练，他们曾备受质疑，也曾在面对技术瓶颈时不知所措、无从下手，但他们有着"明知山有虎，偏向虎山行"的勇气。

当前，空间站核心舱实验柜首批科学成果已交付国家，这是团队3000余天青春绘就的科技强国梦。太空探索永无止境，为建设好国家太空实验室，这个团队将继续秉承载人航天精神和科学家精神，在实现空间科技强国梦的征途上贡献中国智慧、中国方案、中国力量。

"先天下之忧而忧，后天下之乐而乐"，中国科学发展的历程已经证明并将继续证明，科学家们是团结合作、无私奉献的一面旗帜。他们以祖国的利益为最高利益，以服务人类福祉为己任，服从大局，科学为民，风雨无阻，高歌向前。他们用声波、用粒子、用符号、用图线，在荒芜的土地上描绘理想；他们用催化剂、用同位素、用高分子、用生物链，在初春的原野上书写诗篇；他们用稻穗、用树叶、用神经细胞、用遗传基因，编织新生活的美景；他们用贝壳、用岩石、用沙漠、用冰川，探索人类与自然和谐共存的谜团；他们用汗水、用心血、用科学精神、用爱国情感，为我们竖起了光辉的旗帜；他们用意志、用智慧、用责任、用信念，为我们扬起了胜利的风帆；他们用江河和森林、用石油和矿山、用阳光和雨露、用

---

① 中国空间技术研究院：《精神的力量——航天精神引领中华民族探索浩瀚宇宙》，人民出版社2022年版，第335页。

原子和细胞、用不屈不挠的精神、用创新超越的勇敢，为航天飞船和社会前进的车轮，开足了马力。于是，我们才有了今天的荣耀，才有了足够的勇气，去迎接明天的挑战。他们为共和国的科学奠基，为共和国的振兴奠基，为共和国的荣耀奉献，为共和国的强盛奉献。

六、甘为人梯、奖掖后学的育人精神

甘为人梯、奖掖后学的育人精神，是科学家群体具有的传统美德。

为人师表，尊师重教，言传身教，像蜡烛一样燃烧自己，照亮别人，这在中国科学家这个群体中表现得尤其突出。

人们都还记得，在1964年我国第一颗原子弹爆炸成功的庆功会上，周恩来总理请中国科学院副院长，著名物理学家、教育家吴有训先生讲话，他脱口而出"同学们……"，话未落音，他突然改口："同志们，对不起，同学这个称呼，我成了习惯。"台下一片笑声。周恩来总理自然知道其中奥妙。因为台下坐的"两弹一星"功勋奖章获得者，虽然都已白发苍苍，却大都是吴有训先生的学生。当年，抗日战争时期，他布衣长衫，带领一大批青年学子奔赴国立西南联合大学（以下简称西南联大），风餐露宿，翻山越岭，为新中国培育了很多科学奠基人。吴有训先生的师表风范，在科技界已传为美谈。

华罗庚被誉为世界最伟大的100位数学家之一。当他谈到自己的自学之路时，念念不忘的总是他的引路人——熊庆来、王维克先生。

华罗庚从小喜欢数学。初中毕业，因交不起学费辍学在家。19岁那年，华罗庚因患重大疾病，差一点丢掉性命。在贫寒疾病的折磨下，他没有放弃对数学的思考。有一天，他在报刊上看到当时著名数学家苏家驹在清华大学杂志上发表的一篇数学论文，便立即给刊物投稿，发表了一篇《苏家驹之代数的五次方程式解法不能成立之理由》的文章，这篇文章立即引起清华大学熊庆来先生的注意。他听说作者是一位初中毕业便辍学在家的年轻人，大为吃惊，便亲自写信邀请华罗庚来北京见面。华罗庚回信表示因为没有钱买车票，无法来京。熊庆来说，如果你来不了，我到金坛拜访。

华罗庚深感意外，并深受感动，于是借钱买了一张车票来到清华大学，然后当了一名图书管理员。当然，这是熊庆来先生的刻意安排。

华罗庚每天起早贪黑，认真做好图书管理工作，将图书码放得井井有条，甚至闭上眼睛就可以用手摸到他所需要的图书，深得借书者认可。他自己也在图书的海洋里如鱼得水，自学了中外数学名著。熊庆来先生对这位年轻人的数学才华十分赏识，推荐他到剑桥大学深造两年，然后回国。抗日战争期间清华大学南迁，他便成为西南联大的教授。可以说，熊庆来先生是一位识才爱才的伯乐。

那么，谁是第一位伯乐呢？当然非王维克莫属。王维克是著名科学家、诺贝尔物理学奖获得者居里夫人的第一位中国学生。他回国后担任金坛初级中学校长，做过华罗庚的班主任，很赏识华罗庚的数学才华。王维克很喜欢华罗庚，把他当作自己的孩子一样看待。王维克先生博学多才，家里藏书丰富，华罗庚就经常跑到王维克老师家里，或借书，或请教问题，每一次都受到王维克老师热情的款待和详尽的指导。王维克认为，当老师就要善于发现学生的特长。

可以说，没有熊庆来、王维克，就没有华罗庚后来的数学成就。当然，他之所以能取得如此杰出的成就，归根结底还是靠自己的努力。

著名数学家陈景润以研究证明哥德巴赫猜想中的"1+2"的命题而蜚声中外。为了攻克这一世界数学难题，他长期蛰居在一间 6 平方米的小屋，不舍昼夜，宵衣旰食，克服了常人无法想象的困难，最终取得了令人瞩目的成就。鲜花、掌声和欢呼的声浪从四面八方一起涌向他，一时间，陈景润的名字便被罩上绚丽夺目的光环。

但是，在巨大的荣誉面前，陈景润却说，他只是一只丑小鸭，一只很丑很丑的丑小鸭。如果没有华罗庚先生的提携和培育，丑小鸭就不可能学会游泳，就不可能羽化成一只搏击风云的苍鹰，自由自在地翱翔在数学的天空。

陈景润从厦门大学数学系毕业后在厦门一所中学教书。课余时间，他潜心研读华罗庚先生的著作。有一天，他在华罗庚先生的著作《堆垒素数论》里发现了一个小小的错误，便给华罗庚先生写了一封信。他说，这本书写得很好，只是发现有一个计算错误，希望华先生能够改正。华罗庚翻开他的著作一看，果然有错。于是邀请陈景润来北京参加一个数学会议，并在会上宣读了陈景润的来信。此后，陈景润又写了一篇数学论文，寄给华罗庚指正。没有想到华罗庚对他的才华极为赞赏，便邀请他来清华大学做旁听生。每次华罗庚教课，陈景润从不缺课。陈景润在图书馆如鱼得水，遨游在数学王国，最终成为一位享誉中外的数学家。世界数学词典里一条"陈氏定理"便是以陈景润的名字命名的。

关于科学精神

所谓科学，就是真实而客观地描绘客观世界的学问。其核心是追求真理，精髓是崇尚理性，包括：理性求知、务实求真、创新批判、开放包容。所谓科学精神，主要是指科学主体在长期的科学活动中所积淀的价值观念、思维方式和行为准则等的总和。

科学精神就是科学观念和敢于坚持这种观念的勇气，它透着一个民族或者一个人的气质、性格和心理。科学精神包括五个方面：探索精神、实证精神、原理精神、创新精神、独立精神。简单地说，就是尊重事实、坚持真理。科学精神就是敢于创新、勇于开拓，以及在科学家群体身上所表现出的批判精神、理性思考，尊重实践检验，不断修正错误，坚持不懈的奋斗精神。

中国科学院原院长周光召院士在论述科学精神时曾经做过精辟的概括，后收录于《瞭望》。第一，科学认为世界是不以人们主观意志决定的客观存在，要求正确认识客观世界的运动，因此客观唯实、追求真理是科学精神的首要要求。第二，科学认为世界的发展、变化是无穷尽的，因此认识的任务也是无穷尽的。不断求知是科学精神的要求。第三，科学要追求真理，不盲从潮流，不迷信权威，不把偶然性当作必然性，不把局部看作整体。科学的怀疑精神也是科学精神的组成部分。第四，科学认为具体的真理都是相对真理，都有使用的条件和范围，因而是可以突破的，故创新精神是科学精神的重要组成部分。第五，科学又认为，相对真理是不断逼近绝对真理的，绝对真理是由相对真理构成的，在每一具体真理适用的条件和范围之内，它是不能违反的。第六，科学已成为社会主要实践活动之一，是社会有组织的群体活动。因此，团队精神、民主作风、百家争鸣等都是科学精神的组成部分。第七，科学不仅要认识世界客观规律、创造新的技术和新的知识，而且要参与社会的变革、促进社会的进步。从理性的认识发展到变革的实践，这也是科学精神的要求。简言之，科学精神可以归纳为：严肃认真，客观公正；实事求是，勇于实践；独立思考，基于证据；坚持真理，修正错误。

科学家精神的内涵博大而精深，它就像一面光辉的旗帜，指引着科学家奋勇攀登的道路。党的十八大以来，我国科技事业实现历史性变革、取得历史性成就，离不开我国几代科学家的无私奉献和艰苦奋斗，离不开他们的爱国主义精神和创新开拓精神。面对百年未有之大变局，我国第二个百年奋斗目标的实现，中国科学家肩负着前所未有的职责和使命。因此，学习和弘扬老一代科学家的爱国主义精神和科学创新精神，就显得尤其重要。

实践证明，几代中科院人与我国科学家前仆后继、艰苦奋斗，凝聚而成的科学家精神，已经成为并将指引我国科技工作者继续奋勇攀登科技高峰的光辉旗帜。面对新形势、新挑战、新要求、新任务，努力弘扬科学家精神，建设与完善以人为本、激励创新、竞争择优、开放合作、和谐有序的体制机制和良好的生态文化环境，对进一步提升创新能力和核心竞争力，实现建设科技强国的宏伟目标，具有重要的现实意义和深远的历史意义。

参 考 文 献

中国科学院创新文化建设办公室编：《创新文化之歌》，科学出版社2012年版。

作者：郭曰方，中国科学院文联名誉主席。

感悟"两弹一星"精神

20世纪50年代,面对国际上严峻的核讹诈形势和军备竞赛的发展趋势,为了增强国防实力、保卫和平,以毛泽东为核心的中国共产党第一代领导集体毅然做出发展"两弹一星"的战略决策。"两弹",一个是核弹(包括原子弹和氢弹),一个是导弹;"一星"是指人造卫星。在党中央的坚强领导下,"两弹一星"研制捷报频传,取得了一个又一个重大突破,是新中国科技事业的标志性成就。

1999年9月18日,江泽民同志在表彰为研制"两弹一星"做出突出贡献的科技专家大会上发表讲话,将"两弹一星"精神概括为"热爱祖国、无私奉献,自力更生、艰苦奋斗,大力协同、勇于登攀"二十四个字。"两弹一星"精神是在"两弹一星"研制这一伟大事业中孕育产生的,是成千上万"两弹一星"参研人员和组织管理人员勇担大任、拼搏奋斗的精神写照。本文简要介绍"两弹一星"研制过程中的若干片段,以利于我们更加直观、准确地理解和感悟"两弹一星"精神的丰富内涵。

一、热爱祖国、无私奉献

1. 我愿以身许国

王淦昌是一位杰出的核物理学家。1961年4月,第二机械工业部(以下简称二机部)部长刘杰、副部长钱三强找到王淦昌,问他可否放弃原来的基础研究,全身心从事核武器研制。王淦昌的回答简洁而坚定:"我愿以身许国。"随后,54岁的王淦昌从中国科学院原子能研究所调到二机部核武器研究所任副所长，从此便在国际物理学界消失了。

2. 回国不需要理由

几乎同时，钱三强向中国科学院原子能研究所的理论物理学家彭桓武问了同样的问题，彭桓武毫不犹豫地回答："国家需要我，我去。"20世纪90年代，有记者问彭桓武，当年您在国外时工作、学习、生活条件都比国内好，您却回国了，可否谈谈当初回国的理由？彭桓武直截了当地说，回国不需要理由，不回国才需要理由。

3. 甘当铺路石子

中国科学院力学研究所副所长郭永怀在钱学森的推荐下兼任二机部核武器研究所副所长。郭永怀常对学生讲，我们这一代，你们及以后的两三代，要成为祖国力学事业的铺路石子。1968年12月5日，在从西北核试验基地返回北京时，郭永怀因飞机失事壮烈牺牲。当人们找到郭永怀遗体时，看到他和警卫员牟方东紧紧地抱在一起，人们费力地将两人分开后，发现郭永怀的公文包就夹在两人身体中间。生死关头，郭永怀想到的是国家的核武器研制事业。

4. 逆境中初心不改

从1958年开始，钱骥就协助赵九章投身于卫星和火箭探空的研制工作。1965年10月，由中国科学院主持召开了全国性的方案论证会议，参加会议的单位，除中国科学院系统的有关研究机构外，还有七机部、四机部、一机部、空军、海军、炮兵、通信兵部、发射基地、军事医学科学院等，总共120多人。由于这次会议是边开边研究，所以一共开了42天。赵九章、钱骥在会上报告了我国研制卫星的总体方案，着重是第一颗卫星方案，我国卫星研制从此步入一个新时期。

"文化大革命"期间，赵九章含冤离世，钱骥也"靠边站"了。1967年初，钱骥被分到研究室当了一名普通的研究人员。卫星总体设计的技术组织领导工作由闵桂荣来接替。刚一接手，许多技术问题、规范问题、工作协调问题都离不开钱骥的支持。回忆当初情形，闵桂荣感慨地说，钱骥真是把所有的工作和经验毫无保留地交代给我，连一些细节也不放过，我有问题就请教他。而且,他总是有很好的建议,生怕我们工作中出现问题。钱骥后来曾满怀深情地说,那场团结、紧张、胜利的呕心沥血的战斗生活,是一生中最难忘的回忆。

5. 置个人安危于度外

1971年12月30日,朱光亚组织进行飞机空投氢弹试验。但飞机飞临靶场上空实施投弹时,氢弹却在弹舱内纹丝不动。彝族飞行员杨国祥按照地面指挥部的指示,沉着冷静地进行了第二次和第三次试投,但均未成功。指挥部的空气顿时紧张起来了。因为担心飞机降落时所产生的静电和振动会引爆雷管进而导致氢弹爆炸,所以有人建议飞行员跳伞,让飞机带着氢弹在罗布泊坠毁。作为现场最高指挥的朱光亚沉着镇定,根据广博的科学知识和对氢弹的深刻了解,他判断静电和振动不会导致核爆炸,建议飞机带弹返航。他的建议得到了中央专委的批准。为防止万一,朱光亚要求立即疏散基地生活区和着陆点周围的人员,而自己却和工作人员一起,坚守在机场,迎接这架战机返航。

二、自力更生、艰苦奋斗

国防尖端武器研制的核心关键技术,别人是不会给我们的。中苏友好时期,苏联派来了大批专家并提供了技术图纸、导弹实物等,但重要参数、核心部件等对我们还是保密的。后来苏联撕毁合作协议,国防尖端武器研制就只能靠我们自己了。

1. 九次计算

1958年,邓稼先从中国科学院原子能所调到二机部核武器研究所任理论设计部主任。经过一段时间的努力,邓稼先确定了原子弹理论设计的三个主攻方向。他带领28名刚毕业的大学生,从头开始,认真研读《超音速流与冲击波》《中子输运理论》《爆震原理》《原子核反应堆理论纲要》等理论专著,开启了原子弹理论设计的艰辛探索之旅。

在我国第一颗原子弹的设计过程中,理论设计部需要计算一个关键参数。当时根据三种方案计算得出的结果非常接近，但却与苏联专家曾经告诉过我们的数值有较大差距。随着对物理现象认识的不断深入和新数学模型的建立，大家又进行了多次计算，结果基本一致，这就是著名的"九次计算"。这九次计算从春天算到夏天，又从夏天算到秋天。一些人对苏联专家所说的数据产生了怀疑；另一些人则认为，我们算不出来苏联专家说的那个数值，说明我们在原理上还没有搞清楚。周光召以他特有的敏锐和智慧，做了一个"最大功"的计算，从理论上证明了我们的计算结果是正确的，苏联专家说的数据肯定是错的，从而结束了这场争论。

2. 激越的进军号

为了掌握原子弹引爆"内爆法"的核心技术，核武器研究所爆轰实验室主任陈能宽带领一批年轻人，在中国人民解放军工程兵炸药实验场（地处河北省怀来县，取名"17号工地"）开展了一系列爆轰实验，探索炸药的装配形式，改进点火装置等。当时条件艰苦，17号工地上需要的炸药完全由实验人员自己配制，陈能宽他们便架起了一口普通的锅和几只旧军用桶，一次次地融化、配料、实验。在高温状态下，各种化学物质散发着难闻的有毒气味，大家不得不经常换班，甚至年长的王淦昌等人也曾加入到搅拌炸药的行列之中。

17号工地上的隆隆炮声在塞外山谷回响，那是中国人民研制原子弹征途上激越的进军号。到了夜间，大家又不顾白天工作的疲劳，聚集在狭小的营房中紧张地判读、整理和分析实验数据。经过上千次实验，1962年9月，"内爆法"的关键环节获得验证。

3. 就汤下面

1958年10月16日，赵九章率代表团访问苏联，考察卫星工作。当时苏联先进的工业和科技使代表团成员大开眼界，但由于保密要求，代表团想看的重要项目均未能参观。回国后，对比苏联和我国国情，经过认真总结和冷静分析，赵九章认为发射人造卫星要有强大的工业基础和很高的科学技术水平。我国的空间探测事业要由初级到高级发展，要立足具体国情，走自力更生的道路。

1959年，中国科学院对卫星研制的近期目标做出了调整，从最初的"研制高能燃料运载火箭，放重型卫星，向1959年国庆十周年献礼"转变为"根据实际情况，先从探空火箭搞起"。中国科学院时任党组书记张劲夫同志对此的形象比喻是"就汤下面"。赵九章根据指示精神，对科研任务和科技队伍做了全面调整，提出"以探空火箭练兵，高空物理探测打基础，不断探索卫星发展方向，筹建空间环境模拟实验室，研究地面跟踪接收设备"的具体方针。

4. 扯着嗓子高喊

1960年2月19日，在王希季和杨南生领导下，上海机电设计院成功发射了一枚火箭。当时的发射条件，在今天看来简陋得难以想象——用芦席围起来的"发电站"，里面轰响着一台借来的发电机。发射"指挥所"则是用装了土的麻袋堆积而成的掩体。没有通信联络工具，发射指挥员得靠扯着嗓子高喊并借助手势来指挥、协调各岗位上的工作。由于相关设备还没有研制，参试人员只得用自行车的打气筒一下一下地把推进剂压进贮箱里，还要在气瓶充气结束后冒着生命危险跑到处于待发射状态的火箭旁边去拆下充气阀。虽然这枚火箭的飞行高度只有几千米，但它的发射成功正式开启了中国的"航天时代"。

5. 足迹遍四方

卫星上天，必须有地面测控手段。1966年3月，中央专委批准由中国科学院负责卫星地面观测系统的规划、设计、建设和管理。中国科学院成立了人造卫星地面观测系统管理局，代号"701工程处"，意指1970年发射中国的第一颗卫星。陈芳允担任701工程处技术负责人。后来，701工程处的任务整个转到中国人民解放军国防科学技术委员会（以下简称国防科委），陈芳允也随着这项任务调到了国防科委。建立卫星地面测控系统，必须在全国建设测控中心、观测网及测量台站。陈芳允与年轻的军人们一起乘坐火车去各地为测量台站选点。从炎热的广西、海南到寒冷的戈壁滩，从美丽的东部沿海城市到西部的大漠深处，都留下了他们坚实的足迹。

6. 100个日日夜夜

1965年9月，于敏带队到上海华东计算技术研究所，利用J501计算机完成百万吨TNT当量加强型原子弹的优化设计任务。在于敏的组织和带领下，大家对加强型原子弹做了系统的数值模拟计算，编程、上机、结果分析轮番进行。于敏选择了一些典型计算结果，结合量纲分析和物理粗估，对辐射流体力学、内爆动力学、中子物理和热核反应动力学等有关现象与规律进行了系统分析，并给年轻人讲课，启发他们如何分析计算结果、抓住物理实质。

由于认识到了要实现热核材料的自持燃烧必须为其提供大量的能量，而这种能量普通炸药无法提供，所以于敏下决心要用原子弹来引爆氢弹。但原子弹一炸，巨大的能量迅速四处飞散，那么应如何驾驭、控制并有效利用它？于敏把从原子弹爆炸到热核点燃的全过程分解成若干个子过程，各个过程既相互区别又相互联系，后一个子过程由前一个子过程提供条件，环环相扣，节节相关。对于好的因素要加以利用，对于不好的因素要加以抑制。当于敏将各方面的研究成果归纳整理成从原理到材料和结构的完整方案后，他又为大家做了一次学术报告。随着于敏讲解的不断深入，一幅氢弹的完整物理图像清晰地出现在人们眼前，会场上一片沸腾。至此，大家在上海连续奋战了整整100个日日夜夜。

7. "两弹结合"试验

在我国分别研制出导弹和原子弹以后，"两弹结合"（即导弹携带核弹头）飞行爆炸试验就被提上议事日程了，这是核武器形成战略威慑力的重要一步。钱学森是"两弹结合"飞行爆炸试验的技术总负责人，他在动员会上多次强调，这是一个新事物，无先例可循。为了确保万无一失，七机部（负责导弹）和二机部（负责原子弹）合作，进行了周密细致的准备。1966年10月27日"两弹结合"试验圆满成功，震惊了全世界。

8. 一波三折

我国第一颗试验通信卫星的发射可谓一波三折。1984年1月29日第一次发射，当火箭飞行到940秒时，第三级氢氧发动机第二次启动5秒后，推力消失，未能将卫星送入预定同步轨道。孙家栋在痛惜之余立即面对现实，组织技术人员利用卫星每日飞越我国领土上空的有限时间进行有效试验。经过一系列努力后，这颗试验通信卫星变成了一颗能长期工作的科学试验卫星，利用它进行了卫星各系统的功能考核、性能指标测试和寿命试验，完成了通信、广播、彩色电视传输试验，获得了大量宝贵资料。

1984 年 4 月 8 日再次组织发射任务，卫星上天后，西安卫星测控中心通过遥测系统发现星上的镉镍电池温度超过设计指标的上限值，并有继续上升的趋势，卫星外壳和其他部分仪器温度也偏高。如果不能迅速解决这个问题，可能引起卫星蓄电池损坏或使整个卫星失效。孙家栋马不停蹄地从西昌卫星发射中心赶到西安卫星测控中心，组织对卫星故障的应急处置工作。大家开动脑筋，献计献策，对 36 000 000 米高空的卫星采取了一系列处置措施，终于化险为夷。1984 年 4 月 16 日，我国自行设计、研制的通信卫星成功地定点于东经 125 度赤道上空，标志着中国成为世界上第五个能发射地球静止轨道卫星的国家。

9. 引进不是购买

20 世纪 80 年代后期，在研究和决定东方红三号通信卫星的技术方案时，有人主张卫星的远地点发动机系统，包括发动机和表面张力贮箱，都买国外的，理由是国外产品质量好、可靠性高，经费与自行研制相比也更为节省。任新民坚决反对，他说自己能干的，为什么非要到外国去买，如果东方红三号的主要仪器设备都是买人家的，那叫什么研制卫星，只能说是装配卫星。买省钱，可你只是拿到了一套远地点发动机系统，但你还是不会制造。现在自己研制，可能多花些钱，然而我们不但能拿到硬件产品，还能留下研制生产的设施设备，更重要的是掌握了远地点发动机研制的技术。任新民并不是一味地反对国际合作，而是有更深刻的理解和认识：引进与购买是两个概念，我们有的项目名为引进，实为购买。引进就得包括引进技术，引进后更要有具体的消化、吸收、创新、国产化计划，而且要限期完成。我们一定要防止被人家牵着鼻子走，造成"链锁"引进和无休止地世世代代购买。

三、大力协同、勇于登攀

1. 一竿子

20 世纪 60 年代初,中国科学院院长春光机所承担了跟踪电影经纬仪的研究任务,该设备用于对导弹轨道进行跟踪和精确测量,研制任务代号"150 工程"。工程干了五年多,600 人参与,可见其复杂性和难度之高。研制过程中,研究所内部出现了"一竿子"与"半竿子"问题的争论。主张"半竿子"的同志认为,我们是科研所,科研所的任务就是搞研究,不是搞生产,因此,我们只负责研制,而生产产品的任务则应该交给生产部门去做。从道理上看,这种主张无可厚非。但作为"150 工程"总工程师的王大珩却不同意,他主张要搞"一竿子插到底",把研制产品和提供产品的任务全面承担下来。王大珩认为,军工产品不需要大批量生产,国家重新组织起一套人马和测试及加工设备不值得。同时,这套设备技术上的综合性极强,从方案论证、技术攻关到造出产品,有许多问题是相互交叉难以分割的,许多微妙精细之处,从研究到制造生产,如果转手,很难实现。王大珩后来回忆说,他很庆幸"150 工程"是按一竿子到底的方式进行的,而且很成功,培养了许多能纵观全局、驾驭总体、理论结合实践的人才。

2. "1+1>2"

在天然铀中,铀-235 只占 0.7%,其他 99.3%是铀-238。而用于制造核武器的浓缩铀,铀-235 需达到 90%以上,因此需要将天然铀中的铀-235 与铀-238 分离。当时分离铀同位素的技术原理是大家都了解的,但其中的关键元件——分离膜的制造技术,在美国、英国、苏联等国均被列为绝密级国防机密。

分离膜的研制工作涉及粉末冶金、物理冶金、压力加工、焊接、金属腐蚀、物理化学、电化学、机电设计和制造、分子测试等多种学科,要解决制粉、调浆、制模、烧结、加工、焊接、后处理等一系列工艺工程,是一项综合性很强的技术工程,由一个单位来承担,难度可想而知。

起初,中国科学院上海冶金研究所、沈阳金属研究所、原子能所和复旦大学都承担了相关任务，但力量分散。按照中央要求，1961年春节后，全部力量集中到上海冶金研究所，组建为冶金所第十研究室。冶金所副所长吴自良兼任室主任、技术总负责。这四支队伍集中在一起，发挥各自优势联合攻关，实现了"1+1>2"的效果，用三年多的时间终于完成了这项攻关任务，使中国成为世界上除美国、英国、苏联以外第四个独立掌握浓缩铀生产技术的国家。

3. 众志成城

核试验是大规模、综合性、多学科交叉的科学试验，涉及多种学科及各种实验方法和测试手段，需要提前部署，早做准备。1962年，距我国第一颗原子弹爆炸成功还有两年时间，国防科委成立核试验基地研究所，进行核爆炸试验技术攻关。在钱三强的推荐下，程开甲负责组建该所并主抓技术工作。程开甲和同事们很快提出了《急需安排的研究课题》，计项目45个，课题96个之多。每一个题目都是核测试工作和试验技术准备的重要依据。技术复杂、日程紧迫，程开甲感到"泰山压顶"。此时，社会主义制度的优越性、全国"大力协同"的精神再一次展现出来，在国防科委副秘书长张震寰、二局局长胡若瑕和中国科学院新技术局局长谷羽的组织协调下，中国科学院，有关工业部所属厂、所，军内有关研究院等23个单位积极承担任务，领受课题，并安排精兵强将，确保任务完成。

中国科学院自动化研究所承担的任务是：火球温度和亮度测量仪、冲击波压力测量仪、地震波振动测量仪。1963年初，杨嘉墀参加了原子弹爆炸试验测试方案交底会。他曾参加过多项重要的国家机密任务，在以往接受任务过程中，往往由于保密原因，用户单位交底不够，研制单位只能就事论事地按用户单位提出的几条指标开展研究，工作中难免出现顾此失彼、处处被动的局面。可是这次不同，用户单位对选准的合作伙伴给予充分信任。会上程开甲详细介绍了第一颗原子弹的情况，并向杨嘉墀坦诚地说，我们知道的情况已经全部交底了，火球温度测试总体方案怎么制订，完全交给自动化所的专家组来确定。

4. "全国一盘棋"

火箭材料和工艺的研究项目，大多是与冶金部、化工部、建材部、中国科学院所属的有关单位协作进行的。姚桐斌积极贯彻中央"全国一盘棋""大力协同"的指导方针，高度重视与各协作单位建立良好的协作关系。据鞍山钢铁（以下简称鞍钢，现为鞍山钢铁集团有限公司）的一位同志回忆，在仿制苏联导弹期间，姚桐斌亲自到鞍钢处理不合格的钢板问题。他不怕担风险，不怕负责任，不向协作单位吹毛求疵，而是亲自实事求是地解决问题。这位同志还说，姚桐斌不是把材料工作从头搞到尾，而是与工业单位和研究单位协作，按照这种协作方式，许多发明奖励落到了工业部门手中，自己当了无名英雄，但却使导弹材料问题很快得到了解决。他这种不争名、不争利的胸襟和作风，在冶金部门中曾广为传颂。中国科学院某研究所所长回忆说，当时两所协作关系十分融洽。有时双方协商某项任务后就立即开始工作，等正式任务书下达时，任务差不多已经干完了。

5. "七专"电子产品

1980年5月18日，屠守锷作为总设计师的我国首枚洲际导弹发射成功。这枚导弹有数万个零件，而当时我国电子元器件的质量不稳定，若不解决这个问题，导弹就不可能实现高可靠性、高精度等质量要求。于是，在洲际导弹的研制中便诞生了"七专"电子产品，即专批、专人、专料、专机、专检、专筛、专卡，对电子元器件的设计、生产、检验、入库等一系列生产环节实行全过程跟踪，建立了一整套质量控制管理办法。后来，"七专"电子元器件的质量控制管理办法推广到其他型号的研制和批生产配套中。在1979年至1985年的7年中，中国运载火箭技术研究院共订购了"七专"电子元器件190万支，有力地保证了一系列发射任务的完成。

6. "四共同"原则

固体潜地导弹的研制涉及跨建制、跨地域的合作，作为总设计师的黄纬禄根据实际情况归纳提出"四共同"原则，即"有问题共同讨论，有困难共同解决，有余量共同掌握，有风险共同承担"。这28个字高度概括了黄纬禄发扬技术民主、依靠群众、相信群众的精神风貌，受到当时国防科委主任张爱萍将军的高度评价。在"四共同"精神的鼓舞下，不同归属的各研制单位间不论是开技术协调会，还是生产调度会，都以"四共同"为准绳，严格要求，共同约束，建立起相互信赖、齐心协力、密切合作、共同前进的依存关系。

7. 肺腑之言

钱学森被尊称为我国"导弹之父""航天之父"，而钱学森自己不同意这种称呼。他常说，导弹、航天事业是一项大规模系统工程，有党的坚强领导，有成千上万人参加。这样的大科学工程，不是哪一个或两个人能完成的。他只是恰逢其时，做了他该做的工作，仅此而已。

一些年轻同志不了解当时的情况，以为钱学森在喊"政治口号"，是"穿靴戴帽"式的空话。钱学森说，这不能怪他们，因为他们没那一段经历，不了解我们国家的导弹是怎么搞出来的。比如，我们国家的工业基础十分薄弱，当时连汽车还没造出来，导弹型号就上马了，火箭发动机是在一个工棚里开始研制的。没有精密机床，就调来一批"八级"金工师傅，那些形状复杂的发动机元部件，就是靠金工师傅们的高超手艺，一点一点"抠"出来的。当时执行试验任务，我们的通信手段也非常落后，基本上是有线通信。而试验任务的通信、指挥和调度等等，又需要占用大量的通信线路。邮电部只好关闭几乎一半的全国通信线路，供发射试验用。为了保证通信线路的安全可靠，把全国的民兵都动员起来了，每个电线杆下站两个民兵，一天 24 小时不间断地值班，直到试验结束。这样大规模的组织调动，没有党的坚强领导，没有成千上万群众的参与，谁能办得到？这些都是钱学森的肺腑之言。

受篇幅所限，还有许多感人故事恕不能在这里一一呈现。以上所介绍的，是"两弹一星"事业中千千万万感人事迹的一个缩影，希望这些内容能够帮助大家加深对"两弹一星"精神的理解，能够知晓"两弹一星"精神的由来。

一代人有一代人的使命，一代人有一代人的担当。习近平指出："科技兴则民族兴，科技强则国家强。"[1]"高端科技就是现代的国之利器。"[2]习近平还指出："科学成就离不开精神支撑。"[3]今天，国际形势严峻复杂，科技领域的竞争紧张激烈。虽然已经过去了半个多世纪，但"两弹一星"精神仍熠熠闪光，是我们建设世界科技强国的强大精神动力。作为国家战略科技力量，科学院人必须继承和弘扬"两弹一星"精神，心系国家事，肩扛国家责，在实现中华民族伟大复兴中国梦的征途上开拓奋进，阔步前行，以卓越的科研业绩创造无愧于祖国和人民的新辉煌。

参 考 文 献

本书编委会编：《朱光亚院士八十华诞文集》，原子能出版社2004年版。
科学时报社编：《请历史记住他们》，暨南大学出版社1999年版。
宋健主编：《"两弹一星"元勋传》，清华大学出版社2001年版。
涂元季、莹莹：《钱学森故事》，解放军出版社2011年版。

作者：何林，中国科学院文献情报中心。

---

[1] 中共中央文献研究室编：《习近平关于科技创新论述摘编》，中央文献出版社2016年版，第23页。
[2] 中共中央文献研究室编：《习近平关于科技创新论述摘编》，中央文献出版社2016年版，第39页。
[3] 习近平：《在科学家座谈会上的讲话》，人民出版社2020年版，第11页。

当代中国科学家精神探源

本文所述的当代中国科学家精神是指中国科学家在中华人民共和国成立以来所培育和塑造的科学家精神。2019年5月28日，中共中央办公厅、国务院办公厅印发了《关于进一步弘扬科学家精神加强作风和学风建设的意见》，提出要"大力弘扬胸怀祖国、服务人民的爱国精神""大力弘扬勇攀高峰、敢为人先的创新精神""大力弘扬追求真理、严谨治学的求实精神""大力弘扬淡泊名利、潜心研究的奉献精神""大力弘扬集智攻关、团结协作的协同精神""大力弘扬甘为人梯、奖掖后学的育人精神"。这是对当代中国科学家精神的高度概括和客观总结，无疑会对科学界凝聚共识、统一思想、改进作风和学风起到重要作用，同时也对新形势下广大科技工作者更好地继承和弘扬科学家精神、努力建设科技强国有重要的指导意义。那么，当代中国科学家精神是如何形成的，其内涵是什么，当前提倡弘扬科学家精神有怎样的现实意义，这些问题都值得我们深入思考。

一、当代中国科学家精神形成的历史背景

（一）科学的发展进步和近现代科学研究工作的固有特点，为科学家精神赋予了本质属性

科学是反映自然、社会、思维等的客观规律的分科的知识体系。科学的发展从古希腊开始，到14—17世纪文艺复兴，后来经历了17—18世纪的启蒙运动，再到18—19世纪第一次工业革命，走过了数百年的历程。特

别是19世纪中叶以来第二次工业革命的兴起,使近现代科学全面繁荣。在科学发展的数百年历程中,科学的认知被不断刷新,科学的知识体系被不断丰富,科学的精神逐步被沉淀,由此形成了科学精神。

从概念上来说,科学精神是从事科学研究的人,所凝练并传承的一种行业特质,它是一种文化和范式,是科学研究领域人们行为做事的风格和态度,也是科学研究者所需要遵守的伦理观念、价值规范和行为准则。

科学精神的内涵可概括为:唯实求真,理性客观;尊重规律,探求未知;大胆想象,严谨求证;质疑批判,传承创新;思想自由,开放包容;平等合作,追求至臻。[1]

科学精神体现了科学研究工作固有的核心特征,并从根本上决定了从事科学研究的人们所应有的特质和风范。因此,它是科学家精神的根脉。

(二)现代世界科技经历100多年的蓬勃发展,全球科学家在长期的科学研究实践和探索中,所形成的现代科学家群体特质,为当代中国科学家精神奠定了基础

现代科学家群体的特质可以概括为如下几个方面。

(1)求实理性:科学家们以探求真理、认知规律为己任,本着严谨的、实事求是的态度,进行推理和实证研究,把自己的理论和观点建立在事实基础之上,严谨理性、以理服人。

(2)勇于创新:科学家们在好奇心和求知欲的驱动下,通过质疑、批判、假设和求证,不断探索未知、开拓创新,从而产生新思想、新理论、新方法、新认知。

(3)专注执着:科学家们具有使理论完善自洽和完美解释的执念,因此,优秀的科学家必定具有坚韧不拔、执着进取的品质。他们在科学研究过程中能耐得住寂寞,不怕失败,百折不挠,对自己感兴趣的问题昼思夜想,心无旁骛,忘我钻研,锲而不舍。

---

[1] 高随祥、陈光宇:《论科学精神与科学家精神》,蔡锐华、刘金敏《创新·协同·融合·共生:构建国际一流的科技创新生态》,中共中央党校出版社2021年版。

（4）承前启后：每一位科学家都是在前人研究的基础上推陈出新，产出自己的创新性成果。同时，他们的成果又成为后来人继续开拓前行的基石。在科学发展的进程中，每位科学家都是承前启后的接力者。

（5）超然脱俗：优秀的科学家在生活中往往是谦虚低调、朴实无华的，他们大多思想独立、不畏权贵、不慕虚荣、淡泊名利，在某些方面表现得超脱世俗、卓然不群。

这些特质，构成了科学家精神的基本要素。可以说，科学精神是科学属性所决定的从事科学研究的人们所需要遵循的规范，是科学工作者必备的基本素质，也是对科学家的基本要求。而科学家精神则是科学精神在科学家身上的具体体现和升华，是科学家们在科学精神的指引下，将自己的智慧和品行融入科学研究活动中，经过长期积累凝聚出来的具有正向激励作用的高贵人格品质，是引领科学家们行为的典范，是对科学家的较高要求。

（三）新中国成立后，社会主义的根本制度、全社会奋发向上的精神风貌及社会主义建设事业对科学技术的急切需求，为当代中国科学家精神的形成提供了沃土

从新中国成立到 20 世纪五六十年代，为尽可能争取以最快的速度增强国家实力，赶超世界先进国家，中国共产党提出了"向科学进军"的口号，并制定和实施了"重点发展，迎头赶上"的科技赶超战略，强调"我们必须急起直追，力求尽可能迅速地扩大和提高我国的科学文化力量，而在不太长的时间里赶上世界先进水平"。为扎实推动"向科学进军"和科技赶超战略，党和国家制定并出台了一系列科技政策、规划和举措，特别是制定了《一九五六至一九六七年科学技术发展远景规划纲要》，明确科技发展方向，部署科研任务。国家在国民经济恢复期和社会主义事业快速发展期对科学技术有着迫切的需求，社会剧烈变迁的浩荡洪流造就了人们"大干快上"建设新中国的磅礴力量。百废待兴的局面、追赶世界先进水平的期待、人们昂扬的斗志和精神风貌，对科学家们形成了巨大的激励，同时也为当代中国科学家精神的形成注入了强大的精神动力。

1949 年 9 月 21 日，中国人民政治协商会议第一届全体会议通过了《中

国人民政治协商会议共同纲领》，其中第四十三条规定："努力发展自然科学，以服务于工业农业和国防建设。奖励科学的发明和发现，普及科学知识。"

1949年11月1日，中国科学院成立。1950年6月14日，中央人民政府政务院发布《关于中国科学院基本任务的指示》，明确中国科学院工作的总方针为："发挥科学的功能，使之成为思想改革的武器，培养健全的科学人才与国家建设人才，使学术研究与实际需要密切配合，真正能服务于国家的工业、农业、保健、国防建设和人民的文化生活。"1949年12月，中共中央发布《关于保护与争取技术人员的指示》。

1949年至1959年，我国科技工作得到了苏联的帮助。我们一方面积极学习国外的先进科学技术经验，另一方面保持科技事业的独立自主，科技事业得到快速发展。

1951年3月5日，周恩来总理签署了《中央人民政府政务院关于科学研究工作的指示》，规定："各部门举行的各种专业会议，凡与科学研究有关者，应邀请科学院派人参加，并将会议主要内容尽早通知科学院，使有时间加以研究并在会上提出意见"；"各部门所领导的科学研究机构，在制订研究计划时应与科学院取得联系，并定期将研究情况报告副本送致科学院，以便科学院对全国科学研究事业获有全面了解。科学院应尽量给予各部门研究机构业务上技术上的指导与协助"；"科学院应注意有系统地调查各生产部门对于科学研究的需要，并力求使自己的和全国科学研究人员的工作计划适应这些需要。为了这个目的，科学院得在必要时召集全国科学研究人员会议，宣布全国科学研究工作的任务，并要求各有关部门的协助"。[①]

1955年7月，全国人大一届二次会议审议通过了国家第一个五年计划（1953—1957年），以下简称"一五"计划。第一个五年计划采取边实施边规划的方式，主要目标是集中力量进行工业化建设，加快推进各经济领域的社会主义改造。

至1957年，国家"一五"计划超额完成了规定的任务，实现了国民

---

① 中共中央文献研究室编：《建国以来重要文献选编》第2册，中央文献出版社1992年版，第100页。

经济的快速增长，并为我国的工业化和现代化奠定了初步基础。在此期间，我国的科学技术事业进步很快，科学研究机构的数量已由新中国成立时的40多个迅速发展到381个。科学技术研究人员人数已从新中国成立初期的600余人发展到近2万人，形成了一支初具规模的研究队伍。

"一五"期间我国取得了许多重要科技成果，如1953年10月27日，我国第一根无缝钢管在鞍钢无缝钢管厂压制成功；1954年7月，新中国第一架飞机"初教-5"，在南昌飞机制造厂研制成功；1954年12月，青藏公路正式通车；1955年，紫金山天文台试制成功光电光度计，填补了光电测光这一空白领域；1955年，中国科学院药物所完成氯霉素合成方法的研究，并向工厂提供生产工艺技术；1956年7月，新中国第一辆汽车——解放牌载重汽车在长春下线，结束了中国不能制造汽车的历史；1956年7月，我国自主生产的第一代喷气式歼击机歼-5首飞成功；1957年10月，武汉长江大桥建成通车。

1956年1月14日，中共中央在北京召开的全国知识分子会议上，毛泽东主席提出了依靠知识分子、建设更好国家的指导思想。周恩来总理在会上作了《关于知识分子问题的报告》，报告中阐述了新形势下的知识分子问题与解决办法，并指出，"知识分子已经是工人阶级的一部分"；中国必须为发展科学研究"准备一切必要的条件"。

1956年12月22日，中共中央批准了《1956—1967年科学技术发展远景规划纲要（修正草案）》(以下简称《十二年科技发展规划》)，标志着中华人民共和国成立后的第一个科学技术发展远景规划进入全面实施阶段。该规划由57项任务构成，其中以原子弹、导弹、计算机、半导体、无线电电子学、自动学和远距离操纵为最紧要项目。

1961年7月19日，《关于自然科学研究机构当前工作十四条的意见(草案)》(以下简称"科学十四条")正式以中央文件形式下发。该意见规定，科学研究机构的根本任务是出成果，出人才，为社会主义服务；必须保证科研工作的稳定性，保证科研人员至少有六分之五的时间用于业务工作。

1962年，《十二年科技发展规划》提前5年完成，中共中央又制订了第二个发展科学技术的长远规划。1963年，国务院发布了《发明奖励条例》

《技术改进奖励条例》。

1958年至1967年，尽管我国国民经济和社会发展遭遇了各种困难，我国科技事业经历了曲折反复，但仍然取得了许多令人鼓舞的科技成就。1958年3月，中国第一台国产电视机诞生，电视机从此开始走进千家万户；1958年6月，中国第一座功率为7000千瓦的研究性重水反应堆和2兆电子伏特的回旋加速器建成并正式运转；1958年8月30日，中国第一座实验性原子反应堆回旋加速器开始运转；1958年8月，国产计算机103机完成了四条指令的运行，宣告中国人制造的第一部通用数字电子计算机的诞生；1959年9月，第一台大型电子计算机（104机）研制完成；1959年，李四光等人提出"陆相生油"理论，打破了西方学者的"中国贫油"说；1959年9月，中国石油地质勘探发现大庆油田，结束了中国贫油的历史；1961年，上海江南造船厂造出了新中国第一台万吨水压机，结束了中国不能制造大型锻件的历史；1961年9月，成功地用国产红宝石研制出了中国第一台激光器；1963年11月，研制出硅平面管，为发展集成电路打下了技术基础；1964年10月16日，中国成功爆炸第一颗原子弹，成为世界上第五个拥有核武器的国家；1965年9月17日，第一次用人工方法合成了一种具有生物活性的蛋白质——结晶牛胰岛素；1965年12月31日，中国自主设计建造的第一艘万吨级远洋货轮"东风"号成功交付；1966年，成功进行第一颗装有核弹头的地地导弹飞行爆炸试验；1966年5月，中国数学家陈景润在哥德巴赫猜想研究上取得重大进展，成果被国际数学界称为"陈氏定理"；1967年，第一颗氢弹空爆成功。

"向科学进军"的动员令和科技赶超战略，让老一代科学家们为之振奋，他们以"先天下之忧而忧，后天下之乐而乐"的深厚情怀，"做隐姓埋名人，干惊天动地事"，在新中国几乎一片空白的科技基础上掀起科学技术研究热潮，取得了"两弹一星"、人工合成牛胰岛素、电子计算机等重大科技成果，书写了新中国科技发展的华彩篇章，奠定了新中国社会主义科技建设事业的坚实基础，也逐渐形成了以"两弹一星"精神为代表的当代中国科学家精神雏形。

（四）新中国成立前后，一大批爱国科学家回国，成为我国科技事业的领军和骨干人才。包括这批科学家在内的新中国第一代科学家群体，是当代中国科学家精神形成的先驱者，是当代中国科学家精神的主要塑造者和践行者

新中国成立伊始，在百废待兴、百业待举的情况下，党中央充分认识到人才在经济建设和科技发展中所具有的特别重要意义，采取了一系列针对性措施，积极出台和落实人才政策，并向海外留学生发出了回国参加建设的号召。

1949年9月，《中国人民政治协商会议共同纲领》明确了"给青年知识分子和旧知识分子以革命的政治教育，以应革命工作和国家建设工作的广泛需要"的人才政策。1949年中共中央在《关于改造旧职员问题给北平市委的指示》中要求，"有一些技术较高，能力较好，但因与国民党负责人不和而位置和薪水明显降低的，则应适当地提高其位置和薪水"。1949年12月发布的《关于保护与争取技术人员的指示》再次强调指出，"大部分为中国比较优秀的技术专家，必须妥为保护，尽量争取原职原薪任用，不得采取粗暴态度。"

新中国刚一成立，周恩来便指示旅美进步侨团，要把动员在美国的中国知识分子特别是高科技专家回国作为其中心任务。1949年12月，政务院文化教育委员会成立了办理留学生回国事务委员会，统筹负责回国留学生的接待事宜，并在北京、广州、上海等地设立了留学生回国招待所。同年12月18日，周恩来总理通过北京人民广播电台（中央人民广播电台前身），代表党和政府向海外人才发出了"祖国需要你们"的热切"召唤书"，诚挚邀请身居海外的知名学者和青年才俊回国参加新中国建设，充分表达了对海外人才的高度期盼与渴望。

1955年11月，毛泽东主席在中央政治局召开的各省、市、自治区负责人会议上要求：要充分信任和依靠知识分子，对知识分子信任的中心问题是真正地尊重他们。仅仅口头上尊重是不行的，还要让他们心情舒畅地运用知识，哪怕是一技之长；要注意改善知识分子的工作和生活待遇，对于有特殊贡献的专家,工资待遇甚至可以超过国家副主席、主席。

1956年1月,党中央在中南海隆重召开了全国知识分子问题会议,这是党的历史上首次召开知识分子问题专题会议。在周恩来代表党中央所作的《关于知识分子问题的报告》中,充分肯定了知识分子在我国社会主义建设中不可忽视的独特地位和作用,第一次把知识分子从以往党的"争取和团结对象"提升到了"重要依靠对象"。会后于1956年2月中共中央下发的《关于知识分子问题的指示》,进一步确定了对知识分子问题的有关政策,再次明确指出:知识分子的基本队伍已经成了劳动人民的一部分;在建设社会主义的事业中,已经形成了工人、农民、知识分子的联盟。

在新中国的感召、进步团体的推动和爱国情怀的驱使下,一大批优秀海外学子承载着中华民族革新自我、浴火重生的人生梦想,执着而坚定地回到了祖国。据统计,1949年8月至1955年11月,朱光亚、华罗庚、李四光、程开甲、邓稼先、叶笃正、钱学森等共计1536名杰出科学家和学者毅然回国。至20世纪50年代末,回到祖国的留学人员和归侨学者达2500余人,约占当时海外留学人员和华人科学家的一半。回国后,他们工作和战斗在新中国的各条战线上,成为多个重要科学领域的关键开拓者和研究工作的主要组织者,凝聚汇合成引领我国科技事业飞速发展当之无愧的中流砥柱,构成了推进新中国建设无比珍贵、价值不可估量的高层次人才资源群体,为中国教育、国防、科技及外交等各项事业的发展做出了卓越贡献,特别是在"两弹一星"等一系列重大领域发挥了极其重要的作用,同时也成了当代中国科学家精神的主要塑造者和践行者。

下面列举几位1949年前后回国的杰出科学家。

彭桓武

1938年,彭桓武远赴英国爱丁堡大学,师从著名物理学家马克斯·玻恩,从事固体物理、量子场论等理论研究,1940年获博士学位。1941年后,曾两度在薛定谔任所长的爱尔兰都柏林高等研究院理论物理研究所从事研究工作。1945年与玻恩共同获得英国爱丁堡皇家学会的麦克杜加耳——布列兹班奖。他还与量子化学创始人之一W.海特勒一起进行介子场的理论研究，取得了重要的成果。彭桓武的学术能力赢得了玻恩和薛定谔的高度赞赏。玻恩说，彭桓武比其他学生聪明能干，好像什么都懂、什么都会。薛定谔称赞道：简直不敢相信，这个年轻人学了那么多，知道那么多，理解得那么快。1948年，彭桓武成为爱尔兰皇家科学院少有的一名年轻外籍院士。

1947年底，彭桓武决定启程回国。但当时都柏林前往中国的轮船很少，一票难求。为了回国，彭桓武想尽了一切办法。最终，他在朋友的帮助下搭乘一艘英国的运兵船，一路颠簸地跨海越洋，完成了艰辛的归国之旅。

很多年以后，有人问彭桓武，为什么要舍弃在国外的声誉与地位，千辛万苦地回中国？他回答说，一个中国人回国不需要理由，不回国才需要理由，学成回国是每一个海外学子应该做的。

钱三强

1937年，钱三强远涉重洋，来到法国巴黎，进入世界闻名的居里实验室，师从著名的约里奥-居里夫妇攻读博士学位。1946年，钱三强与何泽慧这对科学伉俪在研究铀核三分裂和四分裂中取得突破性成果，不少媒体刊登此事，并称赞"中国的居里夫妇发现原子核新分裂法"。1946年底，钱三强荣获法国科学院亨利·德巴微物理学奖。1947年，钱三强任法国国家科学研究中心研究员、研究导师，并获法兰西荣誉军团军官勋章。

面对优渥的条件和光明的前景，始终心系祖国的钱三强和何泽慧却想回到贫穷落后、战火纷飞的中国。他们深知：正因为祖国贫穷落后，才更需要科学工作者努力去改变她的面貌。我们当年背井离乡、远涉重洋，到欧洲留学，目的就是为了学到先进的科学技术，好回去报效祖国。我们怎能改变自己的初衷呢？我们渴望着回到离乡十年之久的故土，为祖国的富强、进步，贡献自己的力量。

1948年4月，居里夫妇专门在家设宴为钱三强夫妇送别。他们把准备好的一些关于放射性物质研究资料和装在铅盒里半衰期较长的放射源，交给钱三强："你把它带回去，别处不容易弄得到，将来也许你们用得着。"正是这个放射源，在日后我国研制"两弹"的关键时刻，发挥了重要作用。

钱三强夫妇带着仅六个月大的女儿于 1948 年 5 月 1 日离开法国，在茫茫大海上颠簸了一个月零八天，终于回到了祖国，在中国这一片崭新的土地上开始了他们的圆梦之旅。

朱光亚

1946 年 9 月，著名物理学家吴大猷推荐朱光亚和李政道赴美国留学，攻读核物理学专业。留学期间，朱光亚密切关注国内形势变化，积极组织学生进步活动，决心早日学成、报效祖国。

1949 年 11 月至 12 月，朱光亚等人在美国密歇根大学所在地安娜堡，以留美科协名义多次组织中国留学生座谈会，以"新中国与科学工作者""赶快组织起来回国去"等为主题，讨论科学工作者在建设新中国方面的作用，动员大家归国效力。他牵头组织起草了《给留美同学的一封公开信》，呼吁海外留学生回国参加建设，先后有 52 名中国留学生在公开信上签名。信中写道："同学们，听吧！祖国在向我们召唤，四万万五千万的父老兄弟在向我们召唤，五千年的光辉在向我们召唤，我们的人民政府在向我们召唤！回去吧！让我们回去把我们的血汗洒在祖国的土地上灌溉出灿烂的花朵！"

归国心切，时不我待！朱光亚抢在美国对华实行全面封锁之前，于 1950 年 2 月搭乘"克利夫兰总统号"轮船，取道香港返回祖国。

华罗庚

华罗庚于 1946 年赴美国，曾任普林斯顿数学研究所研究员、普林斯顿大学和伊利诺斯大学教授。作为蜚声中外的著名数学家，他在美国不仅收入很高，而且家住洋房，出入有小车，生活优渥。

听到新中国成立的消息后，华罗庚十分激动，不顾伊利诺斯大学的挽留，毅然踏上归国征程。1950 年 3 月，华罗庚在携妻儿回国途中，通过新华社发出了《致中国全体留美学生的公开信》，号召"梁园虽好，非久居之乡，归去来兮"，"活着，不是为了个人，而是为了祖国。"呼吁大家：为了抉择真理，我们应当回去；为了国家民族，我们应当回去；为了为人民服务，我们应当回去；就是为了个人出路，也应当早日回去，建立我们工作的基础，为我们伟大祖国的建设和发展奋斗。

1950年3月16日，华罗庚回到北京。事后有人问他，国外的生活条件那么好，为什么要回国"受苦"？华罗庚回答："祖国培养了我，我当然要时刻记得报效自己的祖国。"

李四光

20世纪40年代，李四光已经是享誉国际、卓有建树的地质学家。1948年，李四光接受国际地质学会的邀请，到英国出席第18届地质学大会，在会上他发表了题为《新华夏海的诞生》的最新研究成果，动摇了传统的地质学理论，轰动了欧洲。

会后，他留在英国南部养病。在此期间，他参加中国留英学生总会年会，发表演说："我虽然60岁了，身体一直不好，但我一定要回到祖国去，把自己的余生贡献给新中国！"随后，他办理了回国的签证，预定了船票。就在这时，国民党驻英大使馆人员找到李四光，掏出一张5000美金的支票说，请你向全世界发表一个公开声明，否认中华人民共和国，并拒绝政协给你的全国委员的任命。否则，将你扣留在国外！李四光夫妇予以严厉斥责：难道我们归国之心能用金钱来收买吗？我们要回国，不要你们的美金！

1950年4月，李四光夫妇几经周折，辗转瑞士、捷克、意大利、中国香港等地，摆脱了国民党特务的追踪，最终于1950年4月6日回到祖国的怀抱。

程开甲

程开甲于1941年从浙江大学毕业后留校任教，并开始钻研相对论和基本粒子。1946年，在李约瑟的推荐下，怀揣着科学救国的抱负赴英国爱丁堡大学留学，成为著名物理学家玻恩教授的学生。在此期间，程开甲主要从事超导电性理论的研究，与导师共同提出了超导电的双带模型。1948年秋程开甲获博士学位后，任英国皇家化学工业研究所研究员。

程开甲所处的时代，刚刚经历了日本侵华，祖国大好河山被日本铁蹄践踏。出国到英国留学后，深切地感受到国家落后就会受人欺负，被人歧视。他后来回忆在国外的经历时感慨地说,中国人在国外没有地位,人家根本瞧不起你。

1949年,祖国发生的一件事让程开甲看到了中国的希望。那是4月一天的晚上,他正在苏格兰出差,看电影新闻片的时候,看到关于"紫石英号事件"的报道。看到中国人毅然向入侵的英国军舰开炮,并将其击伤,他第一次有了出口气的感觉。看完电影走到大街上,腰杆也挺得直直的。中国过去是一个没有希望的国家,但现在开始变了。从此,坚定了他回国的决心。

1950年8月,程开甲谢绝了导师玻恩的挽留,放弃了国外优厚的待遇和研究条件,回到了当时一穷二白的祖国。回国后,他将自己的一生奉献给了祖国的"两弹一星"事业。

邓稼先

邓稼先于1947年通过了赴美研究生考试,于翌年秋进入美国普渡大学研究生院学习。由于他学习成绩突出,不足两年便读满学分,并通过博士论文答辩获得了博士学位。此时他只有26岁,人称"娃娃博士"。

邓稼先的杰出表现,也引起了美国政府的关注,他们打算用更好的科研条件、生活条件把他留在美国,他的老师也希望他留在美国,同校好友也挽留他,但邓稼先婉言谢绝了。

1950年10月,邓稼先放弃了国外优越的工作条件和生活环境,谢绝了导师和亲友的挽留,毅然决定回到祖国。回国后,同他的老师王淦昌教授及彭桓武教授一起投入中国近代物理研究所的建设,开创了中国原子核物理理论研究工作的崭新局面。

1958年秋,二机部副部长钱三强找到邓稼先,说"国家要放一个'大炮仗'",征询他是否愿意参加这项必须严格保密的工作。邓稼先义无反顾地同意,回家对妻子只说自己"要调动工作",不能再照顾家和孩子,通信也困难。妻子表示支持。从此,物理学家邓稼先的名字便在刊物和对外联络中消失,他的身影只出现在严格警卫的深院和大漠戈壁。在隐姓埋名的工作中,邓稼先成为我国核武器理论研究工作的奠基者之一。从原子弹、氢弹原理的突破和试验成功及其武器化，到新的核武器的重大原理突破和研制试验，均做出了重大贡献。

叶笃正

1945 年，叶笃正去美国留学，师从世界著名大气物理学家罗斯贝，于 1948 年在芝加哥大学获得博士学位，毕业后留校做研究工作。

留美期间，他发表十多篇重要学术论文。特别是他在博士学位论文《关于大气能量频散传播》中提出大气运动的"长波能量频散理论"，被誉为动力气象学的三大经典理论之一。他在美国《气象杂志》上发表的学术论文《大气中的能量频散》，被公认为动力气象学领域的经典著作。叶笃正的学术成就使他蜚声国际气象界，并成为以罗斯贝为代表的"芝加哥学派"的主要成员之一。

1949 年，中华人民共和国成立，身在异乡的叶笃正义无反顾地做出了回国的选择。正在这时，叶笃正接到了美国气象局邀请，请他去气象局下属的研究部工作，并找到他的导师罗斯贝，劝说他留下来。叶笃正说服了导师，谢绝了美国气象局的高薪挽留，于 1950 年 10 月，与妻子冯慧辗转回到中国。

回国后，叶笃正开创了青藏高原气象学，创立了大气长波能量频散理论、东亚大气环流和季节突变理论，以及大气运动的适应尺度理论，开拓了全球变化科学新领域，为我国现代气象事业发展做出了卓越贡献，成为我国现代气象学和全球变化学科的奠基人和开拓者之一。

钱学森

1935 年至 1955 年，钱学森在美国求学、工作整整 20 年，期间取得了非凡的科研成就，成为世界著名的空气动力学家。在获悉新中国成立的消息后，钱学森觉得自己的机会来了，于是早早就做好回国的准备。然而，美国不愿意见到这样一位优秀的科学家回去报效自己的国家，他们先是给钱学森许诺很多优厚的待遇和科研条件，引诱钱学森留在美国。眼看钱学森不为所动、坚持回国，美国于是便处处设障，阻挠钱学森回国。

1950年初，钱学森尝试第一次回国，刚到港口，就被美国人以莫须有的罪名关入监牢。一时间，美国社会一片哗然，尽管迫于压力，在美国加州理工学院缴纳保释金后，警方不得不释放钱学森，但随后，钱学森被监视跟踪便成了家常便饭。

钱学森在美国受迫害的消息引起国家的高度重视，中国政府公开谴责美国政府迫害钱学森的行为，并要求美国释放钱学森即速回国。而美国给出的答复是，美国政府不能肯定钱学森有打算回中国的愿望。

在中国政府的反复周旋下，1955年9月17日，钱学森乘坐"克利夫兰总统号"邮轮回国。

后来在谈到为什么要走回国这条道路时，他说，鸦片战争近百年来，国人强国梦不息，抗争不断。我个人作为炎黄子孙的一员，只能追随先烈的足迹，在千万般艰险中，探索追求，不顾及其他。我的事业在中国，我的成就在中国，我的归宿在中国。

郭永怀

郭永怀于1940年出国，先在加拿大的多伦多大学学习，后到美国加州理工学院古根海姆航空实验室，在航空大师冯·卡门教授的指导下攻读博士学位，研究空气动力学的前沿问题，冯·卡门对他十分欣赏。1946年获得博士学位后，到康奈尔大学任教。1949年，郭永怀为解决跨声速气体动力学的一个难题，探索开创了一种计算简便、实用性强的数学方法——奇异摄动理论，在许多学科中得到了广泛的应用。这种方法后来被命名为著名的PLK方法。郭永怀由此闻名世界。

新中国成立前夕，郭永怀在康奈尔大学参加了中国留学生的进步组织——留美中国科学工作者协会。每逢协会集会，大家谈论得最多的，是中国的前途和命运，以及通过什么途径、在什么样的时机，把学到的科学知识贡献给自己的祖国。新中国成立后，郭永怀虽然人在国外，但是一心想要回国效力，毅然决然拒绝了美国同事请他参加的机密研究项目。一些朋友劝他，康奈尔大学教授的职位很不错了，孩子将来在美国也可以受到更好的教育，为什么总是挂记着那个贫穷的家园呢？郭永怀回答：我当年出国，就是为了学成后回国！家穷国贫，只能说明当儿子的无能！我作为一个中国人，有责任回到祖国，和人民一道，共同建设我们的美丽的山河。

1956年9月，郭永怀决定启程回国。临行前，西尔斯院长为他饯行。为避免美国政府阻挠他回国的行程，在西尔斯院长举行的欢送烧烤晚宴上，郭永怀把自己数年的研究数据手稿，全部扔进了炭火堆，烧成灰烬。妻子李佩回忆当时郭永怀的话："这些东西烧了也无所谓，反正这些要解决的问题都在我脑子里。"

1956年9月30日，郭永怀一家三口登上了回国的"克里弗兰总统号"邮轮，踏上了回国之路。

在那个火热的年代，一大批杰出科学家放弃国外优厚的条件和待遇，顶着诸多压力、甚至恐吓，毅然归国投身于新中国各领域的改革和建设中。除了上面列举的之外，1949年至1958年回国的还有关肇直、王希季、赵忠尧、王守武、唐敖庆、严东生、张存浩、黄昆、吴文俊、师昌绪、陈能宽、谢家麟、郑哲敏、汪德昭、杨嘉墀、林兰英、孙家栋等许许多多的科学家，他们与已在国内的竺可桢、茅以升、陈焕镛、戴芳澜、侯德榜、叶企孙、吴有训、严济慈、胡焕庸、贝时璋、陈建功、苏步青、张钰哲、林巧稚、汤佩松、王淦昌、童第周、陈世骧、赵九章、吴征镒、马大猷、卢嘉锡、王应睐、黄家驷、屠守锷、钱伟长、段学复、周培源、王大珩、陈芳允、吴阶平、任新民、刘东生、周光召、钱骥、于敏等无数科学家一道，成为新中国科技事业的重要开拓者，也成为当代中国科学家精神的主要塑造者和践行者。

（五）"两弹一星"研制，加速了当代中国科学家精神的形成。以科学家为代表的"两弹一星"研制群体在研制过程中所体现出的科学精神和所培育的"两弹一星"精神，为中国当代科学家精神提供了核心内容。"两弹一星"精神是当代中国科学家精神初步形成的历史标志

研制"两弹一星"是新中国成立之初党的第一代领导集体做出的英明决策。在"两弹一星"事业的艰苦奋斗过程中，广大研制工作者培育出了

"热爱祖国、无私奉献，自力更生、艰苦奋斗，大力协同、勇于登攀"的"两弹一星"精神。

20 世纪 50 年代初，刚刚成立的新中国百废待兴。在抗美援朝战争期间，美国多次扬言要对中国使用核武器，并进行了针对性的军事演习。面对当时严峻的国际形势，为抵制帝国主义的武力威胁和核讹诈，保卫国家安全、维护世界和平，以毛泽东同志为核心的第一代党中央领导集体高瞻远瞩，果断地做出了自主研制"两弹一星"的战略决策。当时，我国工业发展才刚刚起步，原材料、元器件、生产设备和人才奇缺，研制"两弹一星"既无经验又无技术。在这种情况下，大批优秀的科技工作者，包括许多在国外已经取得杰出成就的科学家，以身许国，怀着对新中国的满腔热爱，响应党和国家的召唤，义无反顾地投身到这一神圣而伟大的事业中来。他们和参与"两弹一星"研制工作的广大干部、工人、解放军指战员一起，在当时国家经济、技术基础薄弱和工作条件十分艰苦的情况下，自力更生，发愤图强，用较少的投入和较短的时间，突破了原子弹、导弹和人造地球卫星等尖端技术，取得了举世瞩目的辉煌成就。

从 1958 年 4 月起，代号为"7169"的特种工程部队，开始在内蒙古额济纳旗建设导弹发射基地，在新疆罗布泊建设核试验基地。10 万多名科研人员和参试部队从此隐姓埋名、告别亲友，奋战在大西北"风吹石头跑，地上不长草"的茫茫戈壁。

1957 年底，苏联援助的 P-2 近程弹道式导弹秘密运抵中国，"东风一号"的仿制工作随即展开。与此同时，中央军委决定在北京西郊长辛店成立炮兵教导大队，陆续培养了 2500 多名导弹专业技术骨干。

然而，随着中苏关系的紧张和恶化，1959 年 6 月，苏联突然宣布中断提供原子弹教学模型和技术资料，第二年又撤走了全部在华专家。于是，中国第一颗原子弹试验有了一个刻骨铭心的代号"596"。在这种困难的局面下，我国"两弹一星"研制群体在党中央的正确领导下，迅速进行了相应的策略调整和组织调整，广大科研人员发扬自力更生、艰苦奋斗的作风，以攻坚克难、勇攀科技高峰的雄心壮志，克服重重困难继续开展"两弹一星"的研制工作。

1960年11月5日，我国仿制苏联的近程导弹"东风一号"发射成功。1964年6月，我国自行改进设计的中近程导弹"东风二号"再次成功发射。

1964年10月16日，罗布泊上空炸出了一朵巨大的蘑菇云，我国自行研制的第一颗原子弹成功爆炸。

1966年10月，我国用自行研制的地地导弹"东风二号甲"，将核弹头从巴丹吉林沙漠投送到了罗布泊，核弹头在靶标上空精准爆炸。"两弹结合"试验的成功，结束了中国核武器"有弹无枪"的局面，标志着我国有了可用于实战的核导弹。

很快，氢弹研制也开始紧锣密鼓地进行。1967年6月17日上午，经过两年零八个月的艰苦研制，我国第一颗氢弹空爆试验成功。

在卫星研制方面，1958年初，竺可桢、钱学森、赵九章联名向中央上书，建议开展中国的人造卫星研究。1958年5月17日，毛泽东同志在党的八大二次会议上郑重宣布："我们也要搞人造卫星"[①]。

1958年七八月间，中国科学院成立"581组"，组织协调卫星和火箭探测任务。同时，中央政治局拨专款支持中国科学院研制卫星，代号"581"任务。后来专家组经过调研，认为当时技术条件和经济条件尚不具备，研制人造地球卫星的工作暂时搁置。

1964年12月至1965年1月，赵九章、钱学森分别致信中央领导，建议恢复人造卫星研制工作。周恩来总理批示由中国科学院提出具体方案。

1965年8月2日，中央批准中国科学院呈报的《关于发展我国人造卫星工作规划方案建议》，卫星研制正式立项。1967年12月，国防科委召开第一颗人造卫星研制工作会议，审定了总体方案和各分系统方案，正式命名中国第一颗人造卫星为"东方红一号"。1968年1月，国家正式批准了"东方红一号"人造地球卫星的研制任务书。

"东方红一号"卫星从设计到材料、制造和试验，我国完全从零起步，在后续研制过程中，工作组克服了人员、技术、设备和管理等方面的各种困难。

---

① 本书编写组：《习近平讲党史故事》，人民出版社2021年版，第188页。

1970年4月24日21时35分,"东方红一号"发射成功,中国成为世界上第五个成功发射人造卫星的国家。

"两弹一星"的成功研制,打破了帝国主义对我国的核讹诈和核垄断局面,提高了我国的国防实力,也奠定了新中国的国际地位。研制过程中形成了优秀科学家群体,产生了23位有杰出贡献的功勋科学家。广大研制人员不为名、不为利,抛家舍业,埋头苦干,在异常艰苦的条件下克服重重困难,"做隐姓埋名人,干惊天动地事",不仅完成了"两弹一星"的研制,而且在这一伟大事业中培育出了"两弹一星"精神,它是爱国主义、集体主义、社会主义精神和科学精神的集中体现,为当代中国科学家精神提供了核心内容,是当代中国科学家精神初步形成的历史标志。"两弹一星"科学家群体是当代中国科学家精神的重要谱写者和典型代表。

二、当代中国科学家精神的内涵

2019年5月,中共中央办公室、国务院办公印发《关于进一步弘扬科学家精神加强作风和学风建设的意见》,要求"大力弘扬胸怀祖国、服务人民的爱国精神""大力弘扬勇攀高峰、敢为人先的创新精神""大力弘扬追求真理、严谨治学的求实精神""大力弘扬淡泊名利、潜心研究的奉献精神""大力弘扬集智攻关、团结协作的协同精神""大力弘扬甘为人梯、奖掖后学的育人精神",明确了当代中国科学家精神的内涵。

(一)爱国

胸怀祖国、服务人民的爱国精神,是当代中国科学家精神的底色,解决了"科研为谁做"的问题。

对于新中国老一辈科学家和建设者来说,爱国主义是他们矢志不渝从事科学研究的初衷,爱国之心纯粹而透明、伟大而明亮,报国之志坚定而执着,报国之行笃定而踏实。不负祖国的嘱托,不负人民的期盼,为国家强大、民族振兴而奋斗,这就是包括"两弹一星"研究群体在内的老一辈科学家的爱国精神。

我国科技事业取得的历史性成就,是一代又一代矢志报国的科学家前赴后继、接续奋斗的结果。从竺可桢、赵九章、钱学森、郭永怀、华罗庚等老一辈科学家,到袁隆平、屠呦呦、黄旭华、陈景润、黄大年、南仁东等新中国成立后成长起来的杰出科学家,都是爱国科学家的典范。他们胸怀祖国、服务人民,有"先天下之忧而忧,后天下之乐而乐"的深厚情怀。从"科学救国"到"科学报国"再到"科学强国",中国科学家把个人在科学上的奋斗目标和国家发展、民族富强紧密结合起来。因此,在当代中国科学家精神形成的过程中,爱国精神成为其中最本色的部分,它本质上是一种坚定的理想信念,是当代中国科学家精神的鲜明底色。

(二)创新

勇攀高峰、敢为人先的创新精神,是当代中国科学家精神的核心,解决了"科研目标"的问题。

唯创新者进,唯创新者强,唯创新者胜。在激烈的国际竞争中,科技创新日益成为经济社会发展的主要驱动力。习近平指出:"广大科技工作者要树立敢于创造的雄心壮志,敢于提出新理论、开辟新领域、探索新路径,在独创独有上下功夫。""要多出高水平的原创成果,为不断丰富和发展科学体系作出贡献。"①科学家的核心使命就是创新,把探求真理、获取新知作为毕生追求,始终保持对科学的好奇心和对已有理论的质疑批判精神,不断刷新人类科学认知,推动科学技术向前发展。新中国科技发展史上,几代科学家面向世界科技前沿,面向国民经济主战场,面向国家重大战略需求,面向人民生命健康,不断解放思想、敢于提出新理论、开辟新领域、探寻新路径,不畏挫折、攻克难关、敢为人先,取得了辉煌的成就,逐步缩小与世界先进科技的差距,从跟跑、并跑到一些领域实现了领跑。因此,勇攀高峰、敢为人先的创新精神成为当代中国

---

① 习近平:《在科学家座谈会上的讲话》,人民出版社 2020 年版,第 13 页。

科学家精神的核心要义。

(三)求实

追求真理、严谨治学的求实精神,是当代中国科学家精神的根本,解决了"科研态度"的问题。

科学只看事实,只认真理。在科学研究的过程中,科学家应该对所有的事物都保持理性和客观的态度,客观地认识世界,客观地探求和认知规律,客观地对待已有的成果,去伪存真,严谨理性,以理服人,把自己的理论和观点建立在客观事实的基础上。在老一辈科学家身上,"唯实求真"的科学精神得到了充分的体现,他们根据国家需求、围绕科学目标进行科技攻关,实事求是,探求真理;他们始终保持对科学的好奇心,把热爱科学、探求真知作为毕生追求;他们严谨治学,坚守科研诚信底线,抵制弄虚作假歪风。这样的科学态度和思想观念,成为科学家们贯穿科研过程的根本遵循。

(四)奉献

淡泊名利、潜心研究的奉献精神,是当代中国科学家精神的灵魂,解决了"科研品质"的问题。

"做隐姓埋名人,干惊天动地事"是参与"两弹一星"研制的科学家们的真实写照。对老一代科学家而言,科学研究从不会是追逐名利的途径。他们在极端艰苦的条件下开展科学研究,没有丰厚的个人收入,没有优裕的物质待遇,也没有五花八门的荣誉头衔。为国家科技发展而奋斗,奉献智慧、青春乃至生命,就是他们的荣耀。潜心钻研,甘坐"冷板凳",肯下"十年磨一剑"的苦功夫,不慕虚荣,不计个人得失,在做出成就后依然淡泊名利,"功成不必在我,功成必定有我",这是中国科学家对奉献精神的诠释。这种奉献精神,从价值层面引领着科学家把国家利益和科学事业置于个人利益之前,在科学家精神的内容体系中发挥着引领价值取向的作用。

（五）协同

集智攻关、团结协作的协同精神，是中国科学家精神的精髓，解决了"科研怎么做"的问题。

合作协同，是现代科学研究的内在要求，也是科学精神的一种体现。随着科学研究的深入和研究规模的扩大，科研分工越来越细，学科和研究领域间互相关联依靠，一体化、综合化的趋势越来越明显。科研工作者在探求真理的过程中，总是在自觉或不自觉地以某种方式进行着协作，本能地将个人智慧融入集体力量之中，相互衔接、相互补充、相互促进，不断发展和修正理论体系，使得理论和学说逐步达到自洽、完整和完善。

在宏大的科学问题和科技攻关项目面前，更需要团队作战，跨学科跨领域协作，科学家之间、科研团队之间甚至行业之间分工合作，有机衔接，互相配合，才能取得突破、达成目标。我国"两弹一星"浩大科学研究项目的研制，就是这种大规模集智攻关、协同创新的典型案例。当年在原子弹和氢弹的研制过程中，中国科学院、二机部、国防部五院按照中央制定的"大力协同"要求，"三家拧成一股绳"开展科技攻关，全国20个省市自治区，26个部委，900多个研究所、高校和工厂参与或配合了这项工作，仅中国科学院就先后投入了40多个单位、17 000余人。千万名科技工作者及解放军指战员通力合作，协同攻关，才能在当时一穷二白的艰难条件下完成研制任务。

当代中国科学家精神中的协同精神，是我国社会主义制度的优势之所在。正如习近平总书记指出的："我们最大的优势是我国社会主义制度能够集中力量办大事。这是我们成就事业的重要法宝。过去我们取得重大科技突破依靠这一法宝，今天我们推进科技创新跨越也要依靠这一法宝，形成社会主义市场经济条件下集中力量办大事的新机制。"[①]发挥制度优势，集各方力量协同攻关、集智创新的协同精神，是当代中国科学家精神的精髓。

---

① 习近平：《习近平谈治国理政》第2卷，外文出版社2017年版，第273页。

（六）育人

甘为人梯、奖掖后学的育人精神，是当代中国科学家精神的血脉，解决了"科研传承"的问题。

科技发展是一代又一代科研人员接续努力的结果。对客观规律的探索和对真理的认知都是永无止境的。即使对某一个重大科学问题的研究和解答，往往也不能在一代人的手中完成。只有在科研过程中使得青年科技人才得到培养和成长，科研工作才能持续，科学事业才能不断发展。新中国很多新生的科学家都是站在老一代科学家的肩膀上走向了更广阔的科技天空。著名数学家华罗庚先生最初只有初中毕业文凭，却能得到一步步破格提拔，成为清华大学的图书馆管理员、教员、教授，就是因为有更老一辈的科学家甘为人梯；后来华罗庚先生自己又当伯乐，慧眼识英才，把陈景润从厦门调到北京来，使得陈景润有了施展自己才干的更好平台，最后取得了"哥德巴赫猜想"上的重要突破性成果。正是这种言传身教、甘为人梯、奖掖后学的育人精神，让中国的科学家精神血脉相传，确保科技事业能够生生不息、持续发展。

三、大力弘扬当代中国科学家精神的现实意义

（一）伟大的时代需要伟大的精神

当今世界正经历百年未有之大变局，我国正处于实现中华民族伟大复兴的关键时期，正站在实现"两个一百年"奋斗目标的历史交汇点上，正在由科技大国向科技强国迈进。在这样的历史关头，需要科学家群体肩扛为国担当的使命，胸怀为民奉献的情怀。科学家精神的丰富内涵，为广大科技工作者建功新时代确立了精神标杆，为建设世界科技强国凝聚起了精神动能。

新中国成立之初，百废待举，老一辈科学家和广大科研人员白手起家，顽强拼搏，克服了种种难以想象的艰难险阻，突破了一个又一个技术难关，

取得了中华民族为之自豪的伟大成就。

在新时代,大力弘扬科学家精神,加强科研作风和学风建设,着力构建诚信求实的科研环境,营造全社会尊重知识、崇尚创新、尊重人才、热爱科学的良好氛围仍有重要的现实意义。

(二)科学家精神是激发创新的精神动力

科学成就离不开精神支撑。科技创新是智力活动,也是精神活动;是攻坚克难的事业,也是默默无闻的事业。新中国成立以来,我国科技事业实现历史性变革、取得历史性成就,离不开科学家们的忘我奋斗,离不开科学家精神的大力弘扬。

在新时代,科技创新日益成为经济社会发展的主要驱动力,科学技术从来没有像今天这样深刻影响着国家前途命运,从来没有像今天这样深刻影响着人民生活福祉。当前,中国的发展步入关键期,"十四五"时期以及更长时期的发展对加快科技创新提出了更为迫切的要求,我国经济社会发展和民生改善比过去任何时候都更加需要科学技术提供解决方案,都更加需要增强创新这个第一动力;破除"卡脖子"的科技瓶颈,应对错综复杂的国际局势,实现第二个百年奋斗目标,更加迫切需要广大科技工作者进一步增强责任感和使命感,着力攻克关键核心技术,勇攀科技高峰,破解时代命题,在创新之路上继续开拓前进,创造出新的光辉业绩。

在新的时代背景下弘扬科学家精神,有助于科技工作者把自己的科学追求融入建设社会主义现代化国家的伟大事业中去,树立勇于创新、顽强拼搏的雄心壮志,坚持面向世界科技前沿、面向经济主战场、面向国家重大需求、面向人民生命健康,不断向科学技术广度和深度进军,努力实现更多"从 0 到 1"的突破,为建成世界科技强国、实现高水平科技自立自强做出新的更大贡献。

(三)科学家精神是凝聚中国力量的纽带

科学家精神是具有强大的精神力量,可以起到凝聚人心的作用。中国科学家精神是平凡岗位推进复兴伟业的精神定力。要突破关键核心技术，摆脱受制于人的局面，需要全链条、全流程、全社会的创新。另外，科学家精神不是科学家和科技工作者的专利，只要用心体会，每个行业都能从科学家精神中得到启示，在任何一个工作岗位上，想要实现个人理想抱负，就要增强忧国忧民、建功立业的报国情怀，树立回报社会、服务人民的奉献意识，多一点严谨求实的科学态度，有一股打破旧观念、旧框框的创新勇气，增一份团结协作、甘为人梯的团队精神。创新蕴含着各行各业所需的能量，创新不止发生在实验室，把创新的意识融入平凡具体的工作中，是我们学习和感悟科学家精神的落脚点。当前，面对不确定的世界局势，如何立足自己的岗位，助力国家勇开顶风船，是我们每个人需要思考的问题。

我们处在一个伟大的时代，应当不负时代所托，把个人的理想与国家民族的命运紧密联系在一起，在自己的工作中弘扬科学家精神，在平凡的岗位上做出不平凡的贡献。同时要讲好科学家故事，让科学家精神照亮社会，照亮自己的人生。

作者：高随祥，中国科学院大学、中国科学院党校。

科技管理创新

新时代科研院所党建工作的理论与实践

党的全面领导是解决一切矛盾、应对一切风险和挑战的"定海神针";科技创新是百年未有之大变局中一个关键变量,科技自立自强是国家发展的战略支撑。中国科学院作为国家战略科技力量的重要组成部分,正确把握党的全面领导与科研业务的关系,实现党建工作和科技创新互促融合,对实现科技的自立自强、应对百年未有之大变局、推动中华民族的伟大复兴意义重大。

党建工作引领科研业务方向。科研单位的党建工作要保证党旗插在科研第一线、支部建在科研团队上。党建工作不是空中楼阁,必须体现在科学创新的具体实践中,其立足点是为人民谋幸福、为民族谋复兴。同时,党建工作激发科研动力。党建工作发挥凝心聚力的作用,通过基层党组织这个桥梁纽带,激发科研人员的积极性、创造性,推动科研事业发展。因此,围绕科研业务推进党的建设,加强党的建设推进科技创新。二者有机结合对于科研院所勇立改革潮头、勇攀科技高峰,为加快构建新格局实现高水平的自立自强做出更大的创新贡献。

一、党建与科研融合的必要性及困难点

(一)党建与科研融合的必要性

(1)党建是坚持党的领导和落实从严治党的根本保障。党建工作必须坚持以习近平新时代中国特色社会主义思想为指导,把党的政治建设作为

根本性建设，强化党的理论武装，掌握精髓要义，领会精神实质，切实把党中央全面从严治党的决策部署落到基层，在坚持中深化、在深化中发展，不断提升组织力建设。

（2）党建为科研提供战斗动力。科研人员是科技创新的主力军，他们有强烈的事业心、思想上活跃、学习能力强、工作能力强。党建工作有助于引导科研人员凝心聚力，明确科研方向，让科技创新与国家发展同频共振。

（3）党建、科研相融合引领科技发展。把党建和科研拧成一股绳，找准定位。深刻领会习近平同志关于科技创新、群团工作、科协工作的重要论述精神，用党的先进性和优越性来指导与推进科研工作，有效发挥基层党组织的战斗堡垒作用和广大党员的先锋模范作用，着力把管党治党的政治优势转化为科研攻坚优势。

（二）党建与科研融合的困难点

（1）思想认识不够高，党建与科研"一边轻一边重"。党建和科研的内在逻辑不同，不容易找结合点。党建工作主要是做"人"的工作，周期较长，成效难以量化。个别党员干部、科研人员在理论学习上投入不够、认识不高，找不准党建与科研工作的融合点，将党建工作狭隘地理解为"读读文件""写写材料""迎考检抓"，容易出现"学归学""做归做"等现象，既没有促进中心工作，也没有在实践中深化对理论的领悟认识，尚未做到知、信、行相统一。

（2）履行职责不力，党建与科研"一个浅一个深"。个别领导干部站位不高，没有牢固树立"把抓好党建作为最大政绩"的理念，"一岗双责"履职不到位，在部署、落实、推动和考核党建与科研上各抓各的、融合不够；党务部门专职干部中具有党建、科研及管理经验的复合型人才较少，履行职责综合能力不强；基层党支部书记兼职现象普遍，党建理论素养需要进一步提高，在面临繁重的绩效考核压力时对党建工作的积极性不高。

（3）制度保障不足，党建与科研"一手软一手硬"。可操作性方面，存在照搬上级文件，未结合单位实际制定细则，流于表面的"粗放型"制度，可操作性不强；在具体落实方面，存在制度写在纸上、挂在墙上，却人浮于事不能落地，未能形成党建与科研同抓共管相互促进的运行机制；激励机制方面，党建工作评议与绩效考核结合不紧，干多干少一个样，干好干坏一个样，影响了党员干部工作的积极性，不能有效助推科研工作的创新发展。

二、党建与科研、理论与实践的融合之道

（一）坚持思想建党入脑入心

（1）坚持经常性教育与集中性教育相结合。经常性教育具有长期性、系统性的特点，集中性教育具有阶段性、时效性的特点，二者相互补充，使得党员教育管理工作有张有弛。集中轮训、党委（党组）理论中心组学习、理论宣讲、在线学习培训等方式，能够强化政治理论教育的效果，结合"三会一课"组织生活，采用集中学习与个人学习相结合、线上线下讨论相结合等灵活多样的方式，实现教育常态化、制度化，形成长效机制。

（2）坚持抓住"关键少数"与带动"绝大多数"相结合。党的各级领导干部是党要抓好的"关键少数"。中国科学院目前每年举行的党委书记培训班、非所领导党委委员培训班、党办主任培训班、党支部书记轮训班等，就是一个非常有效的举措，能有效促使"关键少数"强化表率意识，发挥好关键作用，层层示范、层层带动。"关键少数"的示范引领作用与"绝大多数"的教育结合起来，坚持不懈为广大党员同志思想上"提神"、精神上"补钙"。

（3）坚持组织推动和激发内生动力相结合。共产党员的内生动力本质上是在党员身份认同下的主观能动性，是党员在党性意识引领下，在本职工作中自然而生地对于党的性质、宗旨和党的事业的高度认同，并为之艰苦奋斗和无私奉献。例如，通过学习"两弹一星"精神和新时代科学家精神，在先进事迹的感召下，党员个体能激发出强烈的身份认同感，内心自

然生发出忠于党、忠于祖国、忠于中国特色社会主义伟大事业的理想信念。

（4）坚持创新方式方法与反对形式主义相统一。创新理论学习方式方法是保证新时代思想建党、理论强党的有效途径。避免为学习而学习、为理论而理论，读死书、死读书的形式主义，强化在学习中创新、在实践中创新，促使党员将理论学习与科研实践相结合。做到把学习成效体现到增强党性、提高能力、改进作风和推动工作上来，形成理论学习每深化一步，科研创新工作就前进一步的良好局面，在实现科技自立自强中发挥骨干引领作用。

（二）加强党委对科技事业的全面引领作用

（1）加强基层党组织建设。切实推进从严治党向纵深发展、向基层延伸，把各基层党组织建设成为实现党的领导的坚强战斗堡垒，推动党建工作全面融入科研工作。坚持党委委员联系基层党支部工作制度，党委委员对所联系的支部组织发展工作负有责任，对所联系的支部落实"三会一课"情况要进行指导督查，严格落实党委委员讲党课制度。党员干部、党委委员带头通过座谈、谈心谈话深入基层党支部，积极开展调研，促进实际困难的解决，凝心聚力，以党建凝聚科研力量。

（2）加强在科研骨干中发展党员。党的十九大报告明确指出，要"注重从产业工人、青年农民、高知识群体中和在非公有制经济组织、社会组织中发展党员"[1]。各级党组织应主动作为，认真落实中国科学院印发的《关于加强在科研骨干中发展党员工作的通知》要求，建立主管领导、党委委员联系科技骨干制度，对发展科研骨干入党负有责任，加强日常谈心谈话，吸收科研骨干入党。

（3）搭建合作平台全面发挥党委作用。例如，中国科学院遗传发育所党委围绕领导班子建设、中心工作、文化氛围、基层声音、基础建设、典型引领等创新要素形成特色党建品牌，并与北京市政府、中国教育产业联

---

[1] 中央文献出版社编：《十九大以来重要文献选编》上，中央文献出版社2019年版，第46页。

盟、国家知识产权局等各级单位开展高质量联学联做活动22场，为科研工作提供了交流平台，同时塑造了研究所良好形象。再如，中国科学院兰州分院以"分党组指导、党委推动、党支部具体落实"为工作体系，以突出"政治性"、明确"特色性"、要求"可行性"、确保"持续性"、强调"动态性"、务求"实效性"为要求和思路，组织实施的"融合式党建"，创新开展了"一支部一品牌"主题活动，把党的工作融入具体工作中，充分发挥党支部书记的"头雁效应"。

（三）注重支部"最后一公里"

党支部是党的基础组织，是党的组织体系的基本单元。习近平总书记强调："基层党组织是贯彻落实党中央决策部署的'最后一公里'，不能出现'断头路'，要坚持大抓基层的鲜明导向……把各领域基层党组织建设成为实现党的领导的坚强战斗堡垒。"[①]

（1）找准初心使命的结合点。通过打造党员主题教育基地、邀请专家院士讲党课、弘扬科学家精神等系列活动，为支部工作找准初心使命的结合点。中国科学院在物理所设立"信念·党旗·科学"首个党员主题教育基地，物理所超导党支部积极承担党员主题教育基地参观讲解任务，赵忠贤院士亲自讲授党课。支部开展"科学家故事"系列活动，邀请科学家后人如洪朝生院士的学生李来风研究员、李林院士之女邹宗平、于敏先生之子于辛讲述老一辈科学家的故事，感受他们的执着追求与爱国奉献精神。学习老一辈科学家矢志报国之心，以前辈为榜样，始终牢记作为一名共产党员的初心使命，潜心钻研，为国家富强、科技强国而奋斗。

（2）找准先锋模范上的结合点。中国科学院相继涌现"时代楷模""全国劳动模范""全国三八红旗手"等为新时代中国特色社会主义建设贡献力量的楷模与榜样。弘扬榜样精神，为支部工作找准先锋模范上的结合点。正如"时代楷模"南仁东先生是我国著名天文学家，是FAST工程的发起

---

① 中央文献出版社编：《十九大以来重要文献选编》中，中央文献出版社2021年版，第599页。

者和奠基人。学习南仁东先生的先进事迹和精神品格，就是要学习他胸怀祖国、服务人民的爱国情怀，学习他敢为人先、坚毅执着的科学精神，学习他淡泊名利、忘我奉献的高尚情操，学习他真诚质朴、精益求精的杰出品格。

（3）找准目标导向上的结合点。支部工作不能脱离中心工作。有目标导向地开展支部工作，找准日常组织生活的活动载体，为中心工作助力加瓦。中国科学院东北地理与农业生态研究所参加"黑土粮仓"科技会战的科技人员分别在三江、大安、长春、海伦四个示范区成立临时党支部，并积极与地方农场党支部开展联合共建活动。做到科技攻关"战场"在哪里，党支部就建立在哪里，党员作用就发挥在哪里，为坚决打赢"黑土粮仓"科技会战提供坚强的政治保证。中国科学院上海高等研究院紧密结合上海光源的工作特点，将中心工作和支部建设结合起来，组织了"支部建在线站上""线站建设达人"等系列主题评选活动。通过这些评比活动，鼓舞党员和职工的士气，营造活泼向上的工作氛围，加强党员的先锋模范作用。

（4）找准组织生活上的结合点。基层支部是研究所宣贯的重要平台。中国科学院光电技术研究所自适应光学实验室党支部坚持支委对国家重大科技决策需求、国家科技战略布局、本领域科技前沿进展等进行研读并做专题报告，确保支部成员能敏锐捕捉到国家重大需求和学科进展信息。在此基础上，带领全室职工围绕所战略规划开展细致讨论，率先绘制出部门发展规划，为部门聚焦重大突破凝聚共识、指明方向。在规划执行过程中，党支部定期召开研讨会，鼓励党员和群众结合实际工作与科研进展，提出对规划的修改建议，以确保战略持续改进完善。这种由支部引导全室人员广泛参与战略制定和执行的方式，增强了科研人员的责任感和使命感，使战略更接地气、更具生命力，该党支部被授予"中国科学院新时代科技报国先进基层党组织"荣誉称号。

（5）找准实践推进上的结合点。支部工作可以促成搭建联合攻关的平台。中国科学院上海高等研究院物理与材料党支部结合上海光源大实验平台的优势和特点，先后与中国科学院宁波材料所、苏州纳米所、上海天文台、上海光机所等单位的10个支部开展了共建活动，探讨如何围绕先进大科学装置平台开展国际一流的科研工作,以及相互的合作形式。中国科学院南京古生物所支部与古脊椎所、华东油气勘探开发院等单位开展支部联学共建,深入业务交流,推进资源共享,加强合作。

(6)找准考核评价上的结合点。为检验支部工作成效,推动支部工作更上一层楼,建立科学的考评机制非常重要。中国科学院南京古生物所推行全员分类评价考核的绩效考核机制,强调德、能、勤、绩、廉等综合评价,明确规定了党委委员、纪委委员、支部委员和党小组长等承担的党务工作应与本人业务工作同考核,作为其工作重要内容纳入其年度考核范围,并明确了部门所属支委委员代表作为考核组成员。

(四)加强作风建设,构建良好科研生态

党的作风建设为科研事业的发展培塑健康的肌体和更持久的生机活力,要发挥科学家精神的引领作用,要强化科研诚信与学风建设,要严格监督执纪问责,从而构建良好的科研生态。

(1)发挥科学家精神引领作用。科学成就离不开精神支撑,在迈向科技强国的新时代背景下,我们比以往更加需要弘扬科学家精神。科学家精神是科技工作者在长期科学实践中积累的宝贵精神财富。新中国成立以来,广大科技工作者在祖国大地上树立起一座座科技创新的丰碑,铸就了"爱国、创新、求实、奉献、协同、育人"的科学家精神。一代一代中国科学院人塑造和积淀了"两弹一星"精神等,这些伟大精神正在一代一代传承下去。

(2)强化科研诚信与学风建设。优良的作风和学风是做好科技工作的"生命线",也是必须坚持的底线。在我国发展的国内外环境发生深刻复杂变化之后,创新已经成为我国"十四五"时期以及更长一个时期发展的关键需求,科研人员面临前所未有的机遇、挑战和压力。此种情况下,更要用科学方法和学术规范,去认识世界科技发展前沿、理解国家重大战略需求、解读自己从事的专业、布局未来的研究规划,这是科技工作者应有的基本立场和底线思维。目前,科研院所、科研人员一定要稳住阵脚、冷静分析、立足本职工作，找准科学问题和突破口，全力以赴，唯有如此，才能不辜负党中央、国家和人民的殷切期望。

（3）严格监督执纪问责。运用监督执纪"四种形态"，准确把握职能定位，找准工作切入点和着力点，把监督工作融入党建及各项科研业务工作中，将反腐倡廉教育融入日常，深入开展纪律教育和警示教育，筑牢廉洁自律防线，推进科研事业健康发展。

党的建设从来都不是无根之木，无论是党建的目的、任务还是党建的内容、形式，都要围绕发展这一主题。发展既是检验党建成效的标尺，又是夯实党建根基的根本。新时代新要求下，如何构建更加科学合理的管理体制和运行机制，如何最大限度地调动广大科技工作者的积极性和创造性，如何在现有成绩和当前高度上进一步突破创新，这些都是我们要在与时俱进中不断调整、不断思考的问题。面对、解决、前进、思考、总结，我们一直在路上。

作者：宋华龙，中国科学院兰州分院；盖永华，中国科学院南京地质古生物研究所；邓海啸，中国科学院上海高等研究院；金魁，中国科学院物理研究所；关树宏，中国科学院上海药物所；刘博，中国科学院光电技术研究所；许操，中国科学院遗传与发育生物学研究所；祝惠，中国科学院东北地理与农业生态研究所；周霞，中国科学院新疆天文台。

加快打造原始创新策源地

一、原始创新策源地的重要意义

原始创新是指前所未有的重大科学发现、技术发明、原理性主导技术等创新成果，包括在基础研究和高技术研究领域取得独有的发现或发明[①]。原始创新是最根本、最能体现智慧的创新，是一个国家、一个民族对人类文明进步做出杰出贡献的重要体现，在很大程度上决定着一个国家、一个民族的核心竞争力。原始创新有三个基本特征：从性质看，是研究创造过程中出现的跨越式质变；从过程看，具有很强的探索性和不确定性；从结果看，具有重要的突破性、超前性和被承认的滞后性。原始创新是"根"是"源"，是很多新技术、新发明的基础，具有很强的"连锁效应"，不仅对科技创新具有重大牵引作用，还可能对经济结构、产业格局，甚至可能给人类的行为习惯和意识形态带来重要的影响。

党和国家一贯高度重视我国原始创新能力的提升，近年来我国把原始创新能力提升摆在更加突出的位置。尤其是某些妄图称霸全球的国家对我国采取了先进科学技术的战略封锁与压制的国际政治经济环境变局下，其妄想将我国长期锁定在产业价值链的低端位置，阻挠我国成为具有全球影响力的科学中心和创新高地。为应对这一严峻形势，我国各界迎难而上，突出强调科技的"自力更生"，将加强基础理论、前沿技术和关键技术的源

[①] 陈雅兰、李必强、韩龙士：《原始性创新的界定与识别》，《发展研究》2004年第7期，第78页。

头创新摆在更为重要的历史位置。在党的十九大报告中，党和国家提出五条新发展理念，其中第一条就是"创新成为第一动力"。2020年9月11日，习近平主持召开科学家座谈会并发表重要讲话强调指出："现在，我国经济社会发展和民生改善比过去任何时候都更加需要科学技术解决方案，都更加需要增强创新这个第一动力。同时，在激烈的国际竞争面前，在单边主义、保护主义上升的大背景下，我们必须走出适合国情的创新路子，特别是要把原始创新能力提升摆在更加突出的位置，努力实现更多'从0到1'的突破。"[1]习近平之所以将创新摆在国家发展全局的核心位置，多次强调强化科技创新源头供给，加快打造原始创新策源地，因为"只有把核心技术掌握在自己手中，才能真正掌握竞争和发展的主动权，才能从根本上保障国家经济安全、国防安全和其他安全"[2]。

二、我国科技创新环境的现状与挑战

由于历史的原因，中国的本土科学家缺席了近代几百年来科学技术体系的建立过程，新中国成立前我国出现科技体系缺乏基础、学术与科学素养低下等问题。新中国成立之后，尤其是改革开放以来，我国通过自主培养和海外引进两条路快速组建了自己的科技学科、知识体系及科研队伍。经过几十年的发展和几代人的不断努力，目前我国整体科技实力与发达国家或地区的差距已显著缩小，在少数领域甚至已与发达国家齐头并进，已建成较为完善的科技创新体系、产业体系和人才教育培训体系。

一批重大工程（如"两弹一星"、载人航天、嫦娥工程、北斗系统等）和一批大科学装置（如北京正负电子对撞机、上海光源、郭守敬望远镜、FAST等）的顺利开展、开发和实施不断证明着中国科技进步和发展进入了一个新的阶段。进入21世纪以来，我国还在量子反常霍尔效应、量子通

---

[1] 习近平：《在科学家座谈会上的讲话》，人民出版社2020年版，第4页。
[2] 中共中央党史和文献研究院编：《习近平关于总体国家安全观论述摘编》，中央文献出版社2018年版，第157页。

信、5G通信、生物技术、现代农业、高铁技术等方面取得了一批具有国际先进水平的重要科学发现和技术发明。但是，我们必须清醒地认识到，我国真正开始参与世界先进科学技术创新的时间非常短，积累仍非常薄弱，具有世界影响的成绩还不多。当前我国主要的科技模式仍是以科技跟踪模仿、商业模式创新为主，严重缺乏原始创新驱动的基础研究和技术发明的重大突破。这直接导致了我国在很多方面，尤其是一些战略性新兴产业与领域，缺乏战略制高点与创新技术的先手棋，核心技术和元器件等受制于人，基础研究与产业应用严重脱节，低端产能明显过剩、高端产能严重不足等问题的存在。

造成上述现状的原因，既有历史发展方面的因素，也有我国以往一定阶段内在财政投入不足、科技政策导向、社会和科研人员认识不够等方面的问题。首先，我国研发投入以试验开发为主，基础研究和应用基础研究投入占比偏低，导致科技原始创新方面的财政投入严重不足。例如，2018年基础研究和应用研究的投入占比分别为5.5%和11.1%，2020年我国基础研究占全社会研发总经费的比重首次超过6%，这一比例此前多年徘徊在5%左右[①]。部分地方政府和企业更关注能直接产生经济效应的投入，对基础研究和应用基础研究投入积极性不高[②]。其次，我国部分政府管理机构、民众和科研人员存在浮躁与急功近利心态，缺乏踏实、认真、能坐得住冷板凳的科研人文环境与氛围。我国真正开展现代科技研究与创新不到30年，与社会经济在过去40多年快速发展的情况不同，科技创新的发展更需要历史与人文的沉淀，需要科技人员沉下心、屏住气，脚踏实地，一步一个脚印稳步前进。

三、关于加快打造原始创新策源地的对策与建议

原始创新有其内在发展逻辑，因此需设立针对性的战略规划与政策。

---

① 王志刚：《2020年我国基础研究占研发总经费比重首次超过6%》，2022年9月15日，http://www.gov.cn/xinwen/2021-03/08/content_5591392.htm。
② 万劲波：《加快打造原始创新主要策源地》，《光明日报》2020年1月20日。

2021年4月19日，习近平在清华大学考察时指出："重大原始创新成果往往萌发于深厚的基础研究，产生于学科交叉领域。"[1]2021年5月28日，习近平再次指出：要"强化国家战略科技力量，提升国家创新体系整体效能……国家实验室、国家科研机构、高水平研究型大学、科技领军企业都是国家战略科技力量的重要组成部分，要自觉履行高水平科技自立自强的使命担当。"[2]中国科学院在2021年召开的年度工作会议进一步强调："把习近平总书记对中科院提出的'四个率先'和'两加快一努力'重要指示要求，作为一切工作的出发点和落脚点"。因此，针对原始创新的内涵与特点，为加快打造中国科学院成为原始创新的策源地，努力促进全院原始创新能力的提高与发展，本文提出以下五条对策与建议。

（一）建立自由探索的保障机制

原始创新主要依赖于基础和源头研究的重大突破，而基础和源头研究的突破迫切需要建立自由的探索机制，即在没有指定科研目标和路径（或技术路线）的情况下鼓励科技人员自由地探索未知世界，产生新的发现、认识或理论，并为之建立相应的保障机制。

（1）保留一支能力突出的自由探索科研队伍。原始创新是从"0到1"的全新过程，"0"意味着"无"、意味着从头开始，没有经验可循和捷径可走，只有鼓励广大科研人员深入"无人区"进行自由的探索，才有可能有所发现。历史经验表明，革命性的科技成果和突破，通常不是来自预先的设计与规划，而是来自持之以恒地对一些最基本问题的研究和探索。特别是理论科学家思维活跃和相互碰撞，更易产生"0到1"的创新想法。目前我国高校正在逐步加强自由探索研究队伍，中国科学院应持续建设一支能力突出、思维活跃的高水平自由探索科研队伍，为原始创新建立一个人

---

[1] 习近平：《习近平在清华大学考察时强调：坚持中国特色世界一流大学建设目标方向 为服务国家富强民族复兴人民幸福贡献力量》，2021年4月19日，http://www.moe.gov.cn//jyb_xwfb_xwfb/s6052/moe_838/202104/t20210419_527148.html。

[2] 习近平：《习近平重要讲话单行本（2021年合订本）》，人民出版社2022年版，第72页。

才的"蓄水池",促进原创性成果源源不断产生。

(2)激发自由探索科研队伍的创新活力。自由探索式的原始创新是在"无人区"研究和发现违背常理的事情与规律,从而创造知识,这些知识可能很快被使用,也可能暂时无用。这是一个漫长的过程,充满着艰辛、孤独、无助。因此,建议中国科学院应在加强建设国家重点实验室的同时,积极部署一批基础科学研究中心,提供稳定持续的投入,支持科学家安心坐冷板凳,探索科研"无人区"。

(3)建立自由探索研究的长期保障机制。我国已深刻认识到自由探索的不同寻常性,并制定了相关的配套政策。2020年的《新形势下加强基础研究若干重点举措》指出:"强化目标导向,支持自由探索,突出原始创新,强化战略性前瞻性基础研究,鼓励提出新思想、新理论、新方法……面向国际科学前沿和国家重大战略需求,突出战略性、前瞻性和颠覆性……强化对目标导向基础研究的系统部署和统筹实施。"

2021年10月,中科院作为国家战略科技力量,召开了全院基础研究工作会议,制定《中国科学院关于加强基础研究的若干意见》(以下简称"基础研究十条"),提出了加强基础研究的一系列新思路、新政策、新举措。然而,我们还必须认识到,自由探索需要长期稳定的支持与资助,尤其针对有活力有创新能力的科研人员,更应建立长期有效的稳定支持机制,确保他们心无旁骛,坐得住冷板凳、耐得住寂寞,勇探"无人区"。

(二)建立深入有效的科学研究和学科交叉研究模式

(1)鼓励和激励开展深度钻研的科学研究。"冰冻三尺,非一日之寒",凝心聚力,深度钻研,十年磨一剑,才有望在学科发展越来越细、越来越深的今天取得重大突破。因此,必须鼓励和激励科研人员要保持定力,而不是追逐当前的热点;要瞄准一个方向、一个目标深度钻研,避免研究的分散和重复等。建议针对一些有难度、有挑战的研究方向挑选一批优秀研究人员,建立相关专项基金给予人力、物力、财力等方面的持续保障,建立配套的评价和考评机制,允许和包容失败,给予充足时间,减少间断性干预与评审等；同时成立国际学术共同体进行专业的预审、中期和结题评估，保证科学研究评价的客观性与科学性。

（2）建立有效的学科交叉融合研究模式。当前的原始创新更多源于学科交叉融合，而学科之间的交叉合作融合有两种基本方式，一是优势互补，二是锦上添花。多学科之间的融合合作，应该由需求驱动和引导，并根据实际情况建立有组织的行为和协同机制；如需跨学科集成攻关，还需要组建相应的多学科交叉大团队。多学科的交叉融合，首先要建立有利于协同创新的机制，营造相关的学术生态环境，反对资源的垄断和圈子文化。协同创新中具有相同贡献的单位、团体或者个人排名应不分先后，均享有相同的荣誉与收益。学科交叉还应打破单位、团体和不同学术群体之间的壁垒，建立互信和共通机制，避免内卷式竞争。

（三）建立健全公平、公正、科学合理的评价体系

原始创新能力直接关系到国家科技与经济发展的后劲，决定着国家未来的发展。正确评价原始创新成果，对于推动科学与技术进步、人才培养、国际影响力、鼓励创新，特别是鼓励源头创新、加快国家政策和基金制度的落实与发展等都具有重要意义。然而，由于原始创新研究具有超前性、长远性、不可预知性与可能的稀缺性等特点，它的评价方式与方法极为复杂，无法以简单、统一的量化形式来衡量，目前尚未有一个完全客观、科学的评价体系[1][2][3][4]。

（1）必须坚持原始创新研究成果评价的四项原则。第一，创新性原则。原始创新研究的难点在于从"0到1"的突破，鼓励原始创新性是最重要的

---

[1] 吴殿廷、刘宝元：《科学研究及其评价中的悖论》，《科学学与科学技术管理》2006年第3期，第53—56页。

[2] 何兴宜：《关于基础研究成果评价的探讨》，《重庆师范学院学报（自然科学版）》1996年第1期，第68—70页。

[3] 揭志忠：《一种基础研究成果评价方法探讨》，《中国科学基金》2009年第4期，第227—229页。

[4] 罗江华、马苗铭：《基础研究成果的确认与考评》，《青岛远洋船员学院学报》2003年第4期，第26—31页。

一个原则。第二，面向不同学科的针对性原则。不同的学科有各自不同的研究特点，所处的发展阶段也不相同，应根据各个学科的特点、定位和发展现状，制定公平、公正、合理的评价标准。第三，鼓励学科交叉的多样性原则。未来的创新与发展主要源于交叉学科，应重点关注在基本学科基础上衍生出的多样性的创新成果。第四，时间验证性原则。一些原始创新研究成果的影响力需要时间的考验，因此全面、综合地评价研究成果也需要时间的检验。

（2）完善公平、公正、科学合理的评价方法。目前对基础研究成果的评价方式与方法有许多种，代表性的如德尔菲法（也称为专家函询评议法）、分级评定法、引证指数法等。德尔菲法是目前使用最广泛、最多的成果评价方法之一，它的一般操作过程是挑选一定数量的同行专家进行评议，然后由管理部门整理专家意见来确定评审结果。分级评定法是以基础研究成果主要表现形式，即论文发表刊物的级别，即所谓的国际性、全国性、地方性学术刊物来评价成果的科学水平。引证指数法是以出版物（论文、专著）的引证量来评价基础性研究成果的科学意义，即常用的科学计量法。但是，上面几种基础研究成果的评价方法都存在着一些缺陷和不足，相比之下，德尔菲法即专家函询评议法强于其他评价方法，但它的缺点在于评价结果可能受到专家之间人际关系等人为因素的影响。因此，要保证评价结果的公正性和科学性，必须对专家函询评议法进行一些改进和优化。国家自然科学基金委员会等部门已经进行了积极的探索，并取得了一定的成效。建议加强合格专家库的建立，并建设大数据库，增加评审专家的数量；建立专家库内专家的跟踪机制，对一些评价结果明显失真或者有过失的专家，及时进行更换；对专家评审意见明显不公正，即有意拔高和压制的意见予以剔除；设立申诉与仲裁机构，对明显有重大过失的评审进行评价与仲裁，并予以纠正，保证评审结果的公平合理。

（四）构建开放共享的科研生态环境

（1）形成开放共享的意识理念。基于数字化、智能化、大数据、区块链等技术的信息化新时代蕴藏着未来的新发现、新认识、新理论。因此，科技数据、成果、知识、技术等的共享与联动有望带来原始创新爆发式的新增长点。但是，现有的科研部门和创新主体仍各自为战，缺乏科技知识与成果的开放共享理念和"我为人人，人人为我"大格局意识。在2021年5月召开的全国两院院士和中国科协第十次代表大会上，习近平总书记提出要"构建开放创新生态，参与全球科技治理"，希望中国科技工作者要"积极融入全球创新网络"、要"加强同各国科研人员的联合研发"。[①]因此，建议广大科研单位、团队和个人形成统一认识，形成开放共享的意识理念，提高政治站位和加强大局观教育，树立科技自信，实现大国强国担当。

（2）构建开放共享的协调机制。开放共享涉及各个领域、行业、部门、单位及个人的利益，关系错综复杂，迫切需要切实有效的协调机制破除各领域、行业、层级之间的壁垒，实现完全、有效、公正的开放共享机制，保证和促进科技的原始创新。其中，利益壁垒是影响开发共享的最大因素，因此必须首先保证对各领域、行业和层级之间的利益进行合理分配与调控。建议针对国内，建立以沟通合作产生的自发开放共享为主、以行政调控为辅的总协调原则。此外，国际上的开放共享同样重要，但涉及因素更多更为复杂，需进行更深入的调查研究，需要构建相应的协调机制。

（3）制订开放共享的实施途径。针对区域或行业特点，制订相应的可操作性强的实施途径。首先，加强顶层设计，构建全国"一盘棋"思想指导下的有效协调制度，层层抓落实；其次，以部门和单位为基本单元，形成开放共享的"点"；再次，在领域和行业内，以开放共享的部门和单元为基本单元，连点成"线"，实现本领域和行业的纵向开放共享；最后，在不同领域和行业，实现横向沟通和开放共享，形成开放共享的"面"，最终构建起开放共享的网络格局。

（4）建立开放共享的保障制度。为建立保证可持续性、能发挥作用的开放共享格局，需要从宏观和微观层面建立对应的保障制度。针对开放共

---

① 习近平：《习近平重要讲话单行本（2021年合订本）》，人民出版社2022年版，第75页。

享的现实阻力，除了加大宣传贯彻之外，必须层层推进，根据情况逐级建立适合本领域、本行业、本部门和本单位的切实可行的保障制度和措施。在宏观方面，要加强顶层制度设计，层层推进，将开放共享作为基层单位（部门和单位）的一个重要考核指标；在微观方面，作为开放共享落实的主体和基本单元，部门和单位应制定详细的内部管理制度，把开放共享的责任落实到位、落实到责任个体。此外，建立激励共享和奖励共享的制度，发挥创新主体的开放共享的积极性和主动性。

（五）协调发展建设大、中、小型科研设备

科研设备，特别是高、精、尖、特科学仪器设备与大科学装置，是认识自然、开展科学研究必不可少的重要工具，是立足国际前沿、构筑原始创新策源地的重要利器和国之重器。但是，目前我国在科研设备特别是高精尖科学仪器设备与大科学装置研发方面还存在一些问题，一定程度上制约了我国科技的发展。第一，大科学装置偏少，规划布局不尽合理，如引力波直接探测、大口径光学望远镜的缺失导致错失重大科学发展良机等。第二，对中小设备关注重视投入不够，一些关键设备或部件仍依赖进口，影响了大科学装置的集成与自主研制。第三，关键基础理论研究与创新型服务人才队伍建设严重不足。对此本文提出以下三点建议。

（1）加大大型科学设施的建设力度和规划，鼓励更多经济发达地区的参与和加入。大型科学设施主要面向有明确理论预言的科学假设，具有周期长、投资大的特点，建造中所研发的一系列相关技术可以带动相关产业的发展[1]。

（2）加大加快对高精尖特中小型设备的支持和建设。相比大型科学设施，中小型设备，特别是高精尖特科学仪器设备对广大科研人员的影响更大、更重要，对原始创新研究的影响更广泛。中小型科学设备的投资小、建设周期短，非常适合对"0到1"创新思路和想法予以初步检验，从而

---

[1] 杨国桢：《谈我国大型科学设施建设及其政策措施》，《中国科学院院刊》2004年第2期，第93—95页。

产生突破性的原创成果。

（3）传承和发扬科学家精神，打造创新型服务队伍。当前，重科学研究、轻设备研制的现状还有待进一步调整，创新驱动发展服务社会内生动力持续性明显不足。大科学装置建设和维护过程经费支持缺少人员经费支出，创新型服务团队能力建设缺失将会带来一系列问题。为解决上述问题，首先要传承和发扬科学家精神与大国工匠精神。通过建立对研发人员和技术人员的合理认知和评，进一步优化体制机制，分类制定相关人才政策，对相关团队予以充分的保障。

四、结语

当代中国社会经济已经发展进入了一个新的阶段，高质量发展成为未来主流，科技自力更生将成为未来的发展主线，国内外形势愈发凸显了原始创新的重要性和紧迫性。为此，我们应当发挥社会主义市场经济体制下举国体制的独特优势，从国家战略层面落实和提高国家原始创新能力和关键核心产业的科技创新能力，确立"上游攻关、中游改造、下游反哺"的科技发展思路，做好自力更生，确保我国在未来新兴战略产业中成功构建完整产业链，甚至向国外反向输出和控制核心技术；应当紧扣战略核心产业中的基础前沿研究，加大财政补贴、政府基金投入、税费减免、政府采购等政策对关键基础理论、共性基础技术等方向和领域的精准扶持强度与力度；应当精准定位原始创新与关键核心产业科技中的痛点和难点，加大重点科研人才的引进力度，加快短缺人才的"本土培育"，激活人才创新的内生动力；完善科技创新评价体系，拓宽科研探索的自主空间，深化科技创新投资机制等多样化改革。中国科学院是我国进行科学研究与技术开发的主力军，更应积极响应国家要求，兼顾长期战略性与短期战术性目标，加快推进和落实切实可行的政策与措施，把中国科学院打造成重要原始创新的策源地,为我国的未来社会经济军事发展源源不断地提供原创性成果。

作者：孙鸿雁，中国科学院电工研究所；范一中，中国科学院紫金山天文台；孔大力，中国科学院上海天文台；沈俊，中国科学院理化技术研究所；韩广轩，中国科学院烟台海岸带研究所；史迅，中国科学院上海硅酸盐研究所；王道爱，中国科学院兰州化学物理研究所；张新刚，中国科学院上海有机化学研究所；张西营，中国科学院青海盐湖研究所；吴永红，中国科学院南京土壤研究所。

加速突破关键核心技术

一、为何要加快突破关键核心技术

习近平于2020年9月11日主持召开科学家座谈会时指出:"坚持面向世界科技前沿、面向经济主战场、面向国家重大需求、面向人民生命健康,不断向科学技术广度和深度进军。"[①]这是新时代新发展格局下加快科技创新的新发展理念,"四个面向"指明了科技创新的方向,指明了自主自强的国家发展道路。

(一)关键核心技术的内涵

中国正面临百年未有之大变局,当前国际格局和国际体系正在发生深刻调整,全球治理体系正在发生深刻变革,与此同时,中国现代化建设取得了显著成效,具备谋划科技创新、推进科技创新的经济实力,而国际力量对比正在发生近代以来最具有革命性的变化,围绕科技领域的竞争日趋激烈。在这样的新时代,科技实力越来越成为影响我国国际竞争力的关键因素。近年来,美国针对我国研究机构和高科技企业持续打压,凸显了我国一些关键核心技术受制于人的痛点。

关键核心技术具有四类特征:①受制于人的"卡脖子"技术;②能够形成经济或科技竞争优势的壁垒性优势技术;③面向国家安全的关键支撑技术;④能够形成科技群聚效应和加速科技发展的关键技术。关键核心技

[①] 习近平:《在科学家座谈会上的讲话》,人民出版社2020年版,第4页。

术可以具备其中一种特征，也可以同时兼具多种特征。关键核心技术突破往往具有多项技术集中突破、多类产品集体创新的特点，主要表现为以下四个特征：①综合实力上，具有"超长周期性+巨额持续性的前瞻性研发投入（过度研发）+庞大的协同性高层次研究团队"的基本特征；②协同性综合能力上，具有"基础研究+应用基础研究+工程化研究+产业化研究"的基本特征；③产学研全面合作体系能力上，具有"国家+企业"或者"国家引导+企业主导"的基本特征；④技术和产业生态上，具有"跨国企业+中小微企业+全球产业链合作"的基本特征。

关键核心技术突破的技术创新能力由资金与技术、关键人力、研发与产业布局能力构成，并不断演进，实现由内部管理到外部治理，再到全面协同。因此，关键核心技术需要构建包含上、中、下游研发伙伴协同合作的产业生态，其高度复杂性往往需要在产业实践中不断试错和测试，积累大量经验数据来持续提高性能；关键核心技术需要通过产品转化和大规模应用的解决方案来实现其产业价值。

（二）加快突破关键核心技术的重要性

2018年5月召开的中国科学院第十九次院士大会、中国工程院第十四次院士大会上习近平强调："实践反复告诉我们，关键核技术是要不来、买不来、讨不来的。只有把关键核心技术掌握在自己手中，才能从根本上保障国家经济安全、国防安全和其他安全"[①]。中国正处于向创新驱动发展模式转变及全面落实经济高质量发展战略目标的关键时期，加快突破关键核心技术，关系到战略性领域的国际话语权，关系到我国经济社会的高质量可持续发展，关系到建设自强自立的创新型国家的战略目标。

（三）加快突破关键核心技术的紧迫性

2018年7月，习近平主持中央财经委员会第二次会议时，对解决当前

---

① 习近平：《在中国科学院第十九次院士大会、中国工程院第十四次院士大会上的讲话》，人民出版社2018年版，第11页。

"卡脖子"问题进行了专题研究,强调"要切实增强紧迫感和危机感,坚定信心,奋起直追,按照需求导向、问题导向、目标导向,从国家发展需要出发,提升技术创新能力,加强基础研究,努力取得重大原创性突破"[①]。我国关键核心技术创新的原型产品,既需要外部的相应高技术企业来从事进一步的应用开发和中间实验环节的研发,也需要其他的外部企业能够生产和提供这些关键核心技术创新产品的关键零配件,更需要其他的外部企业能够生产和提供生产制造这些关键核心技术创新产品或关键零配件的先进生产设备与生产工艺。

二、我国关键核心技术现状

我国近年来在高科技领域取得了长足进步,但是在以高端芯片、基础软件、核心发动机、高档数控机床、特种材料等为代表的诸多战略性领域,以欧、美、日为代表的发达国家和地区掌握着大量的关键核心技术,与之相比,我国在关键核心技术的研究水平和产业能力方面差距仍然较大,存在一系列明显的"卡脖子"短板。

三、关键核心技术加快突破的制约因素

按照我国总体规划,围绕"两个一百年",我国科技创新发展按照"三步走"的重大战略部署:到2020年,进入创新型国家的行列;到2035年,进入创新型国家的前列;到21世纪中叶,建成世界科技强国。然而,在国际激烈竞争环境下,尤其是我国在一系列关键核心技术还存在明显短板的情况下,科技创新发展新趋势给我国的进一步深化科技体制改革带来了一系列新挑战。具体体现在以下几个方面。

---

① 习近平:《习近平主持召开中央财经委员会第二次会议强调:提高关键核心技术创新能力 为我国发展提供有力科技保障》,2018年7月13日,http://www.gov.cn/xinwen/2018-07/13/content_5306291.htm。

（一）科研组织模式方面

碎片化的攻关方式，只是针对某一个特定的关键点，而各个关键点无法串联起来形成完整链条。目前国内的科研单位、高校或企业一般是开展整个链条上某一环的研究，而这一环的突破并不能实现全链条的突破，因此，一个完整链条的关键技术仅靠国内的某一单位很难实现全面的突破。

（二）资源配置机制方面

不平衡的资源配置，各领域均从各自的领域出发提出了"卡脖子"关键核心技术，实际上国家支持的资源往往向长板领域倾斜，得到重点资源支持的领域不是整个链条上最关键的一环，导致长板得到更多的资源，而短板得不到有效的支持、从而无法增长甚至变得更短。

（三）科技成果转化方面

不充分的成果转化，部分关键技术某一环节的攻关成果仅停留在验收通过阶段，后续往往被束之高阁，未实现从攻关到成果的充分转化，无法对整个关键技术链条起到应有的作用。

（四）科技创新人才方面

不公平的评价机制，有时提出原创思想的人员和最终实现攻关的人员不是同一批人员时，往往是最终实现攻关人员得到认可，而提出原创思想的人员未得到充分的尊重，这也导致提出原创思想的人积极性有所降低。

四、如何加快突破关键核心技术

（一）科研组织上发挥"新型举国体制"优势

充分发挥"新型举国体制"的优势，需要在国家层面确定关键核心技术整个链条的责任部门，由该部门来协调和领导整个链条，明确该部门的权责。涉及国家安全、公共服务、环境保护等领域由政府主导，一般性竞争领域可由企业主导。

（二）资源配置上完善科学论证与市场导向政策

在责任部门的统筹下，组织某一大项关键核心技术链条上所有领域进行充分论证，制定稳步发展战略，明确各攻关阶段的关键环节和短板，并进行有效的资源配置。同时，科技创新既需要政府提供强大的、持续的战略资源，在基础科学研究和涉及战略必争领域，同时实现国家安全和经济发展的双重目标；更需要市场发挥决定性作用，强化创新资源配置市场化进程。促进企业这一创新主体的地位不断增强，形成创新驱动发展、发展激励创新的良性循环。

（三）进一步厘清产权边界和促进科研成果转化

做好顶层规划，自上向下对某一大项关键技术进行分解，明确每个环节对标整个链条最终应用的技术指标、对最终成果应用的贡献及成果转化要求。同时，需要进一步厘定产权边界，形成清晰科学的科技产权关系。产权是改革的核心问题。由于我国高校院所绝大多数为公立性质，如何确定科研成果的产权边界，如何形成确保国家、单位、个人（团队）三方利益均衡的产权关系，进而充分发挥各方的积极性，促进科研活动和成果转化的良性循环发展。

（四）完善关键技术研发人才的评价与激励机制

聚焦国家重大需求，注重学科领域布局，立足科研队伍可持续发展，发挥学科特色和平台优势，结合各类国家级实验室、科技创新中心、综合性国家科学中心等科研布局的推进，按需精准引进各类高精尖缺人才。树立正确的人才评价导向，坚决摒弃只看数量、"帽子"，忽视能力贡献的倾向，做到好中选优、优中选强，促进各类人才良性竞争、有序流动。对承担重大科技任务的，基于任务目标完成情况，建立竞争性与稳定性相结合、个人评价和团队评价相结合的长期支持机制。对从事重大科技设施建设运维的，实行工程建设人员、科研人员、关键技术人员、支撑管理人员等分类管理，体现岗位职责和任务需求的评价方式。

五、中国科学院应在加快突破关键核心技术中发挥关键作用

习近平致信祝贺中国科学院建院70周年时强调："希望中国科学院不忘初心、牢记使命，抢抓战略机遇，勇立改革潮头，勇攀科技高峰，加快打造原始创新策源地，加快突破关键核心技术，努力抢占科技制高点，为把我国建设成为世界科技强国作出新的更大的贡献。"[①]中国科学院作为国家战略科技力量，具有长期稳定的科研环境、多学科领域辐射丰富以及优秀人才团队稳定密集的优点，面向国家重大战略需求，长期重视前瞻布局和战略研究，在突破航天、航空、半导体、精密仪器制造、先进材料、生物技术等多个领域的关键核心技术，在提升国家技术实力、保障国家安全方面一直发挥着关键作用。此外，中国科学院在面向国民经济、以市场需求为导向上，已经打造了一支高效服务中高端企业的创新团队，构建了产学研一体化的协同创新体制，为关键核心技术突破提供源源不断的驱动力。

（一）新时代关键核心技术发展给中国科学院带来的挑战

目前，在关键核心技术研发上，中国科学院所面临的国内外环境发生了一系列重要变化。在国际环境方面，当前中美科技博弈，在关键核心技术上形成了七大战场，涉及人工智能、芯片、量子计算、脑科学、基因组和生物技术、临床医学健康、地球深层、深海和极地研究。

---

① 习近平：《习近平致信祝贺中国科学院建院70周年强调：加快打造原始创新策源地 加快突破关键核心技术 为把我国建设成为世界科技强国作出新的更大的贡献》，2019年11月1日，http://cpc.people.com.cn/shipin/GB/n1/2019/1104/c243247-31436735.html。

在国内环境方面，国内一些国企、高校和科研院所在关键核心技术上的创新能力不断加强，并越来越多的承担国家重要任务的总体设计。在这种环境下，中国科学院应如何继续发挥国家战略科技力量？我们的优势和劣势如何？在中国科学院和企业之间，企业提供市场经济驱动的需求要素，全球价值链中高端世界级先进企业引领相关领域的关键核心技术创新发展，高科技产品的更新换代依赖于关键核心技术的突破，对中国科学院研究所或研究成果分类管理和推动，打通中国科学院与中高端企业合作的体制机制，引导科研成果转移转化的良性循环，为供给侧结构性改革和实体经济发展注入创新活力，在国民经济发展中发挥更大作用。在中国科学院和院外科研院所之间，与航天科技、航天科工、中航、中电等研究机构相比，我们在突破关键核心技术方面的优势和劣势需要考虑，在国家项目竞争的白热化状态，中国科学院在国家战略规划和国家需求使命担当中着眼长远，把握大势，在突破关键核心技术方面要充分发挥基础研究功底扎实的优势，塑造有创新特点的总体技术方案，组织实施和政策把握方面，做好院外相关机构的协调沟通和院内研究所大合作及多学科统筹协调攻关，开门问策，集思广益，研究新情况，将中国科学院各研究所作为集团化战略科技力量各有侧重，形成突破核心关键技术的合力，而不是各自强大的局部实力，站在国家高度做出中国科学院的新规划。在中国科学院和高校之间，注重在关键核心技术中提炼原始创新研究，通过颠覆性原始创新推动科技强国的发展，从原始创新研究中敏锐捕捉到提升技术成熟度的关键核心技术并加以突破，建立长期战略合作伙伴关系，提升国家科技综合实力。

（二）应采取的举措

中国科学院作为国家战略科技力量，除了围绕党中央对科技领域"四个面向"的基本要求外，还肩负着"四个率先"和"两加快一努力"的具体任务。同时，中国科学院与工业部门、高校相比也有很多独特之处，如学科门类的深度和广度、建制化科研队伍、科研人员的整体素质和数量等。

因此，在突破关键核心技术方面，中国科学院也应发挥其独特而不可替代的作用。

1. 组织模式方面

中国科学院很多关键技术的攻关，是以项目方式开展，其组织较为松散、目标管理不甚严格，因此，对于关键技术的加快突破不甚适用。另外，很多关键技术需要多学科联合以及与应用验证等紧密结合，因此，基于以上考虑，提出以下组织模式。①拉条挂账，专项管理。对于急需解决的关键技术，以高优先级方式，集合全院优势力量，将相关学科进行集中办公，以紧耦合方式开展攻关。成立专项办公室，给予专项经费支持，以专项项目管理方式，制定技术路线、计划流程，并配备专项办公室专职人员，协调保障各类资源。②器件、部件、软件、整机垂直整合、跨层优化，进行以重大任务目标为牵引的关键技术攻关。对于最终出口在整机上使用的关键技术，建议纳入型号管理，作为专题进行管理，其技术指标和研制进度与整机匹配，以减少实验室攻关到应用的无效链条，促进科研与工程使用的高效结合，尽快服务国家。

2. 资源配置方面

充分利用中国科学院现有可调控资源，特别是 A 类和 C 类先导专项。在国家整体科技资源配置基础上，中国科学院应当在未来五年内建立"链式"资源配置方式，即以重大任务目标为牵引，围绕产业链、供应链进行资源配置。根据新时代国家对于中国科学院"四个率先"和"两加快一努力"的要求，加快抢占新兴产业关键核心技术链条中的主导地位，加快突破现有核心产业链条的"卡脖子"关键环节，努力成为总体国家安全观下科技领域的重要执行和保障力量。

3. 成果方面

首先，要在中国科学院范围内明确关键技术成果的定位和目标。例如，科技链条成果应当瞄准培育未来新兴产业，并为主导该产业做好铺垫；产业链条则应该瞄准消除供应链堵点，化解"卡脖子"隐患。其次，要率先优化成果的评价机制，除了目前的"破四唯"之外，还应当破除"唯牵头论"和"唯首创论",弘扬"功成不必在我,功成必定有我"的精神,重视在国家重大需求和经济主战场发挥了"关键助攻"和"催化剂"作用的成果,而不是一味强调"牵头"和"首创",这是破解成果碎片化、虚化的关键。最后,要加大成果转化的政策支持力度,目前中国科学院还是有制约成果转化的诸多政策障碍。

4. 人才方面

以创新能力、质量、实效和贡献为导向完善人才分类评价体系和推进绩效工资体系改革,破除人才使用中的"四唯"现象,提高和调动各方面的积极性。探索真正体现岗位实际工作价值与科研价值的绩效评价制度。推动科学院各项人才队伍建设规划落地,重点发挥院"百人计划""青促会"等品牌和优势,加大骨干和青年人才、关键技术岗位特殊人才的培养力度,切实发挥好引进人才的作用,凝聚造就高水平创新人才队伍。

当今世界正经历百年未有之大变局,新一轮科技革命和产业变革深入发展,国际力量对比深刻调整,科技创新成为国际战略博弈的主要战场,围绕科技制高点的竞争空前激烈。但目前我国发展不平衡不充分问题仍然突出,重点领域关键环节改革任务仍然艰巨,创新能力不适应高质量发展要求。党的十九大确立了到2035年跻身创新型国家前列的战略目标,党的十九届五中全会提出了坚持创新在我国现代化建设全局中的核心地位,把科技自立自强作为国家发展的战略支撑。立足新发展阶段、贯彻新发展理念、构建新发展格局、推动高质量发展,必须深入实施科教兴国战略、人才强国战略、创新驱动发展战略,完善国家创新体系,加快建设科技强国,实现高水平科技自立自强。

习近平指出:"国家科研机构要以国家战略需求为导向,着力解决影响制约国家发展全局和长远利益的重大科技问题,加快建设原始创新策源地,加快突破关键核心技术。"[①]中国科学院作为国家重要战略科技力量,必须坚决贯彻党中央决策部署,紧紧抓住国家重点实验室体系重组的契机,

---

① 习近平:《习近平重要讲话单行本(2021年合订本)》,人民出版社2022年版,第72页。

把最精锐的力量整合集结到原始创新和关键核心技术突破上来，形成一批肩负明确国家使命，代表国内最高水平，具有重要国际影响的学术高地，成为模块化、多接口、高承载能力的创新平台，打造"分"可独立作战，"聚"可合力攻关的协同创新组织模式，持续产出有重要影响的原始创新重大科学成果，有效解决国家安全和发展的重大科技问题。重组后的国家重点实验室体系，将成为中国科学院凝聚培养战略科技人才的孵化器，产出重大原创成果的策源地，组织实施国家重大科技任务的重要载体，弘扬新时代科学家精神的示范基地，支撑实现国家创新发展目标的骨干力量。

作者：韩诚山，中国科学院长春光学精密机械与物理研究所；白鹭，中国科学院工程热物理研究所；程睿，中国科学院微小卫星创新研究院；李琦，中国科学院武汉岩土所；张爱兵，中国科学院国家空间科学中心；赵惠，中国科学院西安光学精密机械研究所；黄鹤飞，中国科学院上海应用物理研究所；孙周通，中国科学院天津工业生物技术研究所；武延军，中国科学院软件研究所；张明义，中国科学院西北生态环境资源研究院；李雪，中国科学院上海技术物理研究所；陶建华，中国科学院自动化研究所。

科技资源区域间优化配置——分析与建议

加快建设创新型国家，是解决人民日益增长的美好生活需要和不平衡不充分的发展之间的矛盾的必然要求，是我国抓住全球新一轮科技革命和产业革命机会的不二选择，是全面建设社会主义现代化强国和实现中华民族伟大复兴的必由之路。

经过40多年的高速发展，我国整体已经进入工业化中后期，拥有完备的产业体系、强大的制造能力和广阔的市场空间。中国经济持续快速的发展有赖于对科学技术的高度重视。然而，在科研投入总量不断增长的同时，我们科研投入的产出效率却并未同步增长，科技资源的分配存在较为严重的失衡，东西部差异较大。科技资源集中在东部发达地区，科技资源投入的边际效益越来越低，科技创新成果的辐射半径有限，难以有效带动西部偏远地区的经济发展。长此以往，国家将陷入"有增长无发展"的困局，东西部不平衡发展的鸿沟将进一步拉大。

邓小平在1988年就提出了"两个大局"的战略构想，他指出："沿海地区要加快对外开放，使这个拥有两亿人口的广大地带较快地先发展起来，从而带动内地更好地发展，这是一个事关大局的问题。内地要顾全这个大局。反过来，发展到一定的时候，又要求沿海拿出更多力量来帮助内地发展，这也是个大局。那时沿海也要服从这个大局。"[1] 2000年国家西部大开发战略启动，2012年深入推进"一带一路"建设，20多年来西部的基础设施建设和民生工程得到了大幅改善，地区创新活力不断提升。以前中西部

---

[1] 邓小平：《邓小平文选》（第3卷），人民出版社1993年版，第277—278页。

地区没有能力实现产业升级，没能力吸纳、消化创新人才，在战略性新兴产业领域更是缺乏竞争力，但现在随着重庆、成都、西安、武汉等中西部新一线城市的迅速崛起，全国范围内科研资源投入不平衡的问题就凸显了。这个问题已成为制约中国全面均衡发展的一个重要因素，急需通过结构性的资源调整来改变现状。本文将从科技基础设施、科技人才和科技引导政策三个方面来论述科技资源的分布情况及优化改善对策。

一、科技基础设施

科技基础设施是创新的物质基础和保障。科技基础设施的建设布局及其运行效率是国家深入实施创新驱动发展战略的关键。我国科技基础设施的资源主要包括大型科学仪器设备、国家重点实验室和工程技术中心等研究实验基地、自然科技资源、网络科技环境和各类服务平台等。

（一）我国科技基础设施的运行效率及区域差异分析

我国科技基础设施建设近年来取得了长足的进步，但是仍然存在以下问题。一是我国科技基础设施建设区域分布不平衡。目前国家已建成的 22 个国家大科学装置，西部地区仅 4 个，在建的 16 个国家大科学装置，西部地区仅 2 个，西部占比 15.7%；已建的 4 个国家实验室都在东部发达地区；国家重点实验室东部地区有 214 个，西部地区有 40 个，西部占比 15.7%。中国科学院研究单位东部地区有 97 个，西部地区仅 18 个。二是我国目前的科技基础设施利用率和共享程度有待提高，存在着重视拥有量、轻视使用效率问题。科技基础设施是实现科学技术升级和创新的重要基础。随着科技创新在经济增长中的核心作用日益凸显，科技基础设施的建设和管理变得尤为重要。

科技基础设施的投入产出效率并不必然与投入规模成正比。采用区域创新能力衡量科技基础设施的产出，并设置区域综合科技进步水平指标作为区域创新能力的衡量指标，对指标变量（研发机构科学仪器设备数量、万人科技经费资产支出、万人科学仪器设备原值、研发机构数等）进行相关系数分析，结果显示：在科技基础比较落后的经济欠发达省份，其科技基础设施的运行效率要明显优于投入规模较大的经济发达省区市。这些省份科技基础设施薄弱，处在创新的初级阶段，科技基础设施对提升区域创新能力起到的作用比较大，因此加强对科技基础设施的投资和建设将会有效驱动区域创新能力的提升。

进一步以各指标变量的方差贡献率作为权重计算各省区市科技基础设施的评价得分发现，西部地区的科技基础设施综合效率最高，其次是中部，最低是东部。总体来看，我国各区域的科技基础设施效率都比较低，相对于规模效率而言，技术效率较低，影响了区域整体创新能力的提高。这说明，我国科技基础设施的建设和投资依然仍处在注重规模的阶段，重投入、轻运营，对科技基础设施的管理和利用水平不高，运行效率有较大的提升空间。

（二）我国科技基础设施的布局优化方案和政策建议

1. 继续加强对科技基础设施的建设和投资力度

科技基础设施与创新能力之间存在着耦合关系，目前我国科技基础设施运行存在规模无效的问题，政府应该继续加强对科技基础设施的建设和投资力度，解决我国科技基础设施规模效率低下的问题。目前我国科技基础设施主要分布在经济发达的少数几个省市。在科技基础设施建设过程中，对科技基础设施落后地区应给予相应的倾斜。经济欠发达地区处于创新驱动的初级阶段，对科技基础设施的投资多数处于规模收益递增的阶段，运行效率较高，通过加大对重庆、成都、西安、武汉等都市圈科技基础设施的投入，可以带动中西部实现跨越式发展。

科技基础设施在中西部都市圈的集聚还可以产生人力资本效应。首先，科技基础设施的建设与共享有利于造就高水平的用户群体，在加速相关技术扩散时产生新的创新需求，催生新的技术创新。其次，人才的集聚易于形成规模效应，一方面有利于人与人之间的直接交流与沟通、信息资源的及时交换与共享，形成集体学习、竞争进步的良性循环；另一方面有利于更合理地分工与合作,实现"人尽其才",从而大大降低创新风险,增强创新预期。最后,科技基础设施还是当代各国吸引和开发海外人才的有效方式,它在改善和优化本地科研环境的同时,对异地高级人才也会产生磁场效应。

2. 通过制度创新促进科技基础设施的开放共享

科技基础设施具有较强的公共性,且投资巨大,不适宜重复建设,其开放共享需要科研机构、企业、政府多方参与。分享经济的快速发展为科技基础设施的开放共享提供了解决思路,应通过制度和模式创新,加强科技基础设施共享网络和平台的建设,鼓励高校、科研机构、企业等不同主体分享科技仪器设备、实验平台、数据成果等科技物质和信息资源,切实提高科技基础设施的覆盖群体和运行效率,这有助于解决我国目前科技基础设施资源不足、资源利用率不高、运行效率低下、发展不平衡等问题。

3. 通过区域间共享共同推动科技基础设施的协调发展

目前,我国在科技基础设施开放层面,各省区市制定了各种各样的公共政策,基本上满足了科技基础设施向本地企业、社会开放的要求,但是对于区域间的开放还不够。政府应统筹规划,立足全局,对于已经具备良好的科技基础设施和创新基础的区域,应该通过制度和管理创新等加快科技基础设施对其他区域开放共享,加强和周边区域交流和协同。实现跨区域的科技基础设施共享,实现科技基础设施密集的省区市向科技基础设施不足省份的扩散与辐射,有利于提高科技基础设施的使用率,同时降低区域科技基础设施分布的不平衡性。

二、科技人才

人才集聚是促进科技创新的重要因素,人才集聚的规模越大、质量越高,越有可能突破旧技术,从而改变原有的生产方式,提高生产力水平。但如果人才过于集中,也会产生人力资源边际效益递减,甚至内卷性竞争的损失。为了解决我国科技创新发展不平衡的问题,必须解决科技人才资源分布不均衡的问题，提升科技人才的贡献率，避免人才资源的浪费。

（一）我国当前科技人才配置及差异性分析

1. 科技人才的"马太效应"和"虹吸效应"

科技型人才的多寡往往影响一个地区甚至一个国家的实力与发展，科技型人才区域分布的差异往往体现了区域发展的差异，如图1所示，2019年大专及以上人才人口数西部地区仅占24%。

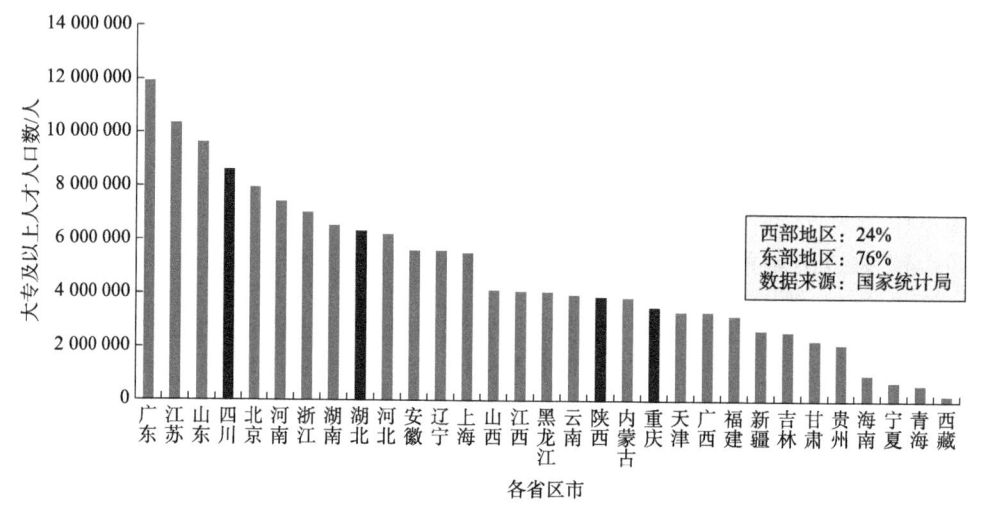

图1　2019年大专及以上人才人口数分布图

区域间科技型人才的分布差异则会影响区域的公平发展，造成科技型人才的"马太效应"凸显，影响科技型人才整体功能的发挥。现今，一方面东部地区科技人才边际效用下降；另一方面中、西部地区出现了发展中的人才短缺危机，难以在人才流动过程中形成新的有序形态。

东部地区科技型人才的"虹吸效应"持续存在。东部地区把中西部的资金、人才、投资、消费等吸引过来，形成"垄断式"发展，科技型人才东部聚集的虹吸效应，造成了一定程度、一定范围内科技型人才的积压浪费和结构失调，甚至内耗。

2. 西部地区科技型人才的木桶短板危险性增加

西部地区，作为科技型人才的木桶短板，呈现出"越来越短"的趋势。

虽然西部地区科技型人才数量呈持续增长趋势，但占科技型人才总量的比重却呈波动下降趋势，从2009年的12.5%下降到2020年的10.9%。若将中国的区域科技型人才作为一个完整的功能实体，那么科技型人才的功能能否实现，往往要看其中最短的那块板块。中国西部地区科技型人才占比的下降，意味着短板与长板之间的差距越来越大，将导致整体效能难以最大化，资源利用率降低。

现阶段，科技型人才资源配置呈现出明显偏重一方的态势，而未来这种趋势仍将持续，甚至越来越明显。目前，东、西部科技型人才规模差距进一步被拉大，区域间科技型人才规模严重失衡，将造成由科技型人才发展带动的科技经济发展在未来呈现明显的两极化态势。东部地区大量的科技型人才聚集，造成了科技型人才的边际效用降低，而中、西部地区由于科技型人才的不足而发展缓慢。

此外，东部区域现阶段的发展过程中已经呈现出一定的"大城市病"，一些城市的人口增长较快、密度过高，人口、资源、环境之间的矛盾日益突出，这不利于区域均衡协调发展。以上海、北京等特大城市为例，科研人员平均每天花在通勤上的时间太长，这也是影响科研效率低下的一个因素。

（二）科技人才资源结构性调整的建议

科技型人才作为中国科技创新、经济发展的中坚人才力量，对推动中国区域协调发展具有重要的作用。政府在充分了解现阶段科技型人才的区域分布状况基础上，应不断完善科技型人才区域间合作的管理机制，为科技型人才更高效地发挥作用提供保障支撑。

首先，除了经济效益，应认识到科技型人才的区域分布过度不均衡不利于科技型人才整体效能的发挥，而且已经造成东部地区资源与环境之间的矛盾显现。东部地区的科技型人才引进应有的放矢，可将高端人才引进重点转向海外，出台合理限制东部地区通过高薪吸引中西部科技型人才流入的政策措施，缓解中西部地区科技型人才的不足。推动东部地区人才支援中、西部地区的政策，将有经验的优秀人才输送至中西部地区，采用挂职或帮扶交流等形式，带动中西部地区的人才"造血"功能。

其次，中西部地区提升自身经济发展，完善社会保障体系。中西部地区应将注意力集中在自身经济的发展和社会保障功能的完善。进一步加快出台吸引科技型人才的相关政策，加大科技型人才的引进力度。对于愿意扎根中西部的高端科技型人才提高相应的社会福利待遇。

最后，建立中西部地区科技型人才基金，如中国科学院设立的"西部之光"人才培养计划，鼓励科技型人才服务中西部省份。政府需深入推进中西部区域的财政划分改革，逐步建立保障有力的基本公共服务体系和保障机制，平衡教育资源，改善医疗保障体系，加快建立社保、基本保险等公共服务跨区域流转制度，强化跨区域基本公共服务的统筹合作，为科技型人才聚集提供有力的社会保障。这样不仅可以更好地吸引科技型人才流入，还可以防止现有的科技型人才流出。

三、科技政策

我国 R&D（research and development，研究与试验发展）经费支出主要集中在几个经济发达省份，东部、中部和西部财政科技支出水平差异大，图 2 和图 3 是 2019 年地方财政科学技术支出数据和 2019 年地方财政科研投入与 GDP（gross domestic product，国内生产总值）占比。

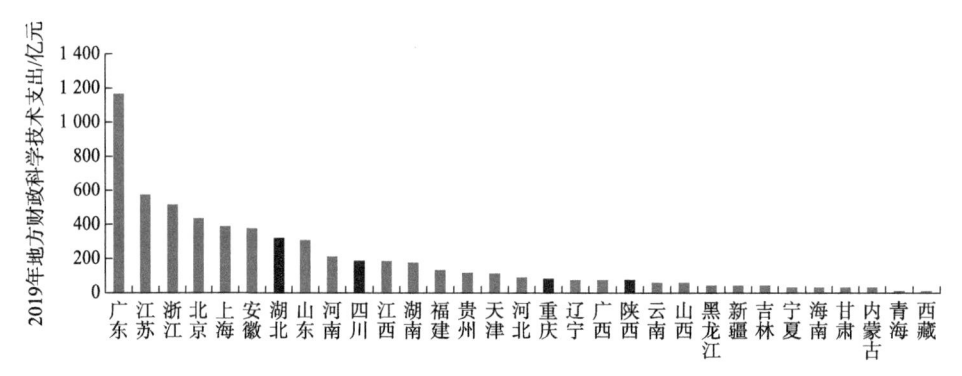

(a)

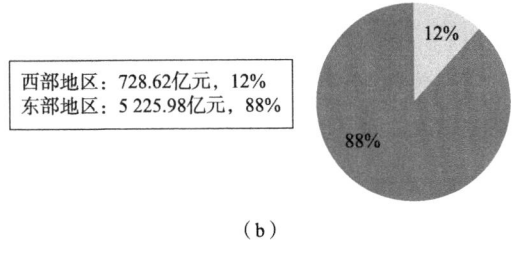

科技资源区域间优化配置——分析与建议 | 103

西部地区：728.62亿元，12%
东部地区：5 225.98亿元，88%

(b)

图 2　2019 年地方财政科学技术支出数据

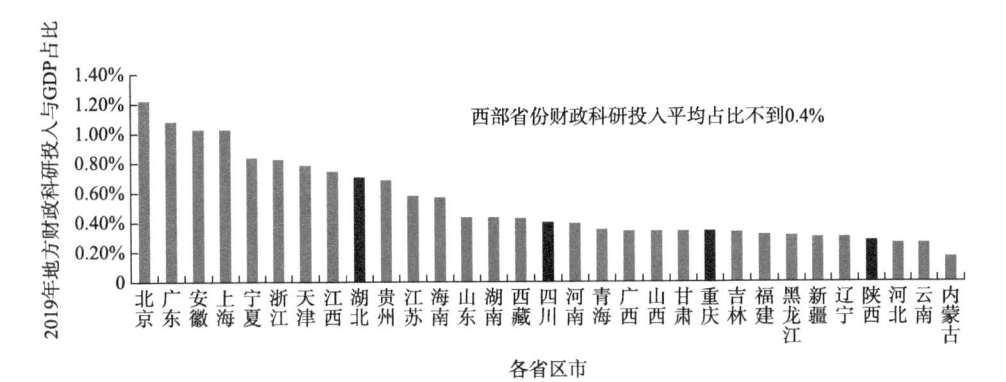

图 3　2019 年地方财政科研投入与 GDP 占比

经济发达的东部地区由于经济发展水平高，财政收入多，地方政府对于财政科技支持的力度也较大，而经济欠发达的中西部地区由于自身经济水平和财政的限制，没有能力将较多的财政经费用投入到科技活动之中。

科技水平的差距会进一步拉大各地区经济的发展水平，因此，经济欠发达地区的财政科技投入有待进一步改善增加，需要国家持续地给予中西部地区更宽松的财政政策，以有效避免中西部生产要素的外流。在科技资源投入方面，国家应给予倾斜性的支持，帮助中西部地区打造良好的科技创新生态环境。

第一，进一步贯彻西部大开发和中部崛起战略。加大对中西部地区的投资力度，特别是对基础设施建设和技术改造的投资，以促进农业现代化和工业企业技术改造升级；鼓励中西部地区招商引资，通过引进国内外资本搞活经济，将资源优势转为经济优势，缩小与东部地区的经济差距；加快技术进步是关键，特别是增强企业的技术创新、产品开发能力，以推动产业的优化升级和创新发展，促进中西部地区经济的稳步持续增长，营造有利于科技人才流入的经济环境。

第二，加快产业结构调整优化的步伐，形成合理的产业资源配置。伴随着产业结构的调整，科技人才的需求结构和能级结构相应发生了改变，而科技人才掌握的技术与知识在产业间的转移是推动产业结构优化的关键因素。要加快创新技术进步、技术扩散与推广应用的进程，逐渐推进产业结构的高度化，以产业吸引人才，依靠人才发展产业，形成产业结构优化与科技人才流动之间的良性循环。

第三，继续发挥 R&D 经费对科技人才流动的促进作用。通过加大经费投入规模、拓展经费投入对象范围及提高经费投入质量，不断增强对科技人才的吸引力。由于区域间经济发展的不平衡性，中央财政要适当地向中西部地区的重点领域的研发工作倾斜，以弥补地方 R&D 经费的投入不足。与此同时，各地应积极引导科技中介服务机构的发展，加快科技孵化器的建设和科技创新综合服务体系的构建，努力打造优质的科研环境，这是吸引科技人才流入的关键。

第四，进一步完善财政科技投入机制。一方面要加大财政科技投入规模，形成稳定的科技投入增长机制；另一方面应优化财政科技支出结构，重点支持能带动经济发展的战略性新兴产业、高技术产业等，加大对科技创新活动基础平台建设的资金投入，尤其要注重提高中西部地区的财政科技投入效率，以提升财政科技投入对科技人才流动的推动作用。

四、案例分析

在中国经济版图中，合肥曾经长期是一个存在感很弱的城市。合肥从一个低调的小城一跃成为全国首个科技创新型试点市，成为与上海、北京并肩的综合性国家科学中心，从"离发达地区最近的欠发达省会"到与南京、杭州同时成为长三角世界级城市群副中心城市。从 2005 年至 2020 年，合肥的 GDP 年均增长 22.1%。2020 年，合肥更是迈入万亿 GDP 俱乐部，被《经济学人》杂志和摩根大通评为全球经济增长最快的城市。合肥的高速发展正是因为牢牢抓住了科技创新资源——科技基础设施和科技人才。

安徽省、合肥市和各个开发区,从产业发展、研发投入、人才支持、科技金融等方面出台了一系列多层次的科技引导政策,培育新动能促进产业转型升级,推动经济高质量发展。在已建成的 22 个国家大科学装置中,合肥占了 6 个,而上海和北京两地总和才 7 个,新建的 16 个国家大科学装置,合肥又占了 2 个,合肥拥有的国家大科学装置数位居全国第一,占全国总数的 21%,如图 4 所示。正是有了这些大科学装置的助力,合肥才有可能成为"大湖名城、创新高地",才具备了吸引全球高端科技人才的基础条件。

序号	装置名称	所在城市
1	中国地壳运动观测网络	全国
2	子午工程	全国
3	合肥同步辐射加速器	合肥
4	合肥 HT-6M 受控热核反应装置	合肥
5	合肥环流器 HL-1 装置	合肥
6	合肥 HT-7 托卡马克	合肥
7	合肥 EAST 托卡马克	合肥
8	合肥稳态强磁场	合肥
9	北京正负电子对撞机	北京
10	遥感卫星地面站	北京
11	H1-13 串列式静电加速器	北京
12	北京 5 兆瓦核供热试验堆	北京
13	北京遥感飞机	北京
14	上海"神光"系列高功率激光装置	上海
15	上海神光Ⅱ装置	上海
16	贵州 FAST 望远镜	贵州黔南
17	2.16 米光学望远镜	河北兴隆
18	兰州重离子加速器	兰州
19	宁波种质资源库	宁波
20	短波与长波授时系统	陕西临潼
21	武汉国家脉冲强磁场科学中心	武汉
22	新疆太阳磁场望远镜	新疆博州

(a) 已建成的 22 个国家大科学装置分布

序号	装置名称	所在城市
1	加速器驱动嬗变研究装置	合肥
2	未来网络试验设施	合肥
3	模式动物表型与遗传研究设施	北京
4	地球系统数值模拟器	北京
5	海底科学观测网	上海
6	转化医学研究设施	上海
7	上海光源线站工程	上海
8	空间环境地面模拟装置	哈尔滨
9	大型低速风洞	哈尔滨
10	高效低碳燃气轮机试验装置	连云港/南京
11	中国南极天文台	南京
12	强流重离子加速器	兰州
13	精密重力测量研究设施	武汉
14	综合极端条件实验装置	长春
15	高海拔宇宙线观测站	成都/甘孜州
16	高能同步辐射光源验证装置	保定

(b) 新增的 16 个国家大科学装置分布

图 4 国家大科学装置分布

资料来源:中国(深圳)综合开发研究院整理

在改革开放的进程中，城市的竞争，最终是人才的竞争。安徽省高度重视科技人才，持续出台引才、稳才政策，从全球范围内吸引高端科研人才落户。2017年6月，合肥市委市政府出台了《关于建设合肥综合性国家科学中心打造创新之都人才工作的意见》，实施人才发展"6311"工程，安排不少于20亿元的专项经费，通过体制机制创新，力争新引进及培养国内外顶尖人才和国家级领军人才600人、省市级领军人才3000人、高级人才10 000人，集聚科技创新创业人才不少于10万人。2018年4月，合肥市委市政府又出台《关于进一步支持人才来肥创新创业的若干政策》，进一步加大力度，未来7年内将拿出超百亿元资金，从引进人才、培育人才、创业扶持等多个方面进一步营造良好的"养人"环境，吸引各类人才在合肥创新创业。2018年4月15日，中国国际人才交流大会发布"魅力中国——外籍人才眼中最具吸引力的中国城市"中合肥位列第三，仅次于上海、北京。

正是由于合肥想尽办法汇聚科技要素，重视科技人才，善用科技力量，才使得合肥这样一座原本在上海、南京、杭州、苏州、无锡这些长三角经济带大城市的夹缝中求生存的二线城市能够迅速崛起，成为中国新一轮创新机制体制改革浪潮中的排头兵。合肥的成功，对重庆、成都、武汉、西安、长沙这些科教资源丰富、经济发展处于上升势头的中西部城市有重要的借鉴意义。

五、总结

要解决人民日益增长的美好生活需要和不平衡不充分的发展之间的矛盾，必须要靠高质量的创新驱动发展。当创新驱动发展成为共识之后，优化科技资源的配置，最大限度地发挥现有科技资源的作用，使其效用最大化就成了缓解不平衡发展的重要手段。目前我国的科技资源较集中在少数发达地区，科研产出效率不高，这不利于全面带动各个地区的均衡发展，因此有必要出台相应的政策加强区域间科技合作，推动科技人才和科技基础设施这些创新要素向区域特色产业聚集，推动少数发达地区溢出的创新科技资源向中西部都市圈流动，践行更加科学、均衡的创新驱动发展理念，实现共建共治共享的社会治理格局。

参 考 文 献

陈劲、尹西明:《中国科技创新与发展 2035 展望》,《科学与管理》2019 年第 1 期,第 1—6 页。
段福兴、李平、黎艳:《我国科技基础设施的指标构建及评价研究》,《华东经济管理》 2015 年第 7 期,第 71—76 页。
郭淑芬、张俊:《中国 31 个省市科技创新效率及投入冗余比较》,《科研管理》2018 年第 39 期,第 55—63 页。
黄锦春、王剑、文正再:《创新人才集聚与区域创新能力对经济增长的共轭驱动研究——基于省际面板数据实证检验》,《技术经济与管理研究》2019 年第 1 期,第 26—30 页。
李立威、陶秋燕:《科技促进发展》2019 年第 15 卷第 4 期,第 384—392。
李平、黎艳、李蕾蕾:《科技基础设施二次创新效应的差异性分析》,《科学学与科学技术管理》2014 年第 12 期,第 30—38 页。
刘汉初、樊杰、周侃:《中国科技创新发展格局与类型划分——基于投入规模和创新效率的分析》,《地理研究》2018 年第 37 期,第 910—924 页。
刘瑞翔、夏琪琪:《城市化、人力资本与经济增长质量》,《经济问题探索》2018 年第 11 期,第 34—42 页。
刘伟、李星星:《中国高新技术产业技术创新效率的区域差异分析——基于三阶段 DEA 模型与 Bootstrap 方法》,《财经问题研究》2013 年第 8 期,第 20—28 页。
彭洁、涂勇:《基于系统论的科技基础设施概念模型研究》,《科学学与科学技术管理》 2008 年第 9 期,第 10—13,23 页。
芮雪琴、李亚男、牛冲槐:《科技人才聚集与区域经济发展的适配性》,《中国科技论坛》2015 年第 8 期,第 106—110 页。
沈春光、陈万明、裴玲玲:《区域科技人才创新能力评价指标体系与方法研究》,《科学学与科学技术管理》2010 年第 31 期,第 196—199 页。
孙洁、姜兴坤:《科技人才对区域经济发展影响差异研究——基于东、中、西区域数据的对比分析》,《广东社会科学》2014 年第 2 期,第 15—21 页。
徐彬、吴茜:《人才集聚、创新驱动与经济增长》,《软科学》2019 年第 1 期,第 19—23 页。
徐倪妮、郭俊华:《科技人才流动的宏观影响因素研究》,《科学学研究》2019 年第 37 期,第 414—421 页。
郑文力:《论势差效应与科技人才流动机制》,《科学学与科学技术管理》2005 年第 2 期,第 112—116 页。

作者:赵宇,中国科学院上海微系统与信息技术研究所。

新时代生态文明建设评价指标体系的分析

一、习近平新时代中国特色社会主义生态文明建设思想的确立

(一)生态文明的概念

生态文明(ecocivilization)是继原始文明、农业文明和工业文明之后发展起来的一种新的人类文明形式。早在2000多年前,以庄子为代表的道家学派就阐发了"天地与我并生,而万物与我为一"的生态哲学思想。1987年,我国著名生态学家叶谦吉第一次公开提出了"生态文明"的概念,即我们人类在改造自然之时又要保护自然,这种人与自然的和谐统一就是生态文明。

(二)生态文明建设的起源和发展

数十年快速发展带来了巨大资源环境压力,我国不同地区频繁暴露严重环境问题。为破解危机,党的十七大报告首次提出了生态文明建设,即"建设生态文明,基本形成节约能源资源和保护生态环境的产业结构、增长方式、消费模式"[①]。党的十八大以来,以习近平同志为核心的党中央对生态文明建设提出了一系列新论断、新要求和新思想,将生态文明建设纳

---

① 胡锦涛:《高举中国特色社会主义伟大旗帜 为夺取全面建设小康社会新胜利而奋斗——在中国共产党第十七次全国代表大会上的报告》,人民出版社2007年版,第20页。

入"五位一体"的国家发展总体布局。党的十九大报告将生态文明建设提升为"是中华民族永续发展的千年大计"[①]。2018年3月通过的宪法修正案，将"生态文明"写入宪法（图1）。

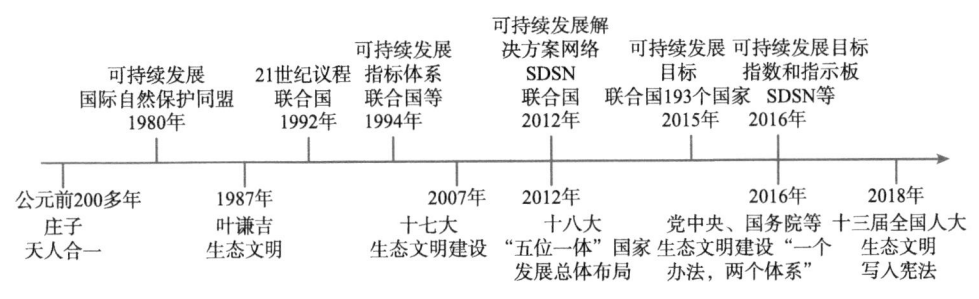

图 1　生态文明建设和可持续发展历程中的重要事件

（三）建立和完善生态文明建设评价指标体系的必要性和重要性

生态文明评价是生态文明理论研究的具体实践内容。党的十八大报告明确提出要"把资源消耗、环境损害、生态效益纳入经济社会发展评价体系，建立体现生态文明要求的目标体系、考核办法、奖惩机制"[②]。建立生态文明建设评价指标体系，可为评价生态文明建设的成效提供量化依据，为政府提供决策参考，是推动相关各项政策措施落地、实现战略目标的重要制度保障。因此，为更好发挥"指挥棒"的作用，真正实现"以评促建"，必须建立科学合理的生态文明建设评价指标体系。

二、国内外生态文明建设或可持续发展等绿色发展评价指标体系的发展与比较

生态文明建设由中国倡导和推动，在国际上与之相似、影响力较大的

[①] 习近平：《习近平谈治国理政》第3卷，外文出版社2020年版，第19页。
[②] 胡锦涛：《坚定不移沿着中国特色社会主义道路前进　为全面建成小康社会而奋斗——在中国共产党第十八次全国代表大会上的报告》，人民出版社2012年版，第41页。

绿色发展概念是"可持续发展"。随着概念的提出，不同的国家、国际组织、学术团体纷纷提出了各种评价指标体系。

（一）可持续发展指标体系

目前应用最广、影响最大的是可持续发展指标体系。"可持续发展"概念，最早可以追溯到1980年发表的《世界自然保护大纲》："必须研究自然的、社会的、生态的、经济的以及利用自然资源过程中的基本关系，以确保全球的可持续发展"。在1992年联合国召开环境与发展大会后，各国际组织、各国政府或学术团体依据《21世纪议程》中的主题章节，构建了各种以"超越GDP"为特征的可持续发展指标体系（图1和表1）。

表1 可持续发展评价指标体系

年份	组织名称	评价体系	指标概况	存在问题
1995	世界银行	"新国家财富"指标体系	自然资本、人力资本和人造资本	以单一货币尺度来进行度量
1994	联合国统计局	可持续发展指标体系	经济问题、大气和气候、固体废弃物和机构支持4个方面31个指标	指标数量庞大，分解不均；采用"驱动力-状态-相应"框架，突出的是环境受到的压力和环境退化之间的因果关系，不适合分析社会和经济指标的因果关系
1996	联合国可持续发展委员会等	可持续发展指标体系（第一版）	社会、经济、环境和制度4大系统21个子系统，以及失业率、人均GDP、国内人均耗水量等142个指标	
2001		可持续发展指标体系（第二版）	58个指标	
2005		可持续发展指标体系（第三版）	51个指标	
1996	联合国环境问题科学委员会和环境规划署	可持续发展指标体系	包括环境、自然资源、自然生态系统、环境污染等25个指标	当前值和目标值差异较大的指标占的权重较大，需要不同国家和地区在可持续发展目标意见一致
2016—2020	可持续发展解决方案网络与贝塔斯曼基金会	可持续发展目标指数和指示板全球报告	17个目标，231个指数。2016年和2020年分别采用77个和85个指数进行全球国家排名	指标数目庞杂，部分数据缺失，有些指标量化起来非常困难
1996	中国国家统计局和中国21世纪议程管理中心	可持续发展指标体系	经济、社会、人口、资源、环境和科教6个子系统共83个指标	子系统和指标之间存在交叉

续表

年份	组织名称	评价体系	指标概况	存在问题
2018—2020	中国国际经济交流中心与哥伦比亚大学地球研究院	中国可持续发展指标体系	经济发展、社会民生、资源环境、消耗排放和治理保护五大方面47个指标	/

1994年，联合国统计局率先建立了包含经济问题、大气和气候、固体废弃物和机构支持四个方面共31个指标的可持续发展指标体系。1995年，世界银行提出了包含自然资本、人力资本和人造资本的"新国家财富"指标体系，但该指标体系仅以单一货币尺度进行度量。1996年，联合国的可持续发展委员会、政策协调和可持续发展部等提出了一个可持续发展指标体系，包含社会、经济、环境和制度4大系统21个子系统，以及失业率、人均GDP、国内人均耗水量等142个指标，但该体系包含指标数量庞大，分解不均。通过精简和优化指标，2001年和2005年联合国可持续发展委员会等颁布了分别包含58个和51个指标的第二版和第三版。上述指标体系均采用"驱动力-状态-相应"框架，突出的是环境受到的压力和环境退化之间的因果关系，不适合分析社会和经济指标的因果关系。同时，联合国环境问题科学委员会和环境规划署在1996年提出了包括环境、自然资源、自然生态系统、环境污染等在内的25个指标的评价体系。该体系给予当前值和目标值差异较大的指标的权重较大，这就需要不同国家和地区在可持续发展目标达成一致意见，但显然不同国家和地区会存在差异，这可能导致评价结果受主观因素的影响。

2015年9月，193个国家在联合国大会上通过了可持续发展目标（Sustainable Development Goals，SDG）。自2016年起，可持续发展解决方案网络与贝塔斯曼基金会以每年世界银行、世界卫生组织（World Health Organization，WHO）、联合国粮食及农业组织（Food and Agriculture Organization of the United Nations，FAO）等国际组织或机构发布的数据为基础，从全球统一尺度计算了各国SDGs指数并进行排名。该指标体系基于17个大目标、169个分目标提出了231个指数来进行衡量，具有复杂性、多样性和相关性三个显著特点，但由于指标数目庞杂、部分数据缺失，有些指标量化起来非常困难。从 2016—2020 年中国的 SDG 指数及排名趋势来看，我国可持续发展取得稳步上升（图 2）。2020 年，我国在"无贫困""优质教育""体面工作和经济增长"三个方面达成 SDG，但在"减少不平等"和"水生生物"两项目标仍面临严峻挑战（图 3）。

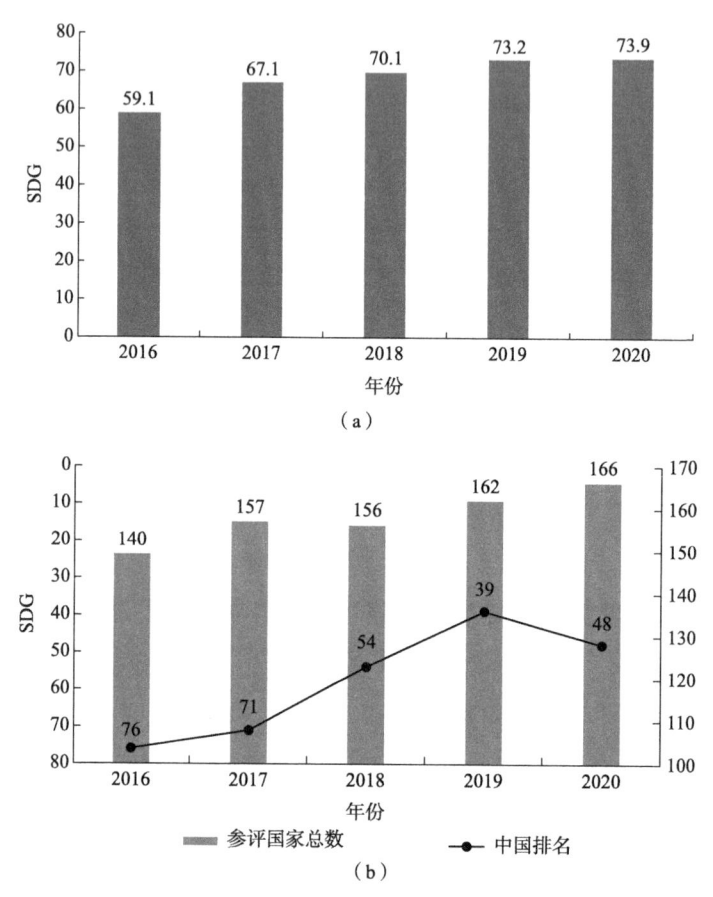

图 2 2016—2020 年中国可持续发展目标（SDG）指数及在全球排名

SDG1：消除贫困；SDG2：零饥饿；SDG3：良好的健康与医疗；SDG4：优质教育；SDG5：性别平等；SDG6：清洁饮水与卫生设施；SDG7：经济适用的清洁能源；SDG8：体面工作和经济增长；SDG9：工业、创新和基础设施；SDG10：减少的不平等；SDG11：可持续城市和社区；SDG12：负责任消费和生产；SDG13：气候行动；SDG14：水生生物；SDG15：陆

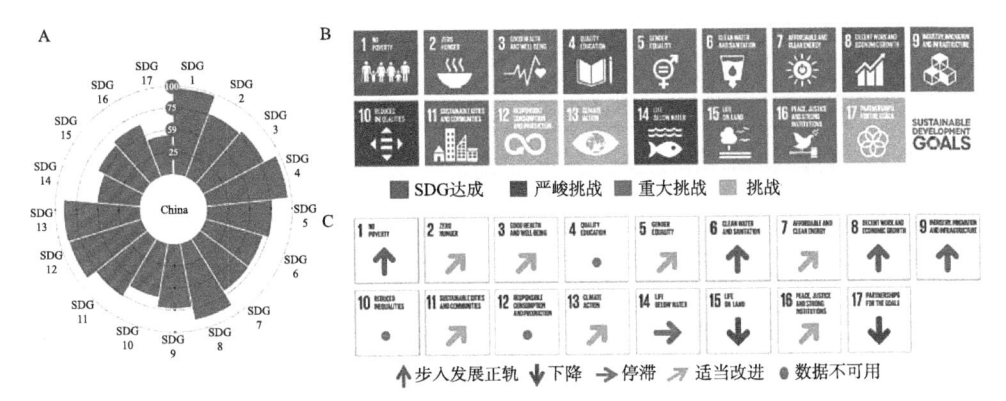

图 3　2020 年中国 17 项可持续发展目标（SDG）得分（A）、完成情况（B）和发展趋势（C）

资料来源：Sustainable Development Report 2020

生生物；SDG16：和平、正义和强大机构；SDG17：促进目标实现的伙伴关系。

1996 年，国家统计局和中国 21 世纪议程管理中心颁布了包含经济、社会、人口、资源、环境和科教 6 个子系统共 83 个指标的可持续发展指标体系。该体系的指标数量较多，子系统和指标之间存在交叉。从 2018 年起，中国国际经济交流中心与哥伦比亚大学地球研究院连续三年发布了《中国可持续发展评价指标体系研究年度报告》。该评价指标体系包括经济发展、社会民生、消耗排放、资源环境和治理保护 5 个方面 47 个指标（附表 1）。

（二）其他重要绿色发展评价指标体系

除了可持续发展评价指标体系外，不同的国际组织、政府或学术团体也提出了其他的一些绿色发展评价指标体系（表 2）。譬如，耶鲁大学环境法律与政策中心、哥伦比亚大学国际地球科学信息网络中心和世界经济论坛提出了环境可持续指数和环境绩效指数，用以衡量不同国家和地区的自然资源、污染水平、对环境治理所做的努力以及对全球共同关注的问题所做的贡献等方面。采用目标渐进法、专题排名和综合排名相结合等方法进行评价。其存在的主要问题是一些国家和地区的指标缺失率超过 10%。

表 2　其他重要绿色发展评价指标体系

年份	组织名称	评价体系	指标概况	存在问题
1999	耶鲁大学环境法律与政策中心、哥伦比亚大学国际地球科学信息网络中心和世界经济论坛	环境可持续指数	环境系统、缓解压力、减少人类损害、社会和体制能力、全球参与共 5 个部分、21 个指标	一些国家和地区的指标缺失率超过 10%
2006		环境绩效指数	设立环境健和生态系统活两大目标，二级指标下设 9 个政策领域，20 个具体指标	
2008	耶鲁大学环境法律和政策中心和哥伦比亚大学国际地球科学信息网络中心	生态环境指数	生物丰度指数、植被覆盖指数、水网密度指数、土地退化指数和污染负荷指数共 5 个部分。该指数由森林面积、水域面积、草地面积、河流长度等基础性数据经归一化处理后，按照不同权重计算获得，每年评价结果在达沃斯论坛期间发布	仅评价生态环境，不涉及经济、社会等方面
2011	联合国环境规划署	绿色经济的指标体系	环境主题、政策干预、政策对更广泛的人类福祉和社会公平 3 个方面，含 14 个二级、40 个三级指标	主要用于衡量各国绿色经济转型情况
2011	经济合作与发展组织	迈向绿色增长：监测进展——经合组织指标	环境和资源生产率、自然资产基础、生活质量的环境因素、经济机遇和政策应对 4 类一级指标，含 14 个二级指标、23 个三级指标	主要用于监测绿色经济增长水平

（三）我国与生态文明建设相关的评价指标体系

党的十八大对推进生态文明建设进行了全面部署。国家各部委针对环境治理专项行动建立了一系列专项考核制度体系，譬如《大气污染防治行动计划实施情况考核办法（试行）》（2014 年）、《水污染防治行动计划实施情况考核规定（试行）》（2016 年）、《土壤污染防治行动计划实施情况评估考核规定（试行）》（2018 年）、《中共中央国务院关于全面加强生态环境保护坚决打好污染防治攻坚战的意见》（2018 年）等。其特点是考核指标具体，考核结果是评优和晋升的重要依据，是政府部门及领导干部开展污染防治的强大动力和压力。此外，为实现特定生态文明建设目标，中央部委颁布了一些以创优争先为目标的指标体系，如《国家生态文明建设试点示范区指标（试行）》（2013 年）、《国家生态文明先行示范区建设方案（试行）》（2013 年）、《农业部"美丽乡村"创建目标体系》（2014 年）。

2016 年 12 月，根据中共中央办公厅、国务院办公厅关于印发《生态文明建设目标评价考核办法》的通知要求，国家发展和改革委员会、国家统计局、环境保护部（现为生态环境部，后余同）、中央组织部制定了《绿色发展指标体系》和《生态文明建设考核目标体系》，即"一个办法、两个体系"作为生态文明建设评价考核的依据。《绿色发展指标体系》包含资源利用、环境治理、环境质量、生态保护、增长质量、绿色生活、公众满意程度共 7 个方面，56 项指标（附表 2）。其中有 38 个是来自《中共中央国务院关于加快推进生态文明建设的意见》提出的主要监测评价指标和《中华人民共和国国民经济和社会发展第十三个五年规划纲要》确定的资源环境约束性指标。以 2015 年为基期，采用综合指数法每年进行测算。《生态文明建设考核目标体系》是从上述 56 项指标中选取了 20 项核心指标，5 年为一周期，考核一次。

三、中国生态文明建设指标体系与可持续发展评价指标体系的比较

通过公开数据库查询，仅可以获得 2016 年分别采用可持续发展评价指标体系（附表 1）与生态文明建设指标体系（附表 2）评估我国各省区市的结果。其中采用前者的 26 个指标对 30 个省区市（不含港澳台地区；西藏自治区因数据缺乏未选为研究对象）进行可持续发展评价排名，采用后者的 55 项指标对 31 个省区市（不含港澳台地区）的绿色发展指数进行排名以及开展公众生态环境满意度调查。

可持续发展评价指标体系和生态文明建设指标体系共有了研究与试验发展经费支出与 GDP 比例、市区环境空气质量优良率、环境保护支出与财政支出比、污水处理率、工业固体废物综合利用率、工业危险废物处置率、生活垃圾无害化处理率等 16 项相同或相似的指标。二者的主要差异在于前者还具有社会民生的 10 个指标，而后者具有更多评价资源环境和生态保护的指标，且还有评价绿色生活的 8 个指标。

两个指标体系的排名结果（附表 3 和附表 4）表明：大多数省区市的排名在两个体系中的排名差异不大。譬如，北京、上海和浙江在两个体系中排名均进入前 5 名，而宁夏、新疆、江西在两个体系中排名均位列后 5 名。但有些城市在两个体系中的排名存在显著差异。譬如，天津在可持续发展综合排名第 3 位，公众满意度排名第 10 位，但其绿色发展指数位列倒数第 4 位。此外，云南、广西、甘肃、陕西、内蒙古、辽宁 6 个省在两个体系中的排名差异超过 10 位，其中前三个省的可持续发展综合排名远远落后于绿色发展指数排名，后三个省则与之相反。

四、生态文明建设指标体系的优点和需要完善的问题

通过调研生态文明建设指标体系产生的程序和指标蕴含的内涵，生态文明建设指标体系的优点如下。

（1）坚持"人民是我们党的工作的最高裁决者和最终评判者"，除设立客观测评绿色发展指数的 55 个指标外，还设立了主观调查公众满意程度。从不同角度展示生态文明建设的真实度，彼此补充，辩证施治。

（2）数据来源广泛，且均可追溯和核查。55 项客观评价指标的数据来自国家统计局、国家发展和改革委员会、国家能源局、水利部、国土资源部（现为自然资源部，后余同）、环境保护部等 13 个部门。从数据的搜集、分析到评价的全流程，均可追溯和核查，采用正式公函报送数据。公众满意程度为主观调查指标，由国家统计局组织抽样调查，采用计算机辅助电话调查系统，实行异地调查制度，采取分层多阶段抽样调查方法，随机抽取各地区的公众，询问其对所在地区空气质量、饮用水质量、生活垃圾处理等 14 项指标的满意度。2016 年共收集了 7 万余份数据。

但笔者认为《绿色发展指标体系》还存在如下问题。

（1）不仅仅是一个只含 56 项指标的体系。属于可直接获取的基础性数据指标较少，大多数指标需要经过计算得出。以资源产出率为例，由于自然资源包括土地、水、矿产、生物、能源等，因此该指数需要非常复杂的计算。

（2）一些重要指标未能纳入。譬如，2018 年《中共中央国务院关于全面加强生态环境保护坚决打好污染防治攻坚战的意见》中的两项约束性指标（污染地块安全利用率和生态保护红线面积）未纳入。

（3）一些指标，如公共机构人均能耗降低率，尚缺乏科学的监测手段和计算方法。

（4）未能充分体现不同省区市的主体功能区定位的差异性。我国气候条件、资源存量、经济结构和规模、发展定位等都存在显著的区域差异。采用相同的指标和权数去衡量全国 31 个省区市的生态文明建设水平，差异化的体现仅仅表现为"对有些地区没有的地域性指标，相关指标不参与总指数计算，其权数平均分摊至其他指标"。这种因区域差异性而导致部分数据缺失，采用数学方法加以处理会导致产生较大误差；还可能导致政府部门不顾区域差异，过度迎合指标要求，最终导致决策偏差。

此外，通过对公布的 2016 年 31 个省区市的考核结果分析，笔者认为该指标体系存在如下问题。

（1）落实《生态文明建设目标评价考核办法》的制度不严格。按照该考核办法的第七条和第八条规定，"年度评价应当在每年 8 月底前完成"和"评价结果应当向社会公布"，但在公众数据库中仅能查询到《2016 年生态文明建设年度评价结果公报》（2017 年 12 月发布）。2017 年至 2019 年的生态文明建设年度评价结果未见公开报道。

（2）年度评价结果出现诸多矛盾的地方。首先表现为同一城市，通过客观数据计算获得的绿色发展指数的排名与主观调查指标公众满意程度排名存在显著矛盾的地方。以北京为例，其绿色发展指数排第 1 位，但公众满意程度位列倒数第 2 位。分析其原因，主要在于北京 2016 年空气质量不佳（全年重污染日 39 天，PM2.5 年均浓度为 73 微克/立方米，超国家标准 1.09 倍），导致公众满意程度低。此外，上海绿色发展指数排第 4 位，但公众满意程度位列倒数第 9 位；西藏的绿色发展指数位列倒数第 2 位，而公众满意程度则位列第 1 位。其次表现在同一城市，绿色发展指数中性质相似的分项之间存在矛盾。以北京市为例，其环境治理指数排名第 1，但环境质量指数排名 28 位。这表明环境质量的改善是一个长期治理过程，需要各个地区从调整经济结构、严控环境污染、加大环境治理等多角度共同发力，不断推进。

五、设立科学合理的生态文明建设评价指标体系的建议

构建一套能被社会普遍认可的指标体系是一项长期而艰巨的系统工程。为了建立更科学合理的生态文明建设评价指标体系，笔者粗浅建议如下。

（一）增加公众环境获得感相关指标的权重

目前《绿色发展指标体系》中，与公众感受密切相关、或公众关注度最高的环境质量和生态保护的权重分别为 19.3% 和 16.5%，二者相加的权重刚刚超过 1/3。这是北京等省区市绿色发展指数排名与公众满意程度排名相差甚远的原因。尽管公众的直观感受有时是片面的，但也表明政府在某个方面的工作存在较大问题。因此，建议增加与公众环境获得感相关指标的权重，保障不再出现评价结果与民众实际感受相背离的现象。

（二）针对各主体功能区的定位，制定差别化指标体系

2010 年国务院印发的《全国主体功能区规划》指出："按开发方式，分为优化开发区域、重点开发区域、限制开发区域和禁止开发区域；按开发内容，分为城市化地区、农产品主产区和重点生态功能区"。指标体系的建立及考核的重点应该依据不同主体功能区生态环境的特点及生态文明建设的要求而有所差异。为提高考核的针对性和导向性，建议针对各主体功能区的定位，制定差别化指标体系。

（三）加强生态文明建设评价指标与可持续发展目标指数之间相衔接

自 2016 年起每年会发布全球 160 多个国家的可持续发展目标指数，

并进行排名。为更好在国际上展现我国生态文明建设的成效,加强"四个自信",建议加强生态文明建设评价指标与联合国可持续发展目标指数之间的衔接。

(四)搭建自然资源和生态环境数据信息平台

科学公正的评估需要准确客观的自然资源和生态环境的基础性数据的支撑。在 2018 年国务院机构改革之前,对资源环境数据的监测、统计、分析涉及多个政府部门,不同部门在一些数据上调查口径不统一、数据信息不共享。因此,建议搭建自然资源和生态环境数据信息平台,及时汇总集成和关联分析数据,实现共享。

(五)回溯录入 20 世纪的自然资源和生态环境数据,作为基准

在科技部或其他行业部门的资助下,科研人员通过调查、监测获得了大量资源和生态环境数据,这些海量的数据沉淀在科研人员记录本和电脑中。那么,应如何评价一个生态系统是否健康?以长江生态系统为例,2021 年 1 月实施"长江十年禁渔"以恢复长江流域的水生生物资源。其实施效果需要跟 20 世纪长江资源未衰退前进行比较。因此,建议在自然资源和生态环境数据信息平台中回溯录入 20 世纪的自然资源和生态环境数据,作为生态系统健康与否的基准。

(六)加强卫星遥感、人工智能等技术的应用,实现实时和全程监控

近年来,卫星遥感、大数据、人工智能等技术快速发展,为构建真实准确、信息共享的生态环境监测网络提供了技术支撑,生态质量监测网络已初具规模。建议进一步强化卫星遥感、人工智能等高新技术应用,并实现自然资源部、水利部、农业农村部等各个部门的网络共建和数据共享。

参 考 文 献

陈健鹏:《生态文明建设目标责任体系及问责机制:演进历程、问题和改进方向》,《重庆理工大学学报(社会科学)》2020年第34期,第1—9页。

陈盼、施晓清:《基于文献网络分析的生态文明研究评述》,《生态学报》2019年第39期,第3787—3795页。

杜丽群、陈阳:《新时代中国生态文明建设研究述评》,《新疆师范大学学报(哲学社会科学版)》2019年第40期,第71—81页。

李昌凤:《完善我国生态文明建设目标评价考核制度的路径研究》,《学习论坛》2020年第3期,第89—96页。

王军、郭栋、张焕波,等:《中国可持续发展评价指标体系研究 2018 年度报告》,社会科学文献出版社2018年版。

余栋、程炜烨:《马克思主义视阈下我国生态文明评价体系研究》,《重庆社会科学》2020年第9期,第35—45页。

张泽宇:《基于解决区域差异性的生态文明建设评价指标体系研究》,北京林业大学2019年硕士论文。

周宏春、宋智慧、刘云飞,等:《生态文明建设评价指标体系评析、比较与改进》,《生态经济》2019年第8期,第213—222页。

附表 1 中国可持续发展评价指标体系

一级指标（权重）	二级指标	三级指标（*代表目前难以获得数据,但期望未来加入的指标）	单位	指标数
经济发展（15分）	创新驱动	科技进步贡献率*	%	1
		研究与试验发展经费支出与GDP比例	%	2
		每万人口有效发明专利拥有量	件	3
	结构优化	高技术产业增加值与工业增加值比例	%	4
		信息产业增加值与GDP比例	%	5
	稳定增长	GDP增长率	%	6
		城镇登记失业率	%	7
		全员劳动生产率	元/人	8
社会民生（15分）	教育文化	财政性教育经费支出占GDP比例	%	1
		劳动年龄人口平均受教育年限	年	2
		万人拥有公共文化设施面积(个数)	平方米	3
	社会保障	基本社会保障覆盖率	%	4
		人均社会保障财政支出	元	5

续表

一级指标（权重）	二级指标	三级指标（*代表目前难以获得数据，但期望未来加入的指标）	单位	指标数
社会民生（15分）	卫生健康	人口平均预期寿命	岁	6
		卫生总费用占GDP比重	%	7
		每万人拥有卫生技术人员数	人	8
	均等程度	贫困发生率	%	9
		基尼系数*		10
消耗排放（25分）	土地消耗水消耗能源消耗	单位建设用地面积二、三产业增加值	万元/平方公里	1
		单位工业增加值水耗	立方米/万元	2
		单位CDP能耗	吨标煤/万元	3
	主要污染物排放	单位GDP主要污染物排放（单位化学需氧量排放、氨氮二氧化硫、氮氧化物）	吨/万元	4
			吨/万元	5
			吨/万元	6
			吨/万元	7
	工业危险废物产生量	单位GDP危险废物排放	吨/万元	8
	温室气体排放	非化石能源占一次能源比例	%	9
		碳排放强度*	吨二氧化碳/万元	10
资源环境（20分）	国土资源	人均碳汇*	吨二氧化碳	1
		人均绿地（含森林、林木、草原、耕地、湿地）面积	亩	2
		土壤调查点位达标率	%	3
	水环境	人均水资源量	立方米	4
		水质指数	%	5
	大气环境	市区环境空气质量优良率	%	6
		监测城市平均PM2.5年均浓度	微克/立方米	7
	生物多样性	生物多样性指数*		8
治理保护（25分）	治理投入	生态建设资金投入与GDP比*	%	1
		环境保护支出与财政支出比	%	2
		环境污染治理投资与固定资产投资比	%	3
	废水利用率	再生水利用率	%	4
		污水处理率	%	5

续表

一级指标（权重）	二级指标	三级指标（*代表目前难以获得数据，但期望未来加入的指标）	单位	指标数
治理保护（25分）	固体废物处理	工业固体废物综合利用率	%	6
	危险废物处理	工业危险废物处置率	%	7
	垃圾处理	生活垃圾无害化处理率	%	8
	废气处理	废气处理率	%	9
	减少温室气体排放	碳排放强度年下降率*	%	10
		能源强度年下降率	%	11

资料来源：中国可持续发展评价指标体系研究2018年度报告

附表2 《绿色发展指标体系》

一级指标	序号	二级指标	计量单位	指标类型	权数（%）	数据来源
一、资源利用（权数=29.3%）	1	能源消费总量	万吨标准煤	◆	1.83	国家统计局、国家发展和改革委员会
	2	单位GDP能源消耗降低	%	★	2.75	国家统计局、国家发展和改革委员会
	3	单位CDP二氧化碳排放降低	%	★	2.75	国家发展和改革委员会、国家统计局
	4	非化石能源占一次能源消费比重	%	★	2.75	国家统计局、国家能源局
	5	用水总量	亿立方米	◆	1.83	水利部
	6	万元GDP用水量下降	%	★	2.75	水利部、国家统计局
	7	单位工业增加值用水量降低率	%	◆	1.83	水利部、国家统计局
	8	农田灌溉水有效利用系数	—	◆	1.83	水利部
	9	耕地保有量	亿亩	★	2.75	国土资源部
	10	新增建设用地规模	亿亩	★	2.75	国土资源部
	11	单位GDP建设用地面积降低率	%	◆	1.83	国土资源部、国家统计局
	12	资源产出率	万元/吨	◆	1.83	国家统计局、国家发展改革委

续表

一级指标	序号	二级指标	计量单位	指标类型	权数（%）	数据来源
一、资源利用（权数=29.3%）	13	一般工业固体废物综合利用率	%	△	0.92	环境保护部、工业和信息化部
	14	农作物秸秆综合利用率	%	△	0.92	农业部
二、环境治理（权数=16.5%）	15	化学需氧量排放总量减少	%	★	2.75	环境保护部
	16	氨氮排放总量减少	%	★	2.75	环境保护部
	17	二氧化硫排放总量减少	%	★	2.75	环境保护部
	18	氮氧化物排放总量减少	%	★	2.75	环境保护部
	19	危险废物处置利用率	%	△	0.92	环境保护部
	20	生活垃圾无害化处理率	%	◆	1.83	住房城乡建设部
	21	污水集中处理率	%	◆	1.83	住房城乡建设部
	22	环境污染治理投资占GDP比重	%	△	0.92	住房城乡建设部、环境保护部、国家统计局
三、环境质量（权数=19.3%）	23	地级及以上城市空气质量优良天数比率	%	★	2.75	环境保护部
	24	细颗粒物（PM2.5）未达标地级及以上城市浓度下降	%	★	2.75	环境保护部
	25	地表水达到或好于Ⅲ类水体比例	%	★	2.75	环境保护部、水利部
	26	地表水劣Ⅴ类水体比例	%	★	2.75	环境保护部、水利部
	27	重要江河湖泊水功能区水质达标率	%	◆	1.83	水利部
	28	地级及以上城市集中式饮用水水源水质达到或优于Ⅲ类比例	%	◆	1.83	环境保护部、水利部
	29	近岸海域水质优良（一、二类）比例	%	◆	1.83	国家海洋局、环境保护部
	30	受污染耕地安全利用率	%	△	0.92	农业部
	31	单位耕地面积化肥使用量	千克/公顷	△	0.92	国家统计局
	32	单位耕地面积农药使用量	千克/公顷	△	0.92	国家统计局
四、生态保护（权数=16.5%）	33	森林覆盖率	%	★	2.75	国家林业局
	34	森林蓄积量	亿立方米	★	2.75	国家林业局
	35	草原综合植被覆盖度	%	◆	1.83	农业部
	36	自然岸线保有率	%	◆	1.83	国家海洋局
	37	湿地保护率	%	◆	1.83	国家林业局、国家海洋局

续表

一级指标	序号	二级指标	计量单位	指标类型	权数（%）	数据来源
四、生态保护（权数=16.5%）	38	陆域自然保护区面积	万公顷	△	0.92	环境保护部、国家林业局
	39	海洋保护区面积	万公顷	△	0.92	国家海洋局
	40	新增水土流失治理面积	万公顷	△	0.92	水利部
	41	可治理沙化土地治理率	%	◆	1.83	国家林业局
	42	新增矿山恢复治理面积	公顷	△	0.92	国土资源部
五、增长质量（权数=9.2%）	43	人均GDP增长率	%	◆	1.83	国家统计局
	44	居民人均可支配收入	元/人	◆	1.83	国家统计局
	45	第三产业增加值占GDP比重	%	◆	1.83	国家统计局
	46	战略性新兴产业增加值占GDP比重	%	◆	1.83	国家统计局
	47	研究与试验发展经费支出占GDP比重	%	◆	1.83	国家统计局
六、绿色生活（权数=9.2%）	48	公共机构人均能耗降低率	%	△	0.92	国管局
	49	绿色产品市场占有率（高效节能产品市场占有率）	%	△	0.92	国家发展改革委、工业和信息化部、质检总局
	50	新能源汽车保有量增长率	%	◆	1.83	公安部
	51	绿色出行（城镇每万人口公共交通客运量）	万人次/万人	△	0.92	交通运输部、国家统计局
	52	城镇绿色建筑占新建建筑比重	%	△	0.92	住房城乡建设部
	53	城市建成区绿地率	%	△	0.92	住房城乡建设部
	54	农村自来水普及率	%	◆	1.83	水利部
	55	农村卫生厕所普及率	%	△	0.92	国家卫生计生委
七、公众满意程度	56	公众对生态环境质量满意程度	%	—	—	国家统计局

附表3　采用中国可持续发展评价指标体系计算的2016—2017年省级可持续发展综合排名情况

省份	2016年	2017年	省份	2016年	2017年
北京	1	1	江苏	5	4
上海	2	2	天津	3	5
浙江	4	3	广东	8	6

续表

省份	2016年	2017年	省份	2016年	2017年
重庆	6	7	河北	25	19
山东	11	8	吉林	14	20
福建	10	9	江西	24	21
安徽	21	10	云南	22	22
湖北	9	11	四川	16	23
河南	18	12	山西	27	24
湖南	17	13	辽宁	15	25
内蒙古	12	14	宁夏	30	26
陕西	7	15	黑龙江	23	27
贵州	20	16	青海	19	28
广西	26	17	甘肃	29	29
海南	13	18	新疆	28	30

附表4　2016年生态文明建设年度评价结果公报

地区	绿色发展指数	资源利用指数	环境治理指数	环境质量指数	生态保护指数	增长质量指数	绿色生活指数	公众满意程度
北京	1	21	1	28	19	1	1	30
福建	2	1	14	3	5	11	9	4
浙江	3	5	4	12	16	3	5	9
上海	4	9	3	24	28	2	2	23
重庆	5	11	15	9	1	7	20	5
海南	6	14	20	1	14	16	15	3
湖北	7	4	7	13	17	13	17	20
湖南	8	16	11	10	9	8	25	7
江苏	9	2	8	21	31	4	3	17
云南	10	7	25	5	2	25	28	14
吉林	11	3	21	17	8	20	11	19
广西	12	8	28	4	12	29	22	15
广东	13	10	18	15	27	6	6	24

续表

地区	绿色发展指数	资源利用指数	环境治理指数	环境质量指数	生态保护指数	增长质量指数	绿色生活指数	公众满意程度
四川	14	12	22	16	3	14	27	8
江西	15	20	24	11	6	15	14	13
甘肃	16	6	23	8	25	24	23	11
贵州	17	26	19	7	7	19	26	2
山东	18	23	5	23	26	10	8	16
安徽	19	19	9	20	22	9	23	21
河北	20	18	2	30	13	25	19	31
黑龙江	21	25	25	14	11	18	12	25
河南	22	15	12	26	24	17	10	26
陕西	23	22	17	22	23	12	21	18
内蒙古	24	28	16	19	15	23	13	22
青海	25	24	30	6	21	30	30	6
山西	26	29	13	29	20	21	4	27
辽宁	27	30	10	18	18	28	29	28
天津	28	12	6	31	30	5	7	29
宁夏	29	17	27	27	29	22	16	10
西藏	30	31	31	2	4	27	31	1
新疆	31	27	29	25	10	31	18	12

注：本表中各省区市按照绿色发展指数值从大到小排序。若存在并列情况，则下一个地区排序向后递延

作者：周莉，中国科学院水生生物研究所。

科技成果转化

基础研究支撑国家现代产业体系构建

《中华人民共和国国民经济和社会发展第十四个五年规划和2035年远景目标纲要》中提出："构建实体经济、科技创新、现代金融、人力资源协同发展的现代产业体系"。现阶段，国内外环境发生深刻变革，我国面临着前所未有的机遇与挑战。一方面，科技高速发展带来的新理论和新技术层出不穷，推动了产业不断发展与变革。另一方面，国际形势复杂多变，世界经济发展前景不明，霸权主义、单边主义等时刻威胁着我国的国家安全与经济发展。近年来，美国限制芯片、计算光刻技术等新兴高科技产品和技术的出口，对我国相关高科技产业的发展造成巨大冲击，也暴露了我国一些重要的产业链存在关键环节缺失的短板。把握时代发展大方向，围绕国家安全和战略发展需求，建设高质量的产业体系，是我国在新的历史时期持续高质量发展的重要保障。

基础研究是整个科学体系的源头，是所有技术问题的"总开关"。合理布局基础研究并促进技术创新，是构建现代产业体系的重要支撑。习近平在2020年9月11日科学家座谈会上提到，我国面临的很多"卡脖子"技术问题，根子还是基础理论研究跟不上，源头和底层的东西没有搞清楚。为此，党的十九大报告明确提出："要瞄准世界科技前沿，强化基础研究，实现前瞻性基础研究、引领性原创成果重大突破。加强应用基础研究，拓展实施国家重大科技项目，突出关键共性技术、前沿引领技术、现代工程技术、颠覆性技术创新。"[①]

本文将着重分析基础研究对现代产业体系的重要作用、我国现阶段基础

---

① 习近平：《习近平谈治国理政》第3卷，外文出版社2020年版，第24—25页。

研究存在的问题等,并就如何加强基础研究来支撑国家现代产业体系构建进行论述。

一、基础研究对现代产业体系的重要作用

（一）基础研究是科技自立自强的重要保障

从 2016 年开始的"中兴事件"以及"华为事件"可以看出,我国的科技创新仍然不足以全面支撑迫在眉睫的产业转型与升级,很多"买不来,讨不来"的核心技术还没有完全掌握。那些我们没有掌握的核心技术、我们造不出的核心元件,就像高悬于头顶的达摩克利斯之剑,在一定程度上威胁着我国的产业安全。因此,只有实现高水平科技自立自强,掌握核心技术,才能保证产业体系的现代化进程。做好基础研究,提升基础创新能力,是实现高水平科技自立自强的重要保障。

（二）基础研究是应用研究和重大创新的源头

自由探索基础研究不以特定应用方向为目标,主要探索自然规律和发展创新科学方法；应用基础研究以实现特定用途为目标,利用已有知识,提出解决问题的整体思路和方案。基础研究是重大的、投入产出比效益最高的颠覆性技术创新不可或缺的基础。据美国国家科学基金会（National Science Foundation，NSF）公布的信息,当今世界上 60 个最具影响力的技术发明,早期都曾接受过 NSF 的资助,其中包括互联网、3D 打印、现代药物、量子计算机、移动通信、气象卫星、全球定位系统、数码相机和人类基因组知识等。

因此,加强基础研究是提高我国原始性创新能力、积累智力资本的重要途径,是跻身世界科技强国的必要条件,是建设创新型国家的根本动力和源泉。

二、我国现阶段基础研究存在的问题

近年来,我国基础研究整体水平显著提高,初步实现从普遍跟踪向局部领先和原始性创新、从量的扩张向质的提高转变,初步形成了较为完整的学科布局,一批新兴交叉学科得到快速发展,若干领域已进入世界先进行列。但是,与世界先进水平相比还存在一些差距,特别是原始性创新成果还相对较少。存在的主要问题包括:研究经费投入不足、产业转化率较低、创新环境仍需改善等。

(一)研究经费投入不足

基础研究经费投入不足,主要指基础研究经费金额不高且占 R&D 经费比重较低的现象。《2019 年全国科技经费投入统计公报》显示,2019 年我国 R&D 经费总投入为 22 143.6 亿元,R&D 经费投入强度(与 GDP 之比)为 2.23%。其中,基础研究经费为 1335.6 亿元,占 R&D 经费比重为 6.0%,而这一比重在发达国家普遍高于 15%。

(二)产业转化率较低

我国基础研究存在的另一个问题是向产业应用转化的效率较低。《2017 年高等学校科技统计资料汇编》显示,2017 年我国各高校专利授权总数为 229 458 项,而仅有 4803 项进行了合同形式的转让,转化率仅为 2.1%,即使放宽统计条件,我国每年的科技成果转化率也仅为 10%~15%。基础研究向产业应用转化的低效率,与我国目前缺乏有效的科研成果管理和转化机制有很大关系。我国目前尚未建成以需求为导向的基础研究到产业转化的全链条式管理机制,基础研究向产业转化不畅,周期较长。其内在的可能原因有:一是我国基础研究与产业创新分离,很多从事基础研究的科学家不了解国家和产业的需求;二是过去大量长期从事应用基础研究与技术开发的科研院所转制为企业后,越来越倾向于以短期效益为中心,连接基础研究与产业应用之间的纽带和桥梁作用被弱化;三是企业研发能力弱,难以吸收大学和科研院所的科研成果并有效转化，最终无法利用外部知识实现核心技术突破。

（三）创新环境仍需改善

基础研究的创新环境仍有待改善，科学争鸣和学术批评的氛围亟待加强，急功近利的学术作风仍然存在，学术失范行为仍偶有发生。这些问题在不同程度上影响了我国基础研究的健康发展，制约着我国原始性创新能力的提高。

三、国内外促进基础研究转化为产业体系的成功经验

由于科学研究及其成果的应用发展方向具有不确定性，从基础研究成果到商业化应用还需要大量的研究和投入。各国都采取多种方式，推动大学和政府科研机构的科研成果向应用转化。

（一）莫德纳公司的创立与发展

mRNA 疫苗技术与莫德纳公司的创立与发展经历，正是基础研究推动技术创新，支撑创新产业形成和发展的经典成功案例。莫德纳公司的成功至少带给我们两个方面的启示。一方面，莫德纳公司的成功离不开长期基础研究的积累和成果。20 世纪 90 年代初，美国科学家 Wolff 发现 mRNA 注射入小鼠骨骼肌中能产生相应的蛋白，使得利用 mRNA 构建药物平台成为可能，打开了技术创新的大门。同时，不断的基础研究积累逐渐补齐了 mRNA 技术的短板，使该技术实现产品化及量产，并逐步分化成为新兴的产业链。从初创期到现在，莫德纳公司一直没有放松基础研究和后期研发，正是其在基础研究成果上的不断创新和积累，使公司保持了 mRNA 技术的完整性，避免了专利与知识产权上的掣肘，并通过持续的技术创新支撑产品研发，使莫德纳公司在 mRNA 疫苗领域始终保持领先，最终使莫德纳公司在新冠病毒 mRNA 疫苗研发中一马当先，率先

实现新冠病毒 mRNA 疫苗的成功上市。另一方面，资金投入在莫德纳公司从创立到成功的过程中起到了重要作用。2011 年，哈佛大学医学院和麻省理工学院的三位科学家和生物医疗风投机构 Flagship Pioneering 共同创办了莫德纳公司。成立初期，Flagship Pioneering 为莫德纳公司的研发提供了资金支持，后期的多轮融资为 mRNA 疗法在肿瘤、疫苗、代谢疾病、免疫治疗、罕见病等诸多领域的应用研究提供了充足的研发资金，加速了该技术的商业化转化和应用。

（二）SOI 技术的发展经历

中国科学院上海微系统与信息技术研究所（以下简称上海微系统所）SOI（Silicon-on-insulator，绝缘体上硅）技术的发展经历，是基础研究与企业紧密结合推动产业化进程的成功案例。SOI 被认为是新一代集成电路制程中的三大技术之一，上海微系统所在 20 世纪 80 年代，基于离子注入技术开始从事 SOI 材料的基础研究。1998 年 IBM 公司宣布采用该技术，并将其带入民用化阶段时，中国科学院已在该领域开展基础研究近 20 年，具备了一定的工程化和产业化基础。上海微系统所的 SOI 项目在进入中国科学院创新工程后，重点突破了 SOI 材料工程化的离子注入、高温退火等 SOI 材料制备成套的关键技术，在国际上独创地将键合和注氧隔离技术相结合的注氧键合 SOI 等新技术。2001 年上海微系统所的 SOI 研究成果以无形资产作价入股上海新傲科技股份有限公司的方式成功实现产业化，产品包括 200mm 及以下外延片和 SOI 硅片，是中国率先实现 SOI 晶圆片产业化的企业，从根本上解决了我国 SOI 材料"有无"的问题。从 2014 年至 2019 年，经过上海微系统所与孵化企业持续的协同创新，进一步实现了商业化 300mm（12 英寸）半导体硅片的量产，彻底改变了过去我国 300mm 半导体硅片完全依赖进口的困境，国产化的 300mm 硅片产品已广泛用于存储器芯片、逻辑芯片等集成电路产业，解决了集成电路原材料的"卡脖子"难题。2020 年 4 月，上海微系统所发起成立的上海硅产业集团在科创板成功上市。

四、推动基础研究成果转化的建议

（一）政府需要持续加大基础研究投入

现代社会的科技创新，不是某个发明天才在实验室里靠突然的灵感就能获得的，而必须经过长期的技术积累。在孕育未来变革性技术的基础研究阶段持续需要政府投入大量资金。比如，在制药领域，美国有2/3的最具创新性的新药，最早是由美国国立卫生研究院资助的。在IT领域，谷歌的算法是由NSF资助的，苹果智能语音助手SIRI是由美国国防部高级研究计划局资助研发的，GPS系统是由美国海军资助研发的，触摸屏技术是由美国中央情报局资助研发的。可以说，高新技术产业的大部分技术，都离不开政府对基础研究和应用基础研究的大力资助。

在现代社会，政府本身就是创新的主体和推动创新的引擎，是社会价值创造的重要力量。未来国家之间的实力竞争，不仅取决于企业的创新能力，更取决于政府对前沿技术的预见能力及创新能力。2018年，国务院印发的《关于全面加强基础科学研究的若干意见》指出："加大中央财政对基础研究的支持力度，完善对高校、科研院所、科学家的长期稳定支持机制。"2020年8月发布的《2019年全国科技经费投入统计公报》显示，2019年我国基础研究经费为1335.6亿元，比上年增长22.5%，占研究与试验发展经费的6.0%，这是基础研究经费占比首次突破6%，增幅显著。科技部表示，在"十四五"期间，我国基础研究经费投入占R&D经费投入比重有望达到8%。

探索构建多途径科研经费支持体系，鼓励社会资本对基础科研的支持。国务院印发的《关于全面加强基础科学研究的若干意见》指出："建立基础研究多元化投入机制……采取政府引导、税收杠杆等方式，落实研发费用加计扣除等政策，探索共建新型研发机构、联合资助、慈善捐赠等措施，激励企业和社会力量加大基础研究投入。"

（二）构建产业知识图谱，完善选题机制，提高基础研究质量

以国家产业发展需求和战略规划为导向，构建产业知识图谱，弄清产业链中各环节研究现状、找出薄弱环节、优化科学布局，明确资助导向，建立完善的资助体制体系，是加强基础研究、推动技术创新、将技术创新与国家产业发展相结合以及最终建立现代产业体系的必要条件。

产业知识图谱由科研图谱、产业图谱和产业链三部分组成。科研图谱部分可以抽象为"科研方向""研究成果""依托单位/科研人员"三个要素，这三个要素可以分别构成单独的网络结构。科研方向网络在产业发展需求的指导下，将各个科研领域详细划分，形成一个网络结构；研究成果基于项目关键词进行映射，构成一个网络，其节点为项目研究成果；而第三个要素为依托单位/科研人员，即对科研人员及单位进行精准画像，是后续成果评价和经费配置导航的重要依据，也是精准匹配科研人员的基础。将以上三个要素网络进行有机融合，形成一个完整的网络，其中主要包括科研方向与成果网络的关联耦合，以及成果与依托单位或科研人员的关联耦合。

产业图谱是产业知识图谱的重要组成部分。通过汇集对产业发展起决定性影响的产业要素，包括全球几亿家企业、数亿件专利及论文等科研成果、数亿种产品装备及零部件数据、上千万科研及产业人才，以及百亿级的要素之间关系等数据，绘制产业图谱，其中包括企业、人才、技术、产品、资本和政策六大要素。涵盖从需求端到各产业环节，包括基础软件、基础工艺、基础材料、基础装备、基础零部件等产业基础能力之间的关联。产业图谱中所蕴含的技术生命周期、产业发展周期和市场演化趋势等，对于科学研究具有重要的指导意义。

产业链是由行业标签、技术标签和科研方向标签以人机结合的方式拆解而成的产业标签体系，是连接科研图谱和产业图谱的纽带。通过将产业图谱中的各要素打上产业标签和技术标签，并进一步精细化拆解到科研方向标签，建立与科研图谱的关联关系，实现基础研究到产业的有效对接。细化每个节点所对应的科学工作，并对应相应的基础研究。这样可以通过对产业链进行系统分析，全面了解产业链中各环节的研究现状，发现我国

现有的技术优势与薄弱环节，凝练出科学和技术问题并进行重点研究，解决产业链中的"卡脖子"技术。通过挖掘并建立各产业要素之间的关联，可以识别企业和科研院所之间的关系，促进科技成果转化，也可以拉近资本和科研机构之间的关系，促进科技成果商业化。除此之外，还应该面向世界科技前沿新热点、聚焦事关国家安全与发展的重大创新领域构建产业知识图谱，对新兴高科技产业进行系统性梳理，把握发展新动向，提前布局，发挥我国社会主义制度优势，集中力量办大事，争取在创新产业领域进入"领跑"位置。

（三）发挥企业在基础研究及其转化中的作用

企业作为产业发展和科技创新的主体，对产业链中的"卡脖子"领域有着最直接和最深刻的认识，鼓励企业与科研机构联合投入基础研究，有利于对产业链薄弱环节进行"精确打击"，提升产业发展核心竞争力。习近平对科技创新和成果转化工作多次做出指示，明确提出："要发挥企业在技术创新中的主体作用，使企业成为创新要素集成、科技成果转化的生力军，打造科技、教育、产业、金融紧密结合的创新体系"[①]。落实到企业，就是要搭建"技术、项目、人才、资金"体系，整合企业、科研院所与政府等多方资源，推动科技成果转化。

项目和技术方面，贯通"研究中心（科研院所）—成果转化中心—产业（企业）—落地项目"产业链，以技术需求带动技术供给，推动科技成果产业化。企业组织打造创新平台，牵头组建专业化的成果转化中心，包含不限于联合成立实验室、协同创新中心、工程技术中心等形式。成果转化中心在联合申报科技项目、集成技术转移转化、创新创业服务、项目推广等方面发挥核心纽带平台作用，组织参与地方及企业技术或项目咨询规划、前期调研及可行性研究、技术资源协同整合、项目验收及落地推广对接等科技成果转移转化全价值链服务。面向研究中心，开展技术及项目筛

---

① 中共中央宣传部编：《习近平重要讲话单行本（2020年合订本）》，人民出版社2021年版，第76—77页。

选等工作，按照技术不同发展阶段性质，建立各类待转化成果库或科技项目库；面向企业及地方，深度挖掘合作需求，建设系统完备的交流对接平台，促进技术项目中试基地建设及产业项目推广，提升科技成果转移转化效率。

人才方面，企业围绕成果转化打造技术转化人才联盟，以行业领军人才引领科技研发，以复合型技术转化人才推进产业化项目落地，进一步加强科研院所与企业的合作和人才交流共享。人才联盟设立专家库，选聘专家提供产业化咨询、专业人才培养等服务；设立成果转化人才交流中心，开展成果转化人才专项培训，定期组织技术研发及科技成果转移转化学术交流和论坛，培养兼具知识产权、技术开发、法律财务、企业管理、商业谈判、创新创业等多方面领域知识的复合型人才队伍。

资金方面，企业与科研院所及其他组织共同发起设立成果转化基金，对科技成果进行投资孵化。成果转化基金深度介入科技成果转化全过程，采用差异化的科技金融投资模式推动科技成果产业化。建立科技成果转化金种子基金，激发创新创业活力，助力科技成果落地转化。

（四）加强机制创新促进基础研究转化

通过赋予科研人员职务科技成果所有权或长期使用权实施产权激励，完善科技成果转化激励政策，激发科研人员创新创业的积极性，促进基础研究科技成果的转化。按照科研人员意愿采取转化前赋予职务科技成果所有权（先赋权后转化）或转化后奖励现金/股权（先转化后奖励）的不同激励方式，对科技成果转化进行激励。对其他成果转化相关的横向经费，按研究所相关规定给个人现金奖励，及时足额发放给对科技成果转化做出重要贡献的人员，计入当年本单位绩效工资总量，不受单位总量限制，不纳入总量基数。

探索形成符合科技成果转化规律的国有资产管理模式。进一步解放思想，简政放权。研究所持有的科技成果，简化决定转让、许可或者作价投资审批流程。研究所将科技成果转让、许可或者作价投资给国有全资企业的，优化创新资产评估方式和流程。

在基础研究的科技成果转化取得收益后，鼓励科研人员将成果转化收益继续用于基础研究和新项目研发等科技创新活动。

（五）建立符合科学规律的评价体系和立项方式，助推基础研究质量

在构建成果评价体系的过程中，研究成果的原创性、对解决产业链中"卡脖子"问题的作用、向实际应用转化的潜力、国际前沿指数和人才培养情况是必不可少的指标。因此，在国家产业发展需求导向下，对这些指标进行系统的量化研究，才能最终形成一套能支撑国家产业发展战略的基础研究成果评价体系。自由探索的基础研究以同行评议为主。重点评价研究方向是否符合国家战略、社会需求；研究成果对学科发展有哪些推动和带动作用，是否在科学和工程前沿有新发现和新突破；培养人才和合作研究的效果，以及论文的被引用率等。对国家战略目标导向的基础研究，除了上述评价内容外，还要重点评估设定目标的完成程度。同时，还要进行长期效果跟踪，包括论文被引用情况和成果的产业化应用情况等。例如，NSF通过总结60年来资助过的研究成果所产生的重要社会影响来说明计划执行效果。

转变科研项目的立项方式。自由探索类基础研究有可能会产生颠覆性的创新成果，类似目前的mRNA疫苗技术或CRISPR基因编辑技术，应该持续加大经费投入。对于应用基础研究类项目，应该在立项阶段，更多地征集来自相关产业的科技需求，提高"揭榜挂帅"式的科研项目的比例；在立项后，可将中期检查及结题中引入行业评价。目前我国基础研究更多的是以科技成果转化的形式进行，但这种形式主要是模仿美国斯坦福大学——硅谷模式，其弊端在于科学家做出的成果往往不符合市场需要。深圳在科技促进产业发展中的成功经验表明，源于市场或产品需要的基础研究的成果转化率要远远高于高校或科研院所直接做出来的成果。因此，在立项阶段就引入相关行业，使得待解决的基础问题可在当下或未来用于该

行业的新产品研发和产业升级,将有助于解决基础研究和产业应用的"两张皮"问题,也更能体现党的十九大报告和 2035 年远景目标中所提出的建立社会主义市场经济条件下的新型科技创新体系。

作者:黄延强,中国科学院大连化学物理研究所;赵宇,中国科学院上海微系统与信息技术研究所;王佳家,中国科技出版传媒集团有限公司;关红霞,中科实业集团(控股)有限公司;聂广军,中国科学院国家纳米科学中心;周莉,中国科学院水生生物研究所;王飞,中国科学院成都生物研究所;郑大伟,北京东方中科集成科技股份有限公司;李于,中国科学院上海营养与健康研究所;赵方臣,中国科学院南京地质古生物研究所。

中国高校和科研院所科技成果转化现代化体系构建

一、前言

自 2014 年 11 月，财政部、科技部、国家知识产权局三部委联合启动中央级事业单位科技成果使用、处置和收益管理改革（即"三权"改革）试点以来，国家相关部委相继出台利好政策，大力促进高校及科研院所科技成果转化。利好政策包括对试点中提到的"三权"简政放权至科技成果持有单位，提高成果转化效率；给予科技成果完成人和为成果转化做出重要贡献人员较高比例成果转化收益的奖励，不占绩效工资总额，调动科研人员和管理人员的积极性；推出税收优惠政策，对因科技成果作价入股获得奖励股权的科技人员实行递延纳税，即到股权兑现之日再缴纳个人所得税，科研人员因科技成果转化获得奖励收入所应缴纳的个人所得税实行减半征收；推出科研人员兼职和离岗创业等人事管理制度，用政策保障和鼓励科研人员以兼职或离岗创业等形式促进成果转化。以上改革举措，从整体上对促进我国高校、科研院所科技成果转化工作发挥了重要作用，使得科技成果转化近年来整体呈现上升趋势，2016 年至 2019 年，全国高校、科研院所科技成果转化数量逐年显著递增，分别为 8071 项、10 486 项、11 122 项和 15 035 项；相对应的合同额分别为 80.7 亿元、121.6 亿元、177.2 亿元和 152.4 亿元。

一系列的改革举措大力推动了全国部分高校及科研院所的科技成果

转化工作。从 2019 年对全国 3450 家高校、科研院所成果转化的统计数据来看，全国转化合同总额为 152.4 亿元，其中排名前 100 家的高校和科研院所转化合同总额为 122.5 亿元，意味着另外 3350 家单位的转化合同总额只有约 30 亿元；高校、科研院所的成果转化仅集中在一部分单位，大多数单位的科技成果转化成效不突出，在实际工作中仍然存在障碍。为进一步激发科研人员创新热情，促进科技成果转化，2020 年 5 月科技部等九部委联合印发《赋予科研人员职务科技成果所有权或长期使用权试点实施方案》，2020 年 10 月 12 日科技部印发《赋予科研人员职务科技成果所有权或长期使用权试点单位名单》，确定全国 40 家高校和科研院所开展试点工作。7 年多的实践表明，以上改革举措，都是对促进科技成果转化工作的直接举措，在一定时期内对推动部分高校和科研院所的科技成果转化工作发挥了关键性作用，但对大多数高校和科研院所来讲，犹如隔靴搔痒，治标不治本，并没有深刻认识到科技成果只有转化才能真正实现创新价值、不转化是最大损失的理念，没有触动他们大力推进成果转化的意识和决心。

马克思主义的唯物辩证法思想认为思维和存在统一的基础是实践。解决问题必须回到实践。人们能够在实践中发现规律，能够把对规律的认识转化为目的，并在实践中达到目的，实现目的和规律的统一。习近平在 2021 年 5 月 28 日的两院院士大会、中国科学技术协会代表大会的讲话中对实现高水平科技自立自强提出"五个"要求，强调："推进科技体制改革，形成支持全面创新的基础制度……要重点抓好完善评价制度等基础改革，坚持质量、绩效、贡献为核心的评价导向，全面准确反映成果创新水平、转化应用绩效和对经济社会发展的实际贡献。"[1]

本文通过分析近年来全国高校、科研院所科技成果转化情况，总结归纳取得的成绩与不足，以习近平在 2021 年两院院士大会、中国科学技术协会代表大会上的讲话精神为指引，根据作者从事科技成果转化工作 7 年的

---

[1] 习近平：《在中国科学院第二十次院士大会、中国工程院第十五次院士大会、中国科协第十次全国代表大会上的讲话》，2021 年 5 月 28 日，https://www.12371.cn/2021/05/28/ARTI1622208186296603.shtml。

从业经验，并以所在研究所成果转化工作取得的阶段性进展为实例，提出促进科技成果转化现代化体系构建的建议。

二、中国高校、科研院所科技成果转化的现状

（一）总体情况

根据《中国科技成果转化年度报告 2020》（高等院校与科研院所篇）的分析，总体来看，随着我国促进科技成果转化系列政策法规的逐步落实，我国高校、科研院所科技成果转化已进入稳步发展阶段。2019年，全国3450家高校、科研院所以转让、许可、作价投资方式转化科技成果的合同项数为 15 035 项，连续填报的2760家单位的合同项数比 2018 年增长 32.3%，合同总金额为 152.4 亿元，比 2018 年下降了 19.1%。2019 年到账金额为 44.3 亿元，比 2018 年增长 29.8%。其中，以转让方式转化的科技成果合同项数为9872项，比 2018 年增长 36.0%；以许可方式转化的科技成果项数为 4661 项，比 2018 年增长 30.1%；以作价入股方式转化的科技成果项数为 502 项，比 2018 年下降 4.6%。以转让、许可、作价投资方式转化的科技成果的平均合同额为 101.4 万元，比 2018 年下降 38.8%。科技成果中近四成转化至制造业领域，占合同总额的 38.2%，超六成转化至中小微其他类型企业，占合同总额的 60.3%。科技成果产出合同金额排名前 3 位的省市是上海市、北京市、广东省。承接科技成果转化合同金额排名前 3 位的省市是上海市、广东省、江苏省。

（二）代表性院所成果转化情况

根据《中国科技成果转化年度报告 2018》（高等院校与科研院所篇）、《中国科技成果转化年度报告 2019》（高等院校与科研院所篇）及《中国科技成果转化年度报告 2020》（高等院校与科研院所篇）的统计，中国科学院上海药物研究所（以下简称上海药物所）成果转化合同额在2017—2019年分别位列全国高校及科研院所第 10 位（1.9 亿元，排在第一位的中国科

学院工程热物理研究所6.2亿元)、第2位(16.8亿元,排在第一位的中国科学院工程热物理研究所为19.2亿元)及第1位(17.2亿元,排在第二位的中国科学院深圳先进技术研究院为4.9亿元)。2015—2020年,上海药物所以转让和许可两种方式共转化科技成果61项,合同总金额逾60.0亿元,到位经费5.8亿元。

2015年,上海药物所作为全国20家中央级事业单位科技成果"三权"改革试点单位之一,得以先试先行,率先享受国家政策红利。在试点实施方案的形成过程中,主管部门广泛征求了科研人员的意见,其中对于科技成果转化收益分配的原则,科研人员普遍提出应支持研究所及团队的可持续发展,建议对成果转化收益分配制度规定一个区间,具体由科技成果完成人根据研究团队的实际情况来确定奖励给个人和用于支持研究团队后续发展的比例,这样既考虑激励科技成果完成人,又关注研究团队的可持续发展。经过研究所所务会讨论决策及职工代表大会审议通过后的《上海药物所科技成果转化管理办法》明确规定,对于科技成果转化收入,扣除相应税费等费用后,由科技成果完成人根据研究团队的实际情况,选择个人提奖比例,当个人提奖比例为0~10%时,上海药物所所级提取10%;当个人提奖比例为10%~30%时,上海药物所所级同比例提取;当个人提奖比例为30%~50%时,上海药物所所级按照30%的上限提取;除个人提奖和上海药物所所级提取比例之外的科技成果转化收益全部留归研究团队用以其后续新药研发。根据《中国科技成果转化年度报告》(2018—2020)(高等院校与科研院所篇),在2017—2019年,成果转化个人现金奖励和股份总金额的排名中,上海药物所成果转化个人现金奖励分别位列全国高校及科研院所第63位(1388.7万元,排在第一位的四川大学为3.3亿元)、第59位(2075.2万元,排在第一位的中国科学院工程热物理研究所为9.7亿元)、第36位(3687.3亿元,排在第一位的中南大学为3.0亿元),可见上海药物所的科技成果完成人并没有选择过高比例提取个人奖励。7年来的实践证明,这对上海药物所而言是一个适当、可行的收益分配制度,给予科研人员更多的主动权,既激发了科技创造力和成果转化积极性,也兼顾了研发工作的可持续发展和科技成果的持续产出。

(三)我国高校、科研院所成果转化体系中仍存在的问题

1. 现有政策利好仍未带动大多数高校和科研院所的科技成果转化工作

从2019年对全国3450家高校、科研院所的统计数据来看，全国转化合同总额为152.4亿元，其中排名前100家的高校和科研院所转化合同总额为122.5亿元，说明另外3350家单位的转化合同总额只有约30亿元，这意味着还有97%的高校、科研院所科技成果转化数量较低甚至没有转化。这种现状间接说明，为进一步促进科技成果转化工作，还需要更加深入地推进科技体制改革。

2. 专利转化率低，高水平可产业化的科技成果产出源动力不足

世界知识产权组织发布的《2020世界知识产权指标》显示：我国已成为知识产权大国。2019年，我国国家知识产权局受理的专利申请数达到140万件，连续9年排名全球第一，第二至第五分别为美国（62万件）、日本（31万件）、韩国（22万件）、欧洲（18万件）。2019年，全球有效专利约1500万件，美国最多（310万件），其次是中国（270万件）。然而，我国如此领先的专利数量，具体转化了多少呢？基于教育部《高等学校科技统计资料汇编》、patsnap数据库2008—2017年十年数据等，高校专利出售和专利许可数量之比约为5∶1，结合出售专利数据可以推算中国高校成果转化率约为6%。但有人认为6%的比例也存在高估，因为教育部《高等学校科技统计资料汇编》收录专利信息并不全面，使得专利转让数即分子出入不大，但专利总数即分母相对偏小，而美国高校的科技成果转化率经推算大约在50%左右。

3. 缺乏专业的科技成果价值评估机构

根据我国《促进科技成果转化法》的规定，科技成果持有单位可以自主决定转让、许可或者作价投资，但应当通过协议定价、在技术市场挂牌交易、拍卖等方式确定价格，不再要求在转化前进行价值评估。

事实上，科技成果转化时无论是协议定价、技术市场挂牌或是作价投资，都需要有科学、专业的估值作为确定最终价格的指导。据了解，有很多项目拟以作价投资转化时，科技成果持有单位及科技成果完成人

与投资方或合作方就项目作价金额无法达成共识，苦于没有专业的价值评估机构能够合理地评估作价。此时所需要的专业价值评估机构非目前国内常见的财务背景、具有资质的国有资产评估机构。两者相比最显著的差别是：前者应具备将科技专业知识与财务知识相结合的能力，擅长评估科技成果（无形资产），后者为纯粹财务背景的评估机构，擅长评估有形资产。

4. 缺乏高水平科技成果转化人才队伍

科技成果转化管理需要既懂专业，又懂知识产权、法律、市场需求、投融资、企业运营等知识的复合型人才，只负责履行管理程序的成果转化管理团队无法适应新时期改革发展的要求。而当下对于我国高校、科研院所，无论是内设成果转化主管部门，还是独立运营的资产运营管理公司，或是市场上专门的成果转化转移服务机构，大多还都缺乏上述科技成果转化所需的复合型专业人才。

三、中国高校、科研院所科技成果转化现代化体系构建思考与建议

经过7年的实践证明，为进一步促进高校、科研院所的科技成果转化工作，必须进行更深层次的政策牵引和科技体制改革。各级部门应全面贯彻落实习近平在2021年5月28日两院院士大会的讲话中强调："推进科技体制改革，形成支持全面创新的基础制度……要重点抓好完善评价制度等基础改革，坚持质量、绩效、贡献为核心的评价导向，全面准确反映成果创新水平、转化应用绩效和对经济社会发展的实际贡献。"[1]

---

[1] 习近平：《在中国科学院第二十次院士大会、中国工程院第十五次院士大会、中国科协第十次全国代表大会上的讲话》，2021年5月28日，http://www.cppcc.gov.cn/zxww/2021/05/31/ARTI1622422439957114.shtml?from=groupmessage。

（一）政策及项目牵引基础研究、原始创新立足推动我国经济高质量发展

党的十九大报告提出："我国经济已由高速增长阶段转向高质量发展阶段，正处在转变发展方式、优化经济结构、转换增长动力的攻关期。"[①]党的十九届五中全会指出："经济已由高速增长阶段转向高质量发展阶段"。[②]而创新是引领发展的第一动力，是建设现代化经济体系的战略支撑。可以说，我国正在实施的"创新驱动发展"战略具有"中国的发展要靠科技创新驱动，同时也要求创新的目的应立足于驱动发展"的双重含义。

为更好地实现科技事业发展"面向经济主战场""把论文写在祖国大地上"的时代要求，我们应从科技政策和项目牵引方面做出适应性的改革：①围绕产业链部署创新链，在创新需求征集、项目部署和评估等环节中更多地发挥社会力量和市场的选择作用；②根据基础前沿类、应用研究类、技术推广类项目的不同特点，灵活运用"自由探索""竞争申请""揭榜挂帅"等项目部署方式；③增强科技政策的协调性，建立面向科技成果转化运用的联席规划和管理机制，使科技政策与经济、财税、资产、金融、知识产权等政策充分融合，步调一致。

（二）政策及项目牵引鼓励我国高校和科研院所提高专利申请质量

我国于 1985 年加入的《保护工业产权巴黎公约》是知识产权领域最初的国际准则，是国际知识产权制度的支柱之一。根据该公约，专利属于"工业产权"中的一种。为解决我国以专利为主的知识产权质量总体不高，高价值专利还不够多的现状，培育高质量、高价值专利是深入实施创新驱动发展战略和推动高质量发展，尽快实现我国由知识产权大国向知识产权强国转变的客观要求。

---

① 习近平：《习近平谈治国理政》第 3 卷，外文出版社 2020 年版，第 23 页。
② 中共中央宣传部编：《习近平重要讲话单行本（2020 年合订本）》，人民出版社 2021 年版，第 153 页。

高质量高价值发明专利的不断涌现离不开政策的土壤。近年来，国家知识产权局围绕全面提升专利质量、大力培育高价值核心专利、打击非正常专利申请等方面出台了一系列政策，取得了初步成效。但长期以来，作为我国知识产权创造的最主要来源之一，高校、科研院所专利被赋予了项目结题、职称评定、荣誉奖励等过多的人为附加因素，也导致一些低质量申请、"沉睡专利"的产生，降低了科技创新供给的质量，影响了科技成果转移转化效率。

因此，对于高校、科研院所高质量专利的培育，有必要建立起多部门协同的综合性政策牵引体系，实施供给侧结构性改革。①在重大科技项目立项与部署中，强化专利评议、专利布局的作用；②在科技项目管理中引入从立项到结题、转化的知识产权全过程管理要求和相应的管理工具；③在科技项目考核评估体系中建立专利检索分析、专利质量评价、专利实施许可收益等指标；④剥离高校、科研院所专利申请的各类形式性、荣誉性、经济性附加因素，建立专利申请的评估机制，杜绝缺乏专利性的申请，使知识产权的创造回归"工业产权"本质。

（三）推广评价机制体制改革，政策牵引对人才及高校、科研院所科技创新能力的评价与促进国民经济发展挂钩

2021年8月2日发布的《关于完善科技成果评价机制的指导意见》指出："健全完善科技成果分类评价机制……加快构建政府、社会组织、企业、投融资机构等共同参与的多元评价体系……把科技成果转化绩效作为核心要求，纳入高等院校、科研机构、国有企业创新能力评价，细化完善有利于转化的职务科技成果评估政策。"

围绕指导意见精神，可从以下方面进一步贯彻落实：①强化科技项目的转移转化成效指标和结果导向；②在项目评价中积极吸纳企业、投融资机构的市场化评价先进模型和方法；③改革职务科技成果评估机制，建立真正适应科技成果特点、适应科技成果转化和孵化需求的无形资产评估和管理新方式；④将科技成果转化、带动产业创新发展等绩效与科技人才及

高校、科研院所科技创新能力的评价挂钩。

（四）打造活跃的对早期创新科技成果的风险投资环境，政策牵引鼓励政府基金、私募基金等社会资本关注对早期创新成果的天使投资

2019年，全国高校、科研院所转化的科技成果中超过60%转化至中小微及其他类型企业，而中小微及其他类型企业多为创新企业，需要有积极、活跃的投资环境支持发展。十九届五中全会和"十四五"规划高度强调科技创新、多层次资本市场和国内国外双循环的重大战略意义。创新企业是科技成果转化最活跃的载体之一，却又初入市场，风险最高、现金流条件最差，大量初创企业在"死亡谷"现象中折戟沉沙，天使投资和种子基金的参与成为初创企业成活与发展的关键支持。

促进资本市场与科技创新的良性循环，打通创新链与资本链、价值链，可从以下几方面进一步建立政策支持体系：①以产业引导基金、地方政府基金等发挥示范效应，引领社会资本投入早期创新项目；②发展壮大专门针对科技成果转化类的引导基金；③加强对社会资本投入早期项目的政策扶持；④不断完善科创板、创业板、新三板等多层次的资本市场，优化板块联动，推进注册制改革，优化投资基金的退出获益机制。

作者：关树宏，中国科学院上海药物研究所。

基于企业的科技成果转化机制

当今世界正经历百年未有之大变局,以习近平同志为核心的党中央高度重视科技创新,党的十九届五中全会提出了坚持创新在我国现代化建设全局中的核心地位,把科技自立自强作为国家发展的战略支撑。立足新发展阶段、贯彻新发展理念、构建新发展格局、推动高质量发展,必须深入实施科教兴国、人才强国及创新驱动发展战略,完善国家科技创新体系,加快建设科技强国,实现高水平科技自立自强。

2020 年习近平在科学家座谈会上的重要讲话中指出:"希望广大科学家和科技工作者肩负起历史责任,坚持面向世界科技前沿、面向经济主战场、面向国家重大需求、面向人民生命健康,不断向科学技术广度和深度进军。"[①]

2021 年 5 月,习近平在中国科学院第二十次院士大会、中国工程院第十五次院士大会、中国科协第十次全国代表大会上提出:"创新链产业链融合,关键是要确立企业创新主体地位。要增强企业创新动力,正向激励企业创新,反向倒逼企业创新。要发挥企业出题者作用,推进重点项目协同和研发活动一体化,加快构建龙头企业牵头、高校院所支撑、各创新主体相互协同的创新联合体,发展高效强大的共性技术供给体系,提高科技成果转移转化成效……科技领军企业要发挥市场需求、集成创新、组织平台的优势,打通从科技强到企业强、产业强、经济强的通道。要以企业牵头,

---

① 中共中央宣传部编:《习近平重要讲话单行本(2020 年合订本)》,人民出版社 2021 年版,第 120—121 页。

整合集聚创新资源，形成跨领域、大协作、高强度的创新基地，开展产业共性关键技术研发、科技成果转化及产业化、科技资源共享服务，推动重点领域项目、基地、人才、资金一体化配置，提升我国产业基础能力和产业链现代化水平。"①

中国科学院作为中国自然科学最高学术机构、科学技术最高咨询机构、自然科学与高技术综合研究发展中心，是国家战略科技力量的重要组成部分，要坚持以习近平新时代中国特色社会主义思想为指导，不忘初心、牢记使命，紧密结合、贯彻落实习近平的"四个面向"要求。而作为中国科学院投资的国有企业，更要做好国家战略发展中科技成果产业化的重要支撑，始终牢记作为"国家队""国家人"，必须心系"国家事"，肩扛"国家责"，明确自身定位，聚焦主责主业，努力为科学院科技成果产业化做出贡献，助力国家经济高质量发展。

目前，院所的科技成果转化虽已取得了显著的成绩，但是在转化过程中仍存在可以完善的空间。本文从企业的角度，以问题为导向，阐述企业在科技成果转化过程中的作用，通过企业在科技成果转化中的政策指引，结合实际情况中院企合作中出现的问题，创新性地提出了以企业为主体、搭建科技成果转化平台、形成科技成果转化"三循环"体系，从而加快推进院所科技成果转化进程。

本文立足中国科学院的企业如何推进院内科技成果转化为中心，"科技成果"指的是各院所能够进行产业化的科研项目，即任务导向型应用牵引的基础研究，而机制的探索和研究限于中国科学院范围内，旨在有效发挥中国科学院企业的主责作用，切实推进中国科学院国家战略科技力量的发展。

---

① 习近平：《在中国科学院第二十次院士大会、中国工程院第十五次院士大会、中国科协第十次全国代表大会上的讲话》，2021年5月28日，http://www.cppcc.gov.cn/zxww/2021/05/31/ARTI1622422439957114.shtml?from=groupmessage。

一、企业在科技成果转化中的必要性与可行性

（一）企业推动科技成果转化的必要性

1. 践行马克思主义实践观和毛泽东实事求是思想

马克思主义实践观贯彻了彻底的唯物主义，在实践基础上把自然领域和社会领域辩证地统一起来。马克思主义实践观的本质特征中提出，实践是推动人类社会历史发展的内生性动力。为了生存发展的需要，人们在生产劳动中结合成一定的交往形式，形成了一定的社会生产力和生产关系。实践蕴含于生产力之中，随着人的需要的不断增长，实践发展推动生产力向前发展。当生产关系阻碍实践发展时，人必然通过实践使生产力冲破旧的生产关系束缚而不断释放社会向前发展的动力。因此，实践需要和实践发展是推动社会历史发展的内生性动力。而毛泽东思想的基本点也是实事求是，就是把马克思列宁主义的普遍原理同中国革命的具体实践相结合。实事求是的精神不但在革命和建设时期有重大意义，对于新时代的国家建设依然有重要指导意义，在科技成果转化工作中亦然。

科技成果转化最重要的是要了解推动国家经济发展的科技需求，不能"唯上""唯洋""唯我"，要坚持问题导向，要把科研项目和国家实际产业需要相结合，助力经济高质量发展，推动新时期下加快构建新发展格局。实践是检验真理的唯一标准，企业在科技成果转化中处于面向国民经济主战场的第一线，了解市场需要，了解科技产品在国际上的竞争现状，具有最佳实践的经验和需求，以企业为牵引进行科技成果转化就是马克思主义实践观和实事求是最好的践行。

2. 推进供给侧结构性改革

马克思主义经济学是供给侧结构性改革的理论基础。马克思的《政治经济学批判导言》分析了社会再生产过程中生产、分配、交换和消费四个环节的辩证关系。从马克思的观点来看，虽然在生产和消费的关系上，生产决定消费，但消费对生产有反作用，能促进生产的发展。供给侧结构性改革，重点是解放和发展社会生产力。科技成果转化的过程，本质上是科

学技术供给与产业市场需求对接的过程。科学技术供给的主体根据产业市场的实际需要，研发并设计出符合产业市场需求的新技术和新产品，产业市场会自发为科技成果提供转移转化、价值变现的通道。因此，建立以企业为导向的科技成果产业化机制，是搭建科技与经济之间桥梁渠道的重要方式，也是供给侧结构性改革的重要落脚点。

（二）企业推动科技成果转化的可行性

1. 国家政策支持企业加强科技成果转化的主体作用

《国务院办公厅关于印发促进科技成果转移转化行动方案的通知》指出："发挥市场在配置科技创新资源中的决定性作用，强化企业转移转化科技成果的主体地位，发挥企业家整合技术、资金、人才的关键作用，推进产学研协同创新，大力发展技术市场。完善科技成果转移转化的需求导向机制，拓展新技术、新产品的市场应用空间。"

《国家技术转移体系建设方案》指出："强化需求导向的科技成果供给。发挥企业在市场导向类科技项目研发投入和组织实施中的主体作用，推动企业等技术需求方深度参与项目过程管理、验收评估等组织实施全过程。"

《关于进一步推进中央企业创新发展的意见》指出："支持中央企业发挥创新主体作用。激发中央企业创新发展的内在动力，充分发挥在技术创新决策、研发投入、科研组织和成果转化应用方面的主体作用。"

《国务院办公厅关于支持国家级新区深化改革创新加快推动高质量发展的指导意见》指出："鼓励由优秀创新型企业牵头，与高校、科研院所和产业链上下游企业联合组建创新共同体，建设制造业创新中心，围绕优势产业、主导产业，瞄准国际前沿技术强化攻关，力争在重大'卡脖子'技术和产品上取得突破。"

2020年4月，科技部、财政部印发《关于推进国家技术创新中心建设的总体方案（暂行）》，提出要"健全以企业为主体、产学研深度融合的技术创新体系，完善促进科技成果转化与产业化的体制机制，为现代化经济体系建设提供强有力的支撑和保障"。2020年7月,《国务院办公厅关于提升大众创业万众创新示范基地带动作用进一步促进改革稳就业强动能的实施意见》提出:"鼓励企业示范基地牵头构建以市场为导向、产学研深度融合的创新联合体"。《中共中央关于制定国民经济和社会发展第十四个五年规划和二〇三五年远景目标的建议》中提到:"提升企业技术创新能力。强化企业创新主体地位,促进各类创新要素向企业集聚。推进产学研深度融合,支持企业牵头组建创新联合体,承担国家重大科技项目。"

2. 企业发挥成果转化主体作用的良好现状

根据国家知识产权局发布的《2019年中国专利调查报告》,我国有效专利产业率为32.9%,而科研单位产业化率仅有13.8%,远低于企业的43.8%。中国教育部科技司编撰的《2019年高等学校科技统计资料汇编》显示,全年高校专利授权数共184 934项,专利出售6115项,合同转让数为11 207件。按此计算,科技成果转化率约为9%。相比2015年的不足3%有较大提高,但比起美国50%的转化率,差距悬殊。而当年高校科技经费总支出高达2000多亿元,这些成果转化的收入,仅能覆盖成本的2.5%。

国家知识产权局发布的《2020年中国专利调查报告》中提到,我国有效专利产业率为34.7%,较上年增长1.8个百分点。其中,科研单位产业化率仅有11.3%,较上年降低2.5个百分点,与此同时,企业产业化率为44.9%,较上年增长1.1个百分点。

二、科技成果转化中院企合作的不足之处

(一)创新方面

与发达国家企业作为科研主体不同,我国科研成果主要由高校和科研单位获得,科技经济"两张皮"的问题仍存在。

(1)科技成果转化的信息不对称。缺乏系统的信息交流平台,存在信息新闻多且分析少、内容重复多且前沿少、数据零散且无效等问题。全

国科技成果转化信息网络无法真正形成有效协同，增加了科技成果有效信息的获取难度，影响了科技成果信息交流平台的效度和信度。各院所的专利技术较为分散，缺乏整合分享机制。企业无法直接获得某一领域所需的全面的专利内容，从而导致转化不及时。

（2）科技成果转化的动力有待提高。一是部分科研人员重基础研究轻应用工程，重论文轻转化，对技术的产业市场情况和企业需求缺乏深入了解，转化动力待深度挖掘。二是科技成果质量水平不高，许多成果只是为完成项目、发表论文、申报专利和职称，成果本身转化的价值不高。三是转化主体还需进一步发挥作用。技术转化承接能力且资金实力较强的大企业创新意识不够、动力不足、激励及风控机制不完善，不愿尝试科技成果转化应用。

（3）科技成果转化的政策有待细化。近年来，国家出台了系列关于科技成果转化相关的收益分配、定价机制、税收减免、决策免责等方针政策，但相应落实缺乏细则，提供相关政策服务有限，在实操层面上一定程度地影响了科技成果转化工作的具体落地实施。专业化转移机构平台仍需加强建设。

（4）转化评价机制的改革需深入。一是考核体系不统一，科技成果转化在科研人员的职称评聘等相关考核体系方面没有明确一致的标准。二是科技成果评价规范不足，在立项和验收过程中，对科技成果的技术成熟度、创新度等重视不够。三是无形资产评估难度较大。

（二）人才方面

复合型人才储备不足。科技成果转化的过程中，涉及需要知识产权、技术开发、财务法律、经营管理、商业谈判等方面专业完备的技术转移专业服务能力，才能对科技成果做有效评估与管理，为产业化做好充足有效、及时精准的准备。而目前，我们的科技成果转化专业人才待遇不高、晋升机制不足、从业意愿较低，高水平技术转移专业人才仍较为紧缺，人才队伍尚存在数量不足、能力欠缺的问题。

科研院所的成果转化人员,虽具备科研知识,但对市场缺乏实践经验;企业没能成为技术创新和成果转化的主体,较少设立成果转化机构或技术转移岗位;社会成果转化机构多为提供沟通协调或开展事务性工作,缺乏兼具多种技能的复合型人才。

(三)资金方面

金融支持体系亟待完善。科技成果转化中,各院所尚缺乏再进一步推进产业化、全面资源整合的资金,加之原本转化动力不足,导致科技成果只停留在了论文发表或项目结束后就无法推进了。种子期、初创期的成果对企业而言,投入大、风险高、前景不明朗,观望情绪较重,缺乏资金投入动力。引导资本分类梯次介入科技成果转化的实验研究、小试、中试到产业化全过程,建立多元化、差异化的科技金融投资模式,仍是科技成果转化方面面临的核心问题。

三、科技成果转化中院企合作的完善机制

针对上述科技成果转化过程中的不足之处,落实到企业,从机制建设的角度考虑,可探索搭建"创新流、人才流、资金流"三循环体系,整合企业、科研院所等多方资源,推动科技成果转化。

(一)创新流循环

科技成果转化应有利于实施创新驱动发展战略,促进科技和经济的结合。应当尊重市场规律,发挥企业的主体作用,遵循自愿、共赢、公平、守信的原则,依照国家法律法规和协议约定,共享权益、共担风险。习近平同志指出:"要推动企业成为技术创新决策、研发投入、科研组织和成果转化的主体,培育一批核心技术能力突出、集成创新能力强的创新型

领军企业。"[1]这提示我们，推进科技成果产业化必须把它变成真实的经济活动，遵循市场规律，参与市场竞争，牵住"社会对技术的需要"的"牛鼻子"，让市场在促进转化效率提升上充分发挥作用。

市场导向清晰的科技项目可由企业牵头组织并实施，完善科技成果向企业转移共享的机制。创新流应贯通经济（企业）—成果转化中心—科技（研究所），推动科技成果产业化、实体化发展，以需求带动供给，由企业打造创新平台，牵头组建专业化的成果转化中心暨新型研发机构，是负责提供成果转化全链条、综合性服务的专业机构，包括但不限于联合实验室、产学研基地、协同创新中心、工程中心、研究院等形式。近年来，部分国内企业已着手组建科技成果转化机构，如中国中钢集团有限公司为提高科技成果转化率，将科技成果转化平台公司化，于 2019 年成立中国冶金科技成果转化有限公司，对接科技成果和市场需要，2019 年登记入库科技成果共 91 项，成果产业化率达到 66.3%；国家电网有限公司于 2020 年在北京揭牌成立科技成果孵化转化中心，先后整合内外部知识产权近 10 万件，累计实现技术交易额超 8 亿元。

成果转化中心在联合申报科技项目、技术合作、集成转化、中试试验、创新创业服务、政策法规培训等方面发挥纽带平台作用，参与谋划、组织前期调研和推广对接服务。面向研究中心开展高价值专利筛选等工作，形成待转化成果库或科技项目库；建立企业技术难题竞标等"揭榜挂帅"模式探索，引导科技人员承接企业的难点痛点技术委托和招标，汇广智推动开放式创新；面向企业，采用走访、调研等方式，挖掘合作需求，建设系统完备的信息交流平台，促进科技创新成果的产业化。

（二）人才流循环

人才流是指企业围绕成果转化打造院企人才联盟，以行业领军人才引

---

[1] 习近平：《在中国科学院第二十次院士大会、中国工程院第十五次院士大会、中国科协第十次全国代表大会上的讲话》，2021 年 5 月 28 日，http://www.cppcc.gov.cn/zxww/2021/05/31/ARTI1622422439957114.shtml?from=groupmessage。

领产业化探索与发展；以复合型技术转化人才，支持产业化推进与落地。

院企人才联盟设立专家库，选聘专家提供产业化咨询、指导等服务；设立成果转化研修中心，开展专、兼、挂职成果转化人才培训，培养兼具知识产权、技术开发、财务法律、经营管理、商业谈判等多方面领域知识，既懂科学家又懂企业家，既能和科学家、企业家做项目诊断和落地，又能和投资人商业对话的复合型人才队伍。

2020年3月30日印发的《关于构建更加完善的要素市场化配置体制机制的意见》指出："培育发展技术转移机构和技术经理人。加强国家技术转移区域中心建设。支持科技企业与高校、科研机构合作建立技术研发中心、产业研究院、中试基地等新型研发机构。积极推进科研院所分类改革，加快推进应用技术类科研院所市场化、企业化发展。支持高校、科研机构和科技企业设立技术转移部门。建立国家技术转移人才培养体系，提高技术转移专业服务能力。"

（三）资金流循环

企业与院所及其他组织（包括但不限于地方政府与投资机构）共同发起设立成果产业化基金，对科技成果进行孵化投资。

习近平在中国科学院第十九次院士大会、中国工程院第十四次院士大会上的讲话指出："要加大应用基础研究力度，以推动重大科技项目为抓手，打通'最后一公里'，拆除阻碍产业化的'篱笆墙'，疏通应用基础研究和产业化连接的快车道，促进创新链和产业链精准对接，加快科研成果从样品到产品再到商品的转化，把科技成果充分应用到现代化事业中去。"[①]

打通科技成果转化工作的"最后一公里"，相关基金要关注实验研究、小试、中试到产业化全过程，采用不同的科技金融投资模式，以天使投资、知识产权质押融资、知识产权证券化、科技保险等多样方式助推科技成果

---

① 习近平：《习近平：在中国科学院第十九次院士大会、中国工程院第十四次院士大会上的讲话》，2018年5月28日，https://www.ccps.gov.cn/xxsxk/zyls/201812/t20181216_125694.shtml。

产业化，深化促进科技和金融相结合。

四、结语

党的十九届五中全会提出："坚持创新在我国现代化建设全局中的核心地位，把科技自立自强作为国家发展的战略支撑。"[①]按照以习近平同志为核心的党中央的指示和要求，科技成果转化下一步工作要形成纵向到底、横向贯通的科技成果转化工作体系，让科技成为支撑我国经济发展的核心动力。恩格斯说："社会一旦有技术上的需要，则这种需要就会比十所大学更能把科学推向前进"。[②]以企业为主体牵头推进科技成果转化工作，是马克思主义实践观的最佳践行，能为落实我国供给侧结构性改革提供微观主体动力，还有助于切实有效地提高科技成果转化成效。

目前在科技成果转化过程中，各院所已经积极探索并实践了符合自身特点的科技成果转化模式，取得了一定成效。在此基础上，针对操作层面需要完善的部分，建议要逐渐构建形成"创新流、人才流、资金流"三循环体系，发挥市场需求、协同创新的优势，打通从科技强到产业强、经济强的通道，通过市场需求带动技术创新资源合理有效配置，形成推进科技创新的强大聚合力，促进科技成果转化为现实生产力，推动经济建设和社会发展。

参 考 文 献

黄耀霞：《马克思主义实践观变革及其当代意义》，《光明日报》2019年2月18日。
袁驰：《中央企业科技成果转化的探索和思考——以中国中钢集团公司科技创新工作为例》，《产业与科技论坛》2020年第19期，第83—84页。

[①] 中共中央党史和文献研究院编：《十九大以来重要文献选编》中，中央文献出版社2021年版，第793页。
[②] 《马克思恩格斯全集》第39卷，人民出版社1974年版，第198页。

中国科技评估与成果管理研究会、国家科技评估中心、中国科学技术信息研究所：《中国科技成果转化年度报告 2020 年（高等院校与科研院所篇）》，科学技术文献出版社 2021 年第 1 版。

作者：关红霞，中科实业集团（控股）有限公司。

科技合作与竞争

发挥科学共同体对新时代科技进步的支撑作用

一、引言

从历史唯物主义的观点来看，人类社会的发展存在客观的内在规律。自然科学在世界各地的产生与发展也不例外。现代自然科学技术在西方萌芽并快速发展，给整个人类社会的生产力与生产关系发展带来了革命性的推动。因此，在新时代新形势背景下，深入理解现代自然科学体系的策源和发展条件对实现高水平的科技自立自强具有重要的意义。

在古典时期，面对着一些实际性问题的解决，包括编制历法和治疗疾病，纯粹的自然科学研究慢慢开始兴起。在这段时间，不同形式和类型的科学，都开始出现雏形。这包括了动物学、植物学、天文学等；同时一些像物理和数学的简单理论，也开始出现。但是，"科学"这一概念尚未形成，当时从事科学研究的人，也并不被专门称作"科学家"。直到15至16世纪的大航海时代以前，欧洲、两河流域、东亚等世界主要文明和国家的自然科学各自相对独立地发展，缺乏体系性。从事自然科学探索的人主要是分散独立的工作模式，缺乏群体内的知识交流和行为范式。

欧洲的文艺复兴和地理大发现在西欧促进了思想的解放与生产力的提升。不仅天文学、数学、物理学，包括化学、生物、医药等领域都有创新见解，其对科学所产生的影响力至今仍非常深远。大多科学史专家都认为14至18世纪是自然科学革命性发展的年代。科学革命把世界科学发展推上了一个前所未有的新高度。它使科学知识内容大大扩充,到了19世纪,西方的自然科学研究已相当系统，其中具有深远影响的就包括了科学共同体的形成。

科学共同体一般是指在相同或相近的研究领域从事科研工作的人组成的群体。科学共同体具有相同或相近的价值取向、文化生活、内在精神和具有特殊科研专业技能，为了共同的科学价值理念或兴趣目标，并且遵循一定的行为规范而构成的一个群体。需要特别强调的是，科学共同体不等于"科学家的群体"。一群科学家本身只是组成一类特殊身份的人的集合体。这个集合体唯有拥有共同认可并一致实践的行为范式，才能成为具有内外部功能的科学共同体。在现实中，专业科技协会或学会、中国科学院、大学的院系部门、国家科研机构的院所等的科研人员都可以组成规模不同的科学共同体。

英国的科学哲学家波拉尼在20世纪40年代开始首先对科学共同体的作用进行了一系列论述。他通过对西方科学技术发展历程的观察得出结论：认为所有科学家个体的自主选择都会通过科学家之间的充分的竞争、合作、交流的过程从而造成自组织和自协调的科学整体发展。这种发展的方向和路径不会按照个别科学家的预设或推动所决定，而是有其自身的运动变化规律。

科学共同体是现代科学建制的核心。科学共同体的功能主要包括科学交流、学术成果发表、学术竞争与合作、把个人知识和地方知识转变为公共知识、学术承认和奖励、制订科学规范、培养科学人才、资源分配、科学传播等。由此可见，科学共同体是现代科学的"骨架"和"肉体"，而现代科学技术就是在这一肉体的基础上产生并延续的"灵魂"。

习近平同志指出："我国原始创新能力还不强，创新体系整体效能还不高，科技创新资源整合还不够，科技创新力量布局有待优化，科技投入产出效益较低，科技人才队伍结构有待优化，科技评价体系还不适应科技发展要求，科技生态需要进一步完善。"[1]这些问题都与我国科学共同体的

---

[1] 习近平：《在中国科学院第二十次院士大会、中国工程院第十五次院士大会、中国科协第十次全国代表大会上的讲话》，2021年5月28日，http://www.cppcc.gov.cn/zxww/2021/05/31/ARTI1622422439957114.shtml?from=groupmessage。

素质和能力密切相关。

近代以来，中国人民打碎封建帝制的枷锁后，历经了旧民主主义革命时期、新民主主义革命时期、社会主义改造时期、社会主义建设时期和改革开放时期直至进入中国特色社会主义新时代。随着生产力的提高与生产关系、治理体系的变革，整个社会的物质生活水平、教育文化水平、职业技能水平都得到大幅发展和提高。中国的自然科学技术水平更是通过本土培育与开放合作相结合的方式实现巨大的飞跃。中国的科学共同体从无到有、从有到好，科学素养和科学鉴赏能力的提升是明显的，对国家的科技创新、工业发展、产业升级和国家安全做出了巨大的贡献。

随着中美战略性对抗的加剧和第四次科技革命前奏的来临，科技领域成为大国战略性竞争的前线。科技创新是引领发展的第一动力。习近平总书记强调："科技创新成为国际战略博弈的主要战场，围绕科技制高点的竞争空前激烈。"[1]前沿基础科学突破和核心技术研发等成为最紧迫的发展方向，关系到"两个一百年"奋斗目标的实现和中华民族伟大复兴的历史性达成。本文结合我国科技发展的现状与趋势，以为人民服务为根本目的，秉持实事求是的态度，剖析当前我国国内科学共同体存在的问题，阐述新时代科学共同体的建设要求与目标，并尝试提出关于建设高质量科学共同体的策略建议。

二、国内科学共同体的现状与问题

科学共同体内的沟通和交流范式主要体现为学术出版、学术会议、资源分配和荣誉评价等。西方在近现代几个世纪的长期科学技术发展中形成了沿用至今的同行评议制度，成为科学共同体实现自组织和自协调的关键体制机制。这一制度随着历次科学技术革命的发生和全球化的发展成为主导全世界的科学共识形成途径。科学共同体是否可以充分、有效地利用同

---

[1] 习近平：《习近平重要讲话单行本（2021年合订本）》，人民出版社2022年版，第68页。

行评议制度推动高质量的科学自治是影响科技发展水平的关键因素之一。

基于上述分析和认识,可以对我国一段时间以来科学共同体的发展及其作用进行一定的剖析。以下第一条和第二条是经济基础和内在因素,第三条、第四条则为上层建筑和外在表现,第五条是特殊的外部风险。

(一)社会经济条件

西方的科学共同体发展与其社会经济条件自发协调同步发展起来,整个发展流程由其内生需求驱动。从19世纪开始,西方领先的资本主义大工业生产和资本主义全球化为科学技术的发展与科学共同体的壮大提供了充裕的社会财富支撑。在这样的背景下,科学家自由探索、独立性、稳定支持和对失败的包容得到最大程度的物质与精神保障。

与西方不同,我国后发的现代化道路更加曲折。长期的半殖民地半封建社会状态、积贫积弱的情况直到新中国成立以后才被根本改变,而充分的工业化和社会财富积累更是只有改革开放以来四十多年的时间。受到社会主义初级阶段的经济社会条件的制约,我国科学家长期在相对有限且具有导向性的科研支持环境下努力攀登科学技术制高点。这决定了我国的科学共同体,特别是某些缺乏短期应用前景的基础研究领域的科学共同体的建设无法得到充分且稳定的保障。

(二)价值与文化导向影响

中国在历史上没有自发产生现代意义的自然科学体系。国家的社会生产条件、社会治理结构、政治制度、文化传承、宗教信仰等因素与西方国家有显著的差异。因此,中国科学家群体内部的互动范式和西方舶来的科学共同体行为规范在源头上存在一定的分歧。例如,在科研项目、科学奖励或职称评定进行同行评议的过程中,与科学水准或技术水平无关的其他因素常常影响科学评价的形成。再比如,我国的科学技术奖励遴选流程与国际通行的提名评审流程相比差异较大。科学共同体在上述学术承认和资源分配中发挥作用存在一定的缺失或扭曲,这造成了不少评价失灵、资源错配和决策失误的后果。

(三)体制机制障碍

科学共同体有效发挥功能的前提是同领域专家能够公开充分地交流甚至争辩。因此,任何影响这一前提的体制机制问题都会阻碍科学共同体的自发组织协调作用。

许多科学基金、科技专项、学科评估、职称评定、人才计划的函评与会评中,评审专家或委员会的选取规则不能保证领域的相同或相近,因此无法在评价中给出专业的判断。许多科研项目指南和学科规划纲要的形成过程中没有广泛且充分地汇集科研一线人员的意见,往往只能短时间内听取部分影响力较高的学者的意见。广大年龄、职称较低的科学家没有适当的机会参与并表达意见。这样其实不利于科学共同体群体自治作用的发挥。

(四)发展的不充分与不平衡

随着现代科技的发展,专业化学科门类的划分越来越精细。每一个学科的分支都会形成由"小同行"组成的科学共同体。但是,科学共同体发挥作用需要依赖足够多数量的科学家有效参与,因此,如果一个学科方向缺乏充分的发展,参与学科共同体建设的科学家数量不足,就会使得该方向的学术自治能力不足。

改革开放以来,党和政府对科技发展高度重视。伴随着大量的研发经费投入、有计划的人才引进和战略性的学科建设,国内各个研究领域的科学共同体水平都得到巨大的提升,这使得中国科学家群体的全球科技影响力和话语权逐渐提高。

然而,我国的一些基础研究领域和高端工程技术领域就存在发展不充分而产生的科学共同体能力欠缺现象,而其他一些基础或应用研究领域和制造行业已经达到世界并跑乃至领先水平。学科发展的不平衡容易造成基础不牢或被"卡脖子"的问题,而科学共同体由于能力的不足也难以自发扭转这些不利局面。

（五）与国际科学共同体之间的交流障碍

改革开放以来，中国的科学共同体建设在一定程度上受益于国际科学共同体的健康生态。总体上来说，科学共同体在中国发挥其主要功能（科学交流、学术成果发表、学术竞争与合作、把个人知识和地方知识转变为公共知识、学术承认和奖励、制订科学规范、培养科学人才、资源分配、科学传播）的时候都能够比较顺畅地对接全世界的科学家群体。世界上的先进科技理念和成果能够比较有效的影响国内学术发展，而我国科学家群体的学术贡献也能比较及时地反馈和影响国际科学共同体并得到充分承认。

随着以美国为代表的西方在科技创新领域对华展开遏制甚至敌对，我国在关键技术与人才引进、国际学术交流合作、高技术产业发展等方面正承受显著的压力和威胁。而在这些现象的背后，是国内科学共同体与国际科学共同体之间出现隔阂的风险。这可能会使得国内与国际上的科学生态和科学技术发展路径逐渐分道扬镳也可能会带来潜在的长期影响和风险。

三、新时代科学共同体的建设要求与目标

中国当前已经进入中国特色社会主义新时代，其内在依据是社会主要矛盾的改变，其外在表现则是新的历史方位。党和国家因应新时代的高质量发展需求提出新发展格局。为了实现高水平的科技自立自强，应当对国内科学共同体的建设提出相应的目标。

首先，在新时代推动科学共同体高质量建设的出发点是以人民为中心。在国内的发展需求和国际的竞争需求背景下，科学技术要以满足国内发展需求作为出发点和落脚点，让发展的成果更好地为全体人民所共享。这就对引导科学共同体发挥相应的支撑作用提出了更高的要求。

其次，科学共同体的建设需要符合其自身的内在规律及其达成科学共识的范式。科学共同体对科学技术发展的塑造作用如同市场对经济资源配置所发挥的决定性作用。如前文所述，唯有充分尊重科学共同体的运作规律才可能有效地发挥其作用。

再次，在党的领导下，政府要通过体制机制的顶层设计更好地引导科学共同体的充分平衡发展，为各个细分学科形成高质量的科学共同体创造有利条件。需要指出的是，这并不等于政府需要强化干预科学共同体自身对科学技术发展和学术生态环境的治理和调节。

最后，要有底线思维。一旦中西方的科技领域裂痕加深甚至出现"脱钩"情况，中国自己的科学共同体要能发挥战略作用，对新时代的科技进步起到历史性的支撑，做到"召之即来，来之即战，战之能胜"。

四、关于建设高质量科学共同体的策略建议

高质量的科学共同体是高水平的科技自立自强的必要条件也是必然结果。在新的国内外形势下，为了达到科学共同体的建设目标，提出以下四点策略性建议。

（一）弘扬爱国奉献精神，建功立业新时代

科学共同体是科技工作者的集合。每一位科技工作者都应当自觉地将个人价值和国家需要紧密结合，通过选择事业的方向和培养知识技能的传承做贡献。应当通过更多的高水平、深入人心的教育，使广大的科技工作者充分意识到自己与国家命运的密切联系，从而形成建功立业新时代的主观能动性。只有调动了广大科技工作者的精神力量，才能将其中蕴含的巨大潜力恰当而充分地释放出来，科学共同体就可以汇聚并发挥这种共同价值，支撑科技发展。

（二）实事求是地看待国内科学共同体建设的不足之处

新中国成立以来，特别是改革开放四十多年来，中国的科学共同体与中国的科技发展水平都取得了举世瞩目的成就。但是，正如前文所述，存在的问题与不足仍然不容忽视。我们不应轻视东西方在哲学、文化和科学传统上的差异对科学技术发展的深层次影响。纯粹数学、理论物理等基础

学科和一些"无人区"探索领域中，西方科学共同体内部的传承与激励往往植根于其哲学文化甚至宗教信仰之中。而中国的科学共同体由于缺失了现代科学发展早期的历程，往往缺少类似的传统。这种差别在当今绝大多数科技领域虽然看似影响不大，但近年来加剧的中美对抗和时而出现的"卡脖子"与产业升级受阻等情况折射出很多微妙的问题。在这种情况下，唯有实事求是地分析成绩与不足，理性地认识国内科学共同体的现状，并积极改革实践，才有可能摸索出适合新时代新形势的科学共同体建设道路。

（三）把提升科学共同体素质放在提升科技创新能力的基础性地位

如同市场经济的高质量运行离不开成熟的市场，任何的科技评审、评价和评估制度的有效性都取决于科学共同体的整体学术水平与自组织能力。中国的科学家群体虽然很大，但是在一些细分领域人数仍然不足，与国际顶尖研究水平的差距仍然明显。

因此，对于新兴学科或规模较小的领域，可能给予以下三类政策性支持，用以尽可能提高科学共同体的能力。

（1）大力强化该领域的博士学位教育。科学共同体的构成要件之一就是成员接受同一领域的专业科研训练。相近专业转行的学者或通过学科交叉进入该领域的学者不能代替领域内专门培养的科研人员。

（2）鼓励国际合作甚至国际同行评审。国内相对薄弱的科学共同体在充分考虑操作可行性和确保科技、人才、教育等政策的独立性的前提下，应当尽可能借助国际科学共同体的功能，帮助提升自身能力。

（3）在政策层面应当建立新兴学科的关注机制。一些萌芽或新兴的学术方向一旦形成一定的规模，应当在基金申请、项目评审、平台建设、人才培养等领域做出比较快速的反应和体现。

（四）充分发挥科学共同体对科技创新的支撑作用

现代科学发展到今天，形成众多学科、海量前沿的繁荣局面，几乎完全依赖科学共同体的自我管理、规划、探索和纠正机制。每一个学科前沿都有着宽广而深厚的发展历程，只有扎根一线的科学家才有可能相对准确地理解本领域的发展动向和可能突破点。这些一线科学家需要充分公开地交流与争辩，才能对一个领域的发展做出正确的推动作用。因此，对照国际科学共同体的运作模式，结合我国的实际情况，关于如何有效地发挥科学共同体对我国新时代高水平的科技创新的支撑作用，提出以下四点建议。

（1）重大的科技政策与规划制订前，应当不设年龄、职称、职务的门槛，开展下沉式的意见征集。同时，意见征集应当保障足够的酝酿时间。

（2）由有关主管部门建立并动态更新学科划分更为细致的评审专家库，尽可能保证各层次评审、评估工作能够选择到"小同行"评审专家。

（3）各层次的评审、评估活动在安排评审专家时可以适度邀请列席评委。列席评委可以提问、讨论但没有投票权。对列席评委的年龄、职称和职务可以降低门槛要求。

（4）各类函评和会评活动应当保证参评候选人有充分的时间准备相关材料和开展相关汇报。

五、总结

本文结合概念定义、发展历史、时代背景和国内外条件，围绕"在中国特色社会主义新时代更好地发挥科学共同体对高水平科技自立自强的支撑作用"这一中心议题，探讨了我国科学共同体的发展历程与现状，分析了存在的不足，并提出了相关策略性建议。

习近平同志强调："科技创新成为国际战略博弈的主要战场，围绕科技制高点的竞争空前激烈。我们必须保持强烈的忧患意识，做好充分的思想准备和工作准备"。[①]习近平总书记也格外关心我国的原始创新能力、创

---

① 习近平：《在中国科学院第二十次院士大会、中国工程院第十五次院士大会、中国科协第十次全国代表大会上的讲话》，2021年5月28日，http://www.cppcc.gov.cn/zxww/2021/05/31/ARTI1622422439957114.shtml?from=groupmessage。

新体系整体效能、科技评价体系和科技生态。科学共同体作为现代科学技术发展的生态和动力，具有其内在的运动变化和发展规律。充分引导并促进科学共同体做强做好是实现高质量科技发展的必要条件；充分信任并发挥科学共同体的科学自治功能是实现高水平科技自立自强的必由之路；充分发展并壮大我国的科学共同体是应对西方挑起科技摩擦甚至科技封锁的底线守护。

本文是对当前国内外形势下中国科学共同体建设的初步思考。党的工作路线是群众路线。科学技术的发展是为人民服务的，科学共同体的建设也始终应当秉持人民立场。党的思想路线是实事求是，理论联系实际，与时俱进，在实践中检验真理和发展真理。因此，发挥科学共同体对科技进步的支撑作用也是一个永远需要与时俱进、不断实践、不断认识的课题。

参 考 文 献

苌光锤、李福华：《学术共同体的概念及其特征辨析》，《煤炭高等教育》2010 年第 28 期，第 36—38 页。
李汉林：《科学社会学》，中国社会科学出版社 1987 年版。
李力、杜芃蕊、于东红：《从学科构建到卓越学术共同体的形成：哈佛大学学科发展的内涵与经验》，《中国高教研究》2012 年第 4 期，第 65—70 页。
中共中央文献研究室编：《习近平关于科技创新论述摘编》，中央文献出版社 2016 年版。
Polanyi M, *The Logic of Liberty: Reflections and Rejoinders*, Indianapolis: Liberty Fund, 1998.

作者：孔大力，中国科学院上海天文台。

当前国际形势下的独立自主与合作共享

中国特色社会主义进入新时代,独立自主和合作共享是推动我国经济社会持续健康发展,构建人类命运共同体的基础和前提。当今世界正经历百年未有之大变局:一方面,各国之间经济交流、科技合作与日俱增,利益交融前所未有,合作共享才能互惠互利;当前新冠疫情仍在全球蔓延,世界经济复苏任务艰巨,相通则共进,相闭则各退。另一方面,我们也应看到逆全球化、单边主义、保护主义思潮暗流涌动,唯有秉承独立自主的根本方针才能将命运掌握在自己的手里。科技创新是能够实现高水平自立自强的核心驱动力,是正反面分别印有"独立自主"和"合作共享"的这枚硬币的战略支撑点。如何实现独立自主与合作共享相统一是我们进行科技创新必须把握的时代命题。

一、独立自主是处理对外关系的根本方针与原则

毛泽东同志在《必须学会做经济工作》中说道:"我们是主张自力更生的。我们希望有外援,但是我们不能依赖它,我们依靠自己的努力。"习近平在纪念毛泽东同志诞辰 120 周年座谈会上的讲话中指出:"独立自主是中华民族的优良传统,是中国共产党、中华人民共和国立党立国的重要原则……坚持独立自主,就是坚定不移走中国特色社会主义道路……坚持独

立自主，就要坚持独立自主的和平外交政策。"①本部分将从历史定位、政治道路、执行方针和制度保障四个方面来阐述独立自主的必要性。

（一）独立自主是毛泽东思想活的灵魂

"邓小平同志说，毛泽东思想这个旗帜丢不得，丢掉了实际上就否定了我们党的光辉历史。"②毛泽东思想活的灵魂就是实事求是、群众路线、独立自主。红军第五次反"围剿"失败，遵义会议及时纠正了博古、王明、李德等人教条主义导致的军事指挥上的错误，确立了毛泽东同志在红军和党中央的领导地位，开始形成以毛泽东同志为核心的党的第一代中央领导集体，进入党独立自主解决中国革命实际问题的新阶段。

社会主义建设时期，我国基于独立自主的方针路线建立起独立的比较完整的工业体系和国民经济体系，研制出"两弹一星"。"两弹一星"研制成功的一个重要保障是以毛泽东同志为核心的党的第一代中央领导集体的高度重视，毛泽东、周恩来等党和国家领导人亲自决策。

（二）独立自主要坚定不移走社会主义发展道路

自信的根源基于我们事业的正确性，基于经过实践的科学检验，中国特色社会主义道路是发展中国的唯一正确道路，中国特色社会主义的优势极大彰显。历史上，没有哪个国家和民族可以通过外部力量或政策模板实现强大和振兴，"中等收入陷阱"的拉美反思是最好的例证。

改革开放政策让中国的经济迅速腾飞，成为世界第二大经济体。中国是一个人口大国，人均 GDP 仍然是美国的 1/6，按照现在的经济增速，到 21 世纪末才能追上现在的美国。因此，我们不能照抄照搬别国的发展模式，也不会接受任何颐指气使的说教。我们党历来都坚持与中国的实际国情相

---

① 习近平：《习近平在纪念毛泽东同志诞辰 120 周年座谈会上的讲话》，2013 年 12 月 26 日，http://www.gov.cn/ldhd/2013-12/26/content_2554937.htm。

② 习近平：《习近平在纪念毛泽东同志诞辰 120 周年座谈会上的讲话》，2013 年 12 月 26 日，http://www.gov.cn/ldhd/2013-12/26/content_2554937.htm。

结合的独立自主探索和实践精神，这种坚持走自己路的信心和决心，是我们党全部理论和实践的立足点，也是党和人民事业从一个胜利走向下一个胜利的根本保证。

（三）坚持独立自主的和平外交政策

坚持独立自主的和平外交政策符合人民的根本利益。邓小平同志说过中国的对外政策是独立自主的，是真正的不结盟。早在六届全国人大四次会议就正式提出"独立自主的和平外交政策"这一概念。党的十九届四中全会通过的决议指出："坚持和完善独立自主的和平外交政策，推动构建人类命运共同体。"[①]习近平强调："坚持在和平共处五项原则基础上同各国友好相处，在平等互利基础上积极开展同各国的交流合作，坚定不移维护世界和平、促进共同发展。"[②]

（四）独立自主要求科技与制度创新并举

师夷长技以制夷，早在1842年魏源就在《海国图志》中提出学习西方的长处来抵制外敌入侵，然而无论是洋务运动还是维新变法都没有实现独立自主的梦想，制度腐朽是其失败的主要原因。

新中国成立以来，中国共产党领导中国人民一心一意谋发展，坚持科技发展与制度创新并举，改革完善不适应生产力发展的体制机制，改善生产关系，适应生产力需求。习近平同志指出："科技创新、制度创新要协同发挥作用，两个轮子一起转"[③]，"我国科技队伍蕴藏着巨大创新潜能，关键是要通过深化科技体制改革把这种潜能有效释放出来"[④]。在2021年5月28日召开的两院院士大会、中国科协第十次全国代表大会上，习近平

---

① 中共中央党史和文献研究院编：《十九大以来重要文献选编》中，中央文献出版社2021年版，第293页。
② 习近平：《习近平谈治国理政》第1卷，外文出版社2018年版，第30页。
③ 习近平：《习近平谈治国理政》第2卷，外文出版社2017年版，第273页。
④ 中共中央宣传部编：《习近平重要讲话单行本（2020年合订本）》，人民出版社2021年版，第124页。

再次强调:"要加大基础研究财政投入力度、优化支出结构,对企业基础研究投入实行税收优惠,鼓励社会以捐赠和建立基金等方式多渠道投入,形成持续稳定的投入机制。"①制度创新改革了生产关系,让其更加适应第一生产力,推动科技创新。

二、合作共享与独立自主的辩证统一

当今世界,任何国家都不可能关起门来孤立发展,必须同舟共济、开放合作与共享。习近平在党的十九大报告中指出:"中国将高举和平、发展、合作、共赢的旗帜,恪守维护世界和平、促进共同发展的外交政策宗旨。"②

(一)坚持独立自主下的合作共享

坚持在独立自主的和平外交政策下,开放合作促进共同发展。独立自主是对外合作的立足之本,而开放共享有助于增强独立自主能力。合作与共享是紧密联系在一起的:合作是共享的基础,共享是合作的未来。吸收和利用世界先进科技、管理经验,如中国参与国际热核聚变实验堆(Internation Thermonvclear Experimental Reactor,ITER)大科学工程、华为师从 IBM 做美国式管理变革等,在合作共享的过程中锻炼提升自己的能力。我们也看到,当前的科技合作受到美方阻挠,一些关键技术被"卡脖子",这个时候独立自主发展关键科学技术的重要性就得到彰显。

当前形势下,中国要高水平持续发展首先必须将"卡脖子"清单作为自己的科研清单,只有占领科学技术制高点、掌握尖端技术才能赢得谈判桌上的主动权。

---

① 习近平:《在中国科学院第二十次院士大会、中国工程院第十五次院士大会、中国科协第十次全国代表大会上的讲话》,2021 年 5 月 28 日,http://www.cppcc.gov.cn/zxww/2021/05/31/ARTI1622422439957114.shtml?from=groupmessage。

② 中共中央党史和文献研究院编:《十九大以来重要文献选编》上,中央文献出版社 2019 年版,第 41 页。

（二）独立自主与对外开放的历史内涵

独立自主和对外开放在实践发展中的关系是不断调整、与时俱进的。在新中国成立初期，中国采取"主权维护型"外交，在苏美两极中找平衡，坚持独立自主与主权完整，带领中国"站起来"。在改革开放时期，以邓小平同志为核心的党的第二代中央领导集体开始集中力量以经济建设为中心，实行改革开放。与之相应，中国积极与不同意识形态和社会制度的国家建交，遵守不结盟、不对抗、不针对第三国的"三不"原则，提出"韬光养晦、有所作为"的外交方针，确立了独立自主的和平外交政策，带领中国"富起来"。

新时代，世界秩序观、国际责任观、国家利益观成为中国特色大国外交新的思想内涵，在确保国家核心利益不受侵犯的底线思维下谋求引领全球治理，协同国际社会共筑人类命运共同体，迎来了"强起来"的历史阶段。

（三）独立自主与开放合作相促进，推进创新链产业链融合

科学技术不直接创造价值，却是高质量发展的第一生产力，是应用到生产过程中创新链产业链持续增长的核心驱动要素。打好创新链产业链融合的攻坚战，要坚持独立自主与开放合作相促进的持续发展道路。在世界经济论坛"达沃斯议程"对话会上，习近平总书记站在人类命运共同体的高度指出："经济全球化是社会生产力发展的客观要求和科技进步的必然结果，利用疫情搞'去全球化'、搞封闭脱钩，不符合任何一方利益。"[1] 同时，统筹布局推进高质量共建"一带一路"，促进贸易和投资自由化便利化，维护全球产业链、供应链顺畅稳定。

为保持和深化合作关系，2021年4月习近平在同德国总理默克尔通电话时建议，"双方应以明年中德建交50周年和北京冬奥会为契机，推进科

---

[1] 习近平：《习近平在世界经济论坛"达沃斯议程"对话会上的特别致辞》，2021年1月25日，https://baijiahao.baidu.com/s?id=1689869098014907675&wfr=spider&for=pc。

技、教育、文化、体育等领域交流。"[1]在中法德领导人视频峰会时也特别指出，中方将扩大高水平对外开放，为包括法、德企业在内的外商投资企业营造公平、公正、非歧视的营商环境，希望欧方也能以这样的积极态度对待中国企业，同中方一道做大做强中欧绿色、数字伙伴关系，加强抗疫等领域合作。

在阐述了独立自主和合作共享的辩证统一关系及科技创新的战略支撑作用后，本文尝试用"三倍放大镜"，从科学院、研究所和科研团队三个层面，去探讨如何践行独立自主科技创新体系的重要论述。

三、高水平的科技自立自强是强国强外交的战略支撑

以习近平同志为核心的党中央坚持以人民为中心，站在合作共享、互利共赢、命运共同体的最广大人民根本立场，把高水平科技自立自强作为强国强外交的战略支撑。

（一）独立自主的科技创新体系

在2021年5月28日召开的两院院士大会、中国科协第十次全国代表大会上，习近平同志再次明确指出："创新是第一动力、全面实施创新驱动发展战略……国家实验室要按照'四个面向'的要求，紧跟世界科技发展大势，适应我国发展对科技发展提出的使命任务，多出战略性、关键性重大科技成果，并同国家重点实验室结合，形成中国特色国家实验室体系。国家科研机构要以国家战略需求为导向，着力解决影响制约国家发展全局和长远利益的重大科技问题，加快建设原始创新策源地，加快突破关键核心技术。高水平研究型大学要把发展科技第一生产力、培养人才第一资源、增强创新第一动力更好结合起来，发挥基础研究深厚、学科交叉融合的优势，成为基础研究的主力军和重大科技突破的生力军。要强化研究型大学

---

[1] 习近平：《习近平同德国总理默克尔通电话》，2021年4月7日，http://www.gov.cn/xinwen/2021-04/07/content_5598202.htm。

建设同国家战略目标、战略任务的对接,加强基础前沿探索和关键技术突破,努力构建中国特色、中国风格、中国气派的学科体系、学术体系、话语体系,为培养更多杰出人才作出贡献。科技领军企业要发挥市场需求、集成创新、组织平台的优势,打通从科技强到企业强、产业强、经济强的通道。要以企业牵头,整合集聚创新资源,形成跨领域、大协作、高强度的创新基地,开展产业共性关键技术研发、科技成果转化及产业化、科技资源共享服务,推动重点领域项目、基地、人才、资金一体化配置,提升我国产业基础能力和产业链现代化水平。"①

我们看到历史总是有一些相似的片段:第二次世界大战结束后,法国围绕国防安全和国家意志设立国立科研机构,建设独立自主的科技创新体系,使法国在20世纪60年代至80年代实现了三十年的辉煌。

(二)坚持党的领导,与时俱进的科学院使命

中国科学院自1949年11月1日正式对外办公,一直是科技兴国强国的排头兵,旗帜鲜明跟党走,按照党中央的战略指示实时调整办院方针。社会主义建设初期,周恩来同志指出:"科学院是学术领导核心,产业部门的研究机构和高等学校是两支主要力量,地方研究机构则是不可缺少的助手。"②科学院组织优势力量攻坚"两弹一星"、人工牛胰岛素合成等关乎国计民生的重大战略任务,贡献卓著。

改革开放后,国家确定了以经济建设为中心的基本路线,科学院动员和组织主要力量投身国民经济与社会服务主战场,如在中关村创办第一家民办科技企业及成立联想集团等,同时保留了一支精干力量从事基础研究和高技术创新。

进入21世纪,党中央把中国科学院建设成为具有国际先进水平的科学

---

① 习近平:《在中国科学院第二十次院士大会、中国工程院第十五次院士大会、中国科协第十次全国代表大会上的讲话》,2021年5月28日,http://www.cppcc.gov.cn/zxww/2021/05/31/ARTI1622422439957114.shtml?from=groupmessage。

② 中共中央文献研究室编:《建国以来重要文献选编》第9册,中央文献出版社1994年版,第518—519页。

研究基地，成为培养造就高级科技人才的基地和促进我国高校技术产业发展的基地。知识创新工程吸引大批海外高层次人才，早期"百人计划"中诞生了一批享誉全球的科学家、输出了一批国内著名高校校长、培养了高校的基础研究生力军。

（三）新时代中国科学院的战略定位

立足新时代，推动高质量发展，习近平要求必须把创新摆在国家发展全局的核心位置。科学院已主动布局：①应对国家使命任务，重组国家重点实验室、参与国家实验室建设；②整合科研力量，聚焦原始创新策源地和关键核心技术突破；③秉承人才开放政策，吸引海外优秀人才的同时给高水平大学贡献基础研究的领军人才；④搭建院地、院企联合研究平台，积极推动科研成果转移转化，给地方政府的高质量发展建言献策，为科技领军企业打通创新产业链上的难点堵点。

四、科学院人的担当与职责

写到最后，以一名来自中国科学院物理研究所的科学院人身份给本文结尾。物理研究所的前身是中央研究院物理研究所金属和光学部分与北平研究院物理学研究所，历史可以追溯到1928年，一直是院里改革的先锋力量。

在科学院整体指导方针下，物理研究所近几年实施了"一村三湖"战略，即北京市中关村园区保留原始创新的源头（这里曾领衔了两个国家自然科学奖一等奖，都是由高温超导奠基人之一、2016年度国家最高科学技术奖得主赵忠贤院士率队获得）；三个新园区分别是以尖端仪器设备研发和大科学装置为主要任务的北京市怀柔科学城园区（京津冀）、以关键设备和材料的应用为目的的松山湖材料实验室（与广东省共建的省级实验室，粤港澳大湾区）、协助建设高科技能源企业以及科普宣传为主的溧阳园区（长三角）。物理研究所以基础研究带动应用基础突破、颠覆性技术革新、高水平转移转化，是目前中国科学院所在高水平科技自立自强带动高质量发展，为强国、强外交发挥战略支撑作用的一个缩影。

　　超导是物理研究所的一面旗帜，我很幸运在赵忠贤院士的指引下，带领高温超导薄膜团队坚持科学和技术相互促进的道路，沿着物理所的方针布局，在中关村建设"十三五"材料基因工程代表类尖端实验装置推进超导基础研究，在怀柔规划材料基因平台单晶薄膜实验站推广高通量超导研究范式，去松山湖材料实验室落实从样品到产品的实用化镀膜设备和超导薄膜，走出了一条属于自己团队的科技创新模式。

　　总之，科技创新是独立自主与合作共享互相促进、相互统一过程中的核心驱动力。中国科学院人始终牢记自己是"国家队""国家人"，心系"国家事"、肩扛"国家责"，在实现高水平科技自立自强的道路上披荆斩棘、奋勇前行。

参 考 文 献

本书编写组：《中国共产党简史》，中央党史出版社 2021 年版。
邱举良、方晓东：《建设独立自主的国家科技创新体系——法国成为世界科技强国的路径》，《中国科学院院刊》2018 年第 33 期，第 493—501 页。
吴志成：温豪：《从独立自主走向复兴自强的中国特色大国外交析论》，《东北亚论坛杂志》2019 年第 28 期，第 3—16，127 页。
习近平：《把握新发展阶段，贯彻新发展理念，构建新发展格局》，《求是》2021 年第 9 期。
习近平：《在纪念毛泽东同志诞辰 120 周年座谈会上的讲话》，人民出版社 2013 年版。
习近平：《在中国科学院第二十次院士大会、中国工程院第十五次院士大会、中国科协第十次全国代表大会上的讲话》，人民出版社 2021 年版。
杨洁篪：《中国共产党建党百年来外事工作的光辉历程和远大前景》，《求是》2021 年第 10 期。
中共中央党校（国家行政学院）：《习近平新时代中国特色社会主义思想基本问题》，中共中央党校出版社 2020 年版。

　　作者：金魁，中国科学院物理研究所。

中美竞争格局下基础软件和工业软件如何破局

一、背景介绍

软件是信息系统的"灵魂",基础软件和工业软件是软件产业的底座,更是整个信息技术产业和现代工业的重要支撑,是智能制造的"大脑"。近年来,随着我国新一代信息技术、高档数控机床和机器人、航空航天装备等高端制造领域成为美国重点打击对象,基础软件和工业软件成为中美科技竞争的焦点。而令人担忧的是,当前先进基础软件和工业软件几乎都由西方发达国家开发与掌握。本文将介绍什么是基础软件和工业软件,以及二者在科技竞争中的地位。

(一)什么是基础软件和工业软件

基础软件在国际上也被称为系统软件(system software),用于管理底层硬件(通过指令集)和支撑上层应用(通过应用编程接口),主要包括操作系统、编程语言与编译器、数据库、中间件、开发运行环境等,是国家信息产业发展和信息化建设的重要基础和支撑(图1)。

工业软件(industrial software)是指在工业领域里应用的软件。工业软件大体可分为两个类型:嵌入式软件和非嵌入式软件。嵌入式软件是嵌入在控制器、通信、传感装置之中的采集、控制等软件,如应用在军工电子和工业控制等领域之中的工业软件,对可靠性、安全性、实时性要求特别高,必须经过严格检查和测评。非嵌入式软件是指装在通用计算机或嵌

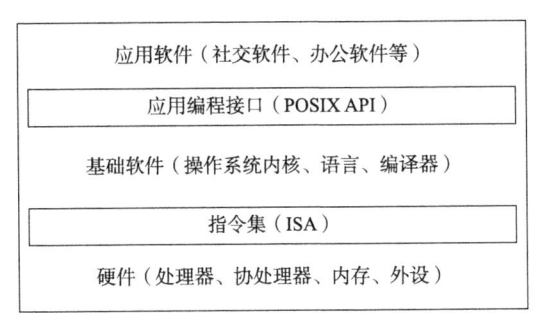

```
┌─────────────────────────────────────┐
│  应用软件（社交软件、办公软件等）    │
│  应用编程接口（POSIX API）          │
│  基础软件（操作系统内核、语言、编译器）│
│  指令集（ISA）                      │
│  硬件（处理器、协处理器、内存、外设）│
└─────────────────────────────────────┘
```

图 1　基础软件的示意图

工业控制计算机之中的设计、编程、工艺、监控、管理等软件，如用于芯片设计的 EDA，用于其他物理系统设计制造的 CAD、CAE 等。

（二）大国竞争格局中基础软件和工业软件的意义

首先看美国对关键技术和平台的评价方法。由美国国会智库机构中国战略小组承担、谷歌前首席执行官施密特主持编写的《非对称竞争：面向与中国技术竞争的战略及保持美国领导地位的洞察与可行性建议》报告中，把关键技术划分为四类特征：①"卡脖子"技术（对某个经济领域可造成单点失效全局瘫痪的关键点）；②能够形成经济或科技持续优势的壁垒性技术（提供了高度防御性竞争优势）；③面向国家安全的直接对抗性技术（对国家安全构成内在风险）；④能够形成加速其他技术发展的技术（倍增效应、催化剂或基石）。

此外，该报告还把"数字平台生态系统"作为与关键技术并列的考察对象，并从"商业价值"（value）和"战略价值"（strategy）两个维度来评价其重要性（图 2）。

（三）从美国评价方法看基础软件和工业软件的意义

按美国的评价标准，基础软件和工业软件的意义可以用表 1 来展示。

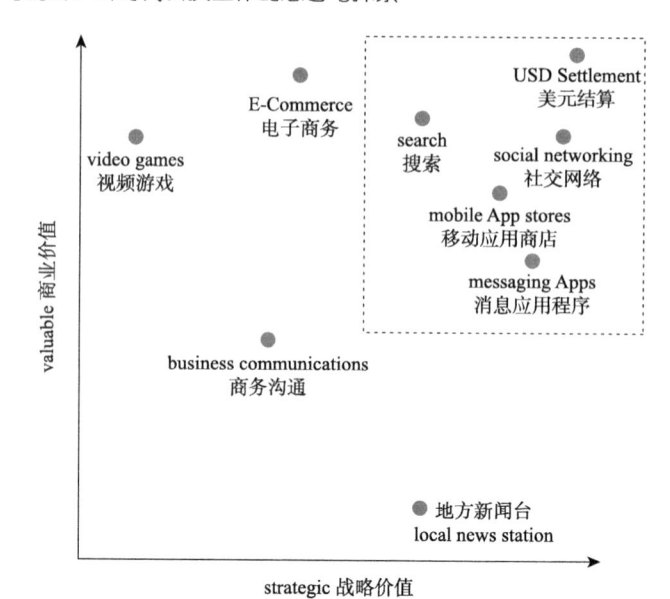

图 2 数字平台的重要性评价体系示例

表 1 美式评价体系下基础软件和工业软件的意义

评价分类	评价标准	基础软件	工业软件
关键技术	卡脖子技术	以操作系统为例：Windows、安卓等断供将导致众多产业接近停滞和崩溃	以 EDA 软件为例：断供将导致国内芯片设计产业停滞
	壁垒性技术	以编译器为例：是芯片处理器的竞争壁垒	以 CAD 软件为例：是大飞机设计等领域的重要壁垒
	对抗性技术	以操作系统为例：可被远程关闭，用来获取敏感信息	CodeSys、VxWorks 等被广泛用于国内工业、武器装备、航天航空等领域
	加速器技术	以开发环境为例：可以聚集开发者，加速应用生态形成	MATLAB 软件模拟仿真能极大加速其他行业的开发过程
数字平台	商业价值	近年全球市值进入前五的微软、苹果、谷歌、亚马逊都是以基础软件为核心竞争力	EDA、MATLAB、CAD/CAE 等的商业价值并不高，全球市场年收入不超过 100 亿美元
	战略地位	微软通过 Windows 控制 PC 桌面生态；苹果通过 iOS、谷歌通过安卓控制着智能手机等移动终端生态	EDA、MATLAB、CAD/CAE 等战略价值非常高，EDA 直接影响每年万亿美元的全球芯片市场，而且随着应用广泛和持续，能够不断积累，形成行业壁垒

（四）中美竞争态势下基础软件和工业软件的重要历史节点

2019年5月16日，美国商务部将华为列入"实体名单"，在未获得美国商务部许可的情况下，美国企业将无法向华为供应产品。

2019年6月21日，美国商务部将中科曙光、天津海光、成都海光集成电路设计公司、成都海光微电子技术公司及无锡江南计算技术研究所等5家中国超算机构或企业列入实体名单。

2019年8月15日，美国商务部把中国广核集团有限公司及其关联公司共4家列入实体名单。

2019年8月19日，美国商务部把与华为有关联的46家企业列入实体名单。

2019年10月8日，美国商务部将把包括海康威视、大华科技、科大讯飞、旷视科技、商汤科技、美亚柏科、颐信科技和依图科技等在内的28家中国机构和公司列入美国出口管制"实体名单"，未经批准禁止美国企业向上述机构提供软硬件。

2020年5月23日，美国商务部宣布，33家总部位于中国和开曼群岛的企业及机构被列入"实体名单"，其中包括奇虎360、云从、哈尔滨工业大学、哈尔滨工程大学等院校。之后7月初，MATLAB等软件在哈尔滨工业大学等院校被禁用，掀起了国内对工业软件的反思。

2020年7月21日，美国商务部把华大基因、欧菲光、碳元科技、今创集团、长虹美菱等11家中国企业纳入"实体清单"。

2020年8月17日，美国商务部把华为在全球21个国家/地区的38家分支机构列入实体名单，彻底封堵华为的供应链渠道。

2020年8月26日，美国商务部把中国交通建设集团、中国电子科技集团等下属的24家企业列入实体名单。

2020年12月18日，美国商务部宣布将中芯国际、大疆、交建、中船重工等54家中国企业纳入实体清单,也包括北京理工大学、南京理工大学、南京航空航天大学、北京邮电大学、天津大学等高校。

2020年12月23日，美国商务部把57家被认为是中国"军事最终用户"的企业列入实体名单，包括航空航天、船舶等重要领域。

2021年4月8日，美国商务部把天津飞腾信息技术有限公司等7家中国超算领域的企业列入实体清单。

以上过程可以看出，美国对中国高科技的打压已经全面化和系统化。其中，最为关键的是芯片等产业原材料的供应，但基础软件和工业软件却更有"四两拨千斤"的威力。例如，2019年5月16日之后，谷歌对华为"断供"谷歌移动服务和安卓系统更新的优先访问权，导致华为的国际业务大受影响（无法使用Gmail、Google Map、YouTube等谷歌套件），仅2019年海外市场损失超过100亿美元，而对谷歌来说，几乎没有任何损失。同样，EDA软件和MATLAB软件的断供，对美国公司来说最多十几亿美元的损失，但是对于中国很多企业（如芯片设计企业）和高校来说，意味着核心业务的中断。

二、中国基础软件和工业软件发展滞后的原因分析

本部分首先梳理当前基础软件和工业软件中面临"卡脖子"的主要领域及其主要特点，然后运用马克思辩证唯物主义和历史唯物主义的科学方法来分析中国基础软件与工业软件的发展滞后的根本原因。

（一）从调查研究出发，梳理"卡脖子"的领域及其特点

1. 基础软件和工业软件的"卡脖子"领域

通过专业调研分析，当前比较公认的我国"卡脖子"软件领域具体如图3所示。

（1）基础软件。运行支撑软件方面：操作系统内核、基础库、运行时环境。语言/开发环境方面：编程语言、编译器、工具链。虚拟化方面：虚拟化引擎、容器、容器编排引擎。图形化用户接口方面：图形库、图形渲染引擎、3D引擎。

中美竞争格局下基础软件和工业软件如何破局 | 187

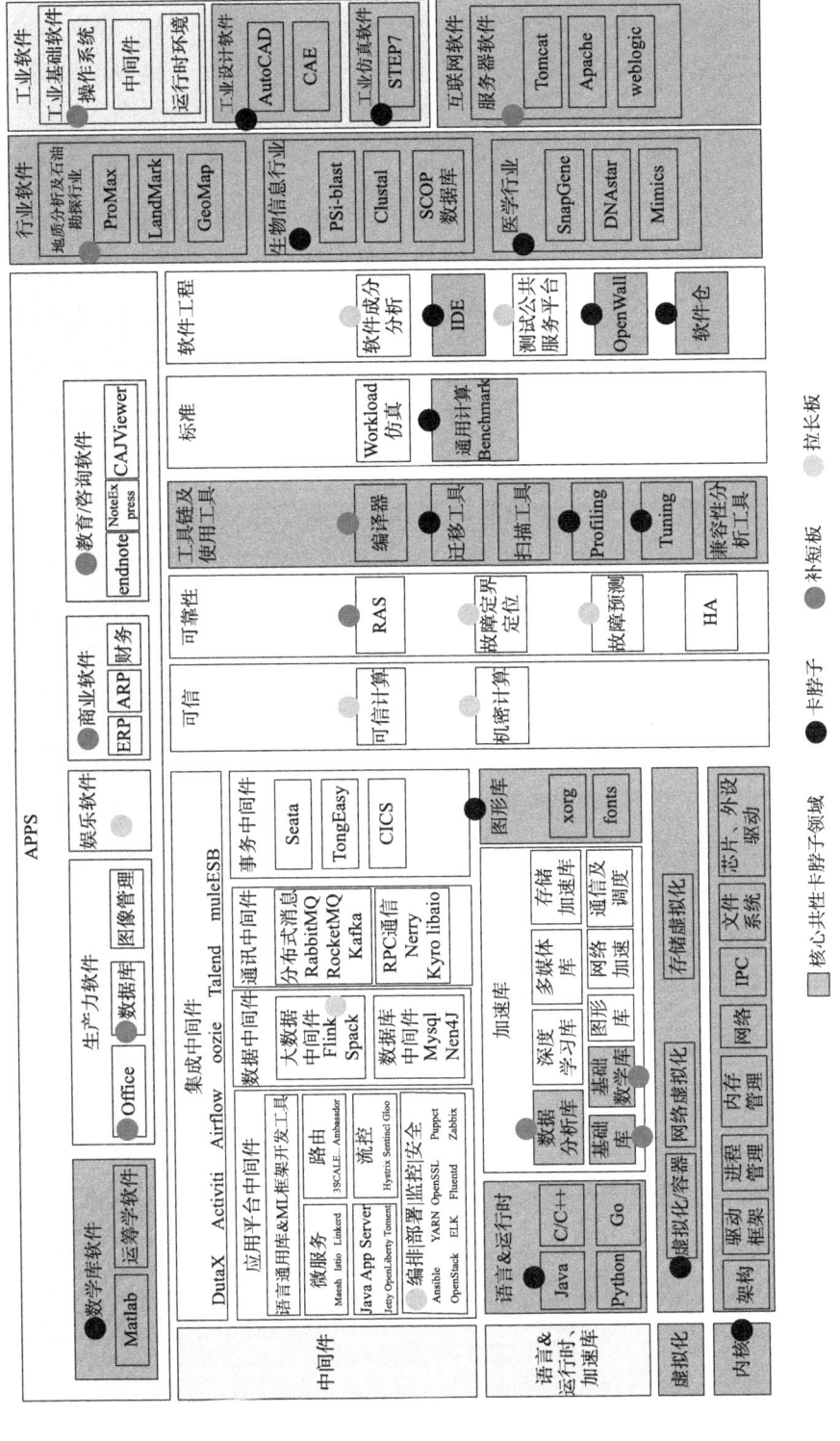

图3 "卡脖子"等软件的图谱

（2）工业软件。科学数学计算软件方面：动态规划、科学类数据分析统计、3D图像建模基础库等。领域专业的行业软件方面：集成电路设计、生物信息、地质分析、遥感、医学、工业设计和仿真等。

2. "卡脖子"领域呈现的共性特点

（1）研发流程角度。从研发角度看，"卡脖子"软件普遍具有工程量庞大、算法逻辑复杂、控制流程复杂、依赖于硬件绑定、需要行业长期积累、无法立即或直接创造收益等特点。"卡脖子"软件需要长期、持久的投入，而且研发完成之后往往容易受到技术相对领先的竞争对手打压；相较于互联网产业简单而完善的商业化路径，这类"卡脖子"软件研发耗时且需要投入庞大的经费，往往无法吸引中小型软件企业进行长期大量的人力和资金投入，造成了相关人才的断层和技术的断代。

（2）商业模式角度。软件产业主流商业模式包括License（许可）授权、Cloud（云）服务、培训/文档/服务/运维、广告、会员。"卡脖子"软件集中于基础、专业化程度高的行业领域。这类软件大多选择License授权、Cloud服务、培训/运维这类盈利模式。而相对比而言，互联网产业大多以广告、会员类商业模式，盈利建立在大规模用户量的基础之上，即"流量变现"。"卡脖子"软件的商业模式相对互联网产业对比来看，利润率和市场偏小，而且在我国对软件类商品知识产权保护相对不严格的情况下，利润空间有限，因此也无法吸引大量中小型软件企业的研发兴趣和长期投入。

（3）技术人才需求角度。我国的高等教育重视应用程序、机器学习、人工智能算法的培养投入，这类技术的入门门槛相对较低，然而针对操作系统内核、编程语言、编译器等领域的高级别软件人才和基础软件架构师通常需要10年左右的培养周期。此外，互联网、移动应用产业的兴起和资本的投入造成了大量人才从急需长期投入的芯片、基础软件产业流入高收入、急功近利的互联网应用产业。这类原因也会带来核心软件高级研发人才断层问题，是软件"卡脖子"不可忽视的原因。

（二）从辩证唯物主义出发，透过现象看本质

马克思辩证唯物主义要求对任何事物的分析都不能只停留在其表象上，而要透过现象看本质。因此，对于基础软件和工业软件，作为长期从业者虽然已经通过调研、实践获得了丰富而真实的感性材料，但仍要对这些感性材料进行"去粗取精、去伪存真、由此及彼、由表及里"的加工。尽管软件有其可编程、灵活性等普遍属性（矛盾的普遍性），但具体到基础软件和工业软件，又有各自的特殊属性（矛盾的特殊性）。唯有抓住本质，才能理清脉络。

1. 基础软件的本质及影响其发展的核心因素

前面讲过，基础软件的本质特征是管理硬件资源和支撑应用程序。本部分将以操作系统为例，分析影响基础软件发展的核心因素。

一个操作系统首要的是具备硬件抽象和管理能力，即能够把不同类型的硬件的特征提取出来，形成统一的、可扩展的交互接口。因此，可以分解为两点核心因素。

（1）以指令集（instruction set architecture，ISA）为代表的软硬件接口规范。除了以 X86、ARM、RISC-V 等为代表的指令集，还有 BIOS/UEFI、PCIE、USB 接口协议等，原本是为了实现硬件与软件的解耦合，使二者的开发可以并行开展，但在生态发展过程中起到了决定性的作用。一个操作系统要成为主流，必定要参与、甚至主导指令集等软硬件接口规范的制定（图 4）。

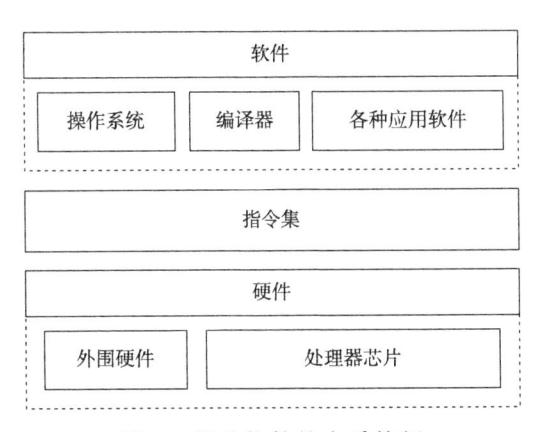

图 4　基础软件的本质特征

（2）软硬件深度协同设计和优化。一个操作系统仅仅停留在对标准规范的支持上市是不够的，那样可能只是学术研究或玩具级别。真正商业化的操作系统一定要与硬件特别是处理器紧密配合、协同设计、深度优化，这样才能发挥硬件最佳特性，形成核心竞争力。历史上著名的 Wintel 联盟（指微软 Windows 与英特尔处理器的协同），以及 AA 联盟（谷歌 Android 与 ARM 处理器）都是典型的例子。

一个操作系统还需要支撑上层应用的开发运行，适用不同的场景，并能够为开发者提供统一的、可扩展的应用编程接口（application program interface，API）和程序运行接口（application binary interface，ABI）。这里同样可以分解为两点核心因素。

（1）应用编程接口和运行接口的规范制定。尽管很早以前 IEEE 已经制定了 POSIX API（可移植操作系统接口规范），并被 UNIX、Linux、Windows 等主流操作系统在系统调用层次和标准 C 库层次所遵守，但是对于后续出现的智能移动终端、云计算等新型计算模式，这些接口都过于底层，不能满足触屏、容器等新型人机交互模式，因此，谷歌 Android 实现了自己的编程框架和开发套件，并定义了每一个版本的编程接口规范；同样，亚马逊云平台操作系统也有自己的一套操作规范。因此，一个有生命力的操作系统需要根据所面向的计算模式和场景，有适合自己并且能够主导的应用编程接口，只有这样才能吸引更多的开发者。

（2）与应用场景相适应的深度优化。一个操作系统仅仅满足标准接口，或者拥有自己的接口是不够的，还必须与其主要运行场景进行深度适配和优化，从性能、功耗、体积、高可靠、低时延等各个方面形成核心竞争力。以谷歌 Android 为例，虽然采用了 Linux 内核，但一开始就为 Linux 内核增加了上百个文件和上百个补丁，新增了 IPC Binder、Ashmem 等新机制（表 2），使得新内核更加适应移动终端低功耗需求。因此，操作系统必须与主要场景深度优化适配，成为该场景下公认的最佳实践方案。

表 2 谷歌 Android 对 Linux 内核的深度定制

Linux 内核模块	改变方式	主要改动	功能描述	
Goldfish	新增	44 文件	在内核增加 ARM 仿真架构支持，相应地为 QEMU 增加了 ARM 处理器仿真	
YAFFS2	新增	35 文件	提供 Flash 存储文件系统	
Bluetooth	修改	10 文件	蓝牙软件栈中增加了调试和控制功能	
Scheduler	修改	5 文件	进程在 CPU 上分配时间片的调度算法	
Android 新增	新增	28 文件	IPC Binder	进程间通信的更高层级 API
			Low Memory Killer	根据内存状况周期杀死进程
			Ashmem	匿名内存块共享系统
Power Management	替换	5 文件	针对设备的"移动""连续""外设"等特点，抛弃了 Linux 的 APM 和 ACPI 电源管理	
其他新增	新增	N/A	RAM Console、Log Device、ADB、RT Clock、Switch、Timed GPIO 等	
杂项	修改	36 文件	调试、键盘等控制、TCP 协议栈等	

2. 工业软件的本质及影响其发展的核心因素

工业软件除具有软件的性质外，更具有鲜明的行业特色。与其他软件相比，工业软件具有两方面的本质特征。

（1）工业软件具备行业领域的特殊性。不同行业的工业控制软件，其服务对象均不相同，如钢铁行业针对冶炼的工业软件很难适用机械行业，反之亦然。但是，在同一个行业领域内，一套好的工业软件，不仅需要满足当前工艺的需要，而且需要具备行业扩展性，只有这样才能满足未来产业升级换代的需求。

（2）工业软件要有行业知识和行业数据做支撑。工业软件的行业知识和数据，是指对行业控制软件起支撑作用的行业生产过程中经验积累的集合，特别需要指出的是，行业生产过程中关键知识、软件、诀窍及数据等知识的汇集。例如，生产过程中采集到各种数据、经验计算公式、技术诀窍、各种事故处理经验及各种操作经验，以及操作手册、技术规范、工艺模型、算法参数、系数及权重比例分配等。各个行业的数据知识库是工业软件的核心。工业软件的本质就是将这些数据和知识转化为代码和算法，实现设计的便捷化可视化、流程的自动化等，提升行业的生产运行效率。

（三）从历史唯物主义出发，透过现象找规律

在掌握基础软件和工业软件的本质与核心发展因素的基础上，我们还要用历史唯物主义的观点，来分析我国在这两个领域发展滞后的根本原因。

马克思历史唯物主义认为，研究历史规律必须研究人的活动。第一，要研究大多数人的思想动机和动因，要研究广大人民群众的历史活动；第二，要研究人的思想背后的物质动因。我们在这一原则的指导下，研究中国在两类软件上发展滞后的历史原因。

1. 基础软件滞后的历史原因

现代计算机历史通常以1936年的图灵模型、1945年的冯诺依曼体系结构和1946年的ENIAC诞生为开端。尽管20世纪50年代首位图灵奖获得者艾伦·佩利创造了编程语言ALGOL，但真正形成软硬件解耦，软件体系彻底从机器独立出来，还需要从IBM 360大型机开始算起，因为这时候正式诞生了指令集这一概念（其主要发明人莫里斯·威尔克斯爵士因此获得了第二届的图灵奖），成了计算机软硬件商业生态的起始原点。20世纪80年代开始英特尔创造了X86指令集规范，并将其发扬光大，形成了目前统治PC和服务器的指令集，与微软Windows操作系统互相成就了PC领域的垄断地位，并与Linux互相成就了服务器领域的优势地位。源于英国的ARM公司也从21世纪开始在嵌入式和移动终端领域走上主流地位，特别是近十年来随着移动终端的崛起，与Android共同形成了AA联盟。中国虽然早期有自己的计算机，但是只有2000年之后才基于MIPS指令集开始研发自己的通用处理器。当前已有的几款国产处理器，也是从国外的指令集授权或衍生而来，因此基础软件在这一期间主要采取"拿来主义"路线。

从以上发展历史，我们可以看出，中国基础软件发展滞后源自没有一个可自主掌握和发展的指令集，同时没有可以紧密适配的国产处理器，因

此一直没有诞生主流基础软件，也一直没有形成独立自主的基础软件生态。

此外，对于开源的重度依赖也是一个重要原因。1991年开源操作系统 Linux 诞生之后，国内厂商陆续将其引入国内。开源软件虽然降低了系统软件门槛，加速了软件产业发展，但我国互联网和软件开发商多利用开源软件寻求上层业务的快速迭代，信息化底层的核心架构采用拿来即用的方式，没有能够认真吸收其中的技术能力，也没有对开源社区形成有影响力的贡献，部署了大量未经过验证的开源软件系统，造成了"卡脖子"断供隐患和知识产权风险。之后，Android 采用开源模式也极大削弱了国产手机厂商自我研发的动力。直到华为出现谷歌 GMS 断供事件，国内才意识到基础软件自主可控的重要性。

2. 工业软件滞后的历史原因

中国工业软件滞后首先是快速工业化过程带来的副作用。由于国内各行业在信息化初期阶段缺乏对行业经验和数据的积累，面临专业软件的匮乏，但又要提升生产效率，因此大量引进了国外的分析类工具类软件。这些行业未来也会出现大量依赖国外软件的特征，也会遭遇"断供"风险。

另外，中国工业化历史进程中普遍存在的"重硬轻软"思想。通常在引进国外生产线时，软件是作为硬件设备的附赠品引入，因此在国内种下了"软件不花钱""软件不值钱"的思维惯性，导致国内开发者失去动力和市场。

还有一个比较隐蔽的原因，也是过去 20 多年来国外工业软件厂商的一个普遍策略，即对盗版的"纵容"策略。因为国内知识产权保护上对个人惩罚力度不够，但对机构惩罚很严格，一些国外工业软件厂商故意让其产品容易被盗版，使国内个人用户形成使用习惯，然后再从机构收取高额的授权费，甚至是诉讼之后的巨额罚款。这种方式变相压制了国内工业软件的市场。

因此，对于中国的工业软件来说，滞后的根本原因是没有人持续开发、没有人持续使用、没有人持续买单。

三、中国基础软件和工业软件如何突破

2018年5月召开的两院院士大会上习近平强调："实践反复告诉我们，关键核心技术是要不来、买不来、讨不来的。只有把关键核心技术掌握在自己手中，才能从根本上保障国家经济安全、国防安全和其他安全"[①]。对于包含了大量关键核心技术的基础软件和工业软件，我们唯有科技自立自强，才能打破被动局面。本部分在前文分析的基础上，提出中国基础软件和工业软件的破局方法，将从指导思想、技术路线和实施建议三个方面进行阐述。

（一）指导思想

2021年3月，中国科学院侯建国院长在论述科技自立自强是构建新发展格局的本质特征时提到：要加快构建以国内大循环为主体、国内国际双循环相互促进的新发展格局，最根本的是要依靠高水平科技自立自强这个战略基点，一方面通过加快突破产业技术瓶颈，打通堵点、补齐短板，保障国内产业链、供应链全面安全可控，为畅通国内大循环提供科技支撑；另一方面，通过抢占科技创新制高点，在联通国内国际双循环和开展全球竞争合作中，塑造更多新优势，掌握更大主动权。

面对以美国为首的一些西方国家对我国产业和技术进行全方位打压，全球产业链、供应链发生局部断裂这一严峻形势，我们不仅要加速"国产替代"，在关系经济社会发展和国家安全的主要领域全面实现自主国产可控；更要勇于跨越跟踪式创新，突破颠覆性技术创新，加快推进关键核心技术和装备"国产化"的去"化"进程，重塑产业链、供应链竞争格局，不断增强生存力、竞争力、发展力、持续力。

以上论述构成了我们解决基础软件和工业软件的指导思想。

---

① 习近平：《在中国科学院第十九次院士大会、中国工程院第十四次院士大会上的讲话》，人民出版社2018年版，第11页。

（二）技术路线

1. 基础软件要从生态原点出发

指令集是软硬件分界线和接口协议，更是一个生态的起始原点。当前我国软硬件生态主要构建在 X86 和 ARM 两大私有指令集的基础之上，这是整个生态处处受制于人的根源。中国必须找出一个有别于 X86 和 ARM 的新指令集，然后以此作为起点构建新生态。这是中国在中美科技竞争格局下走出困境的重要途径。同时，考虑到指令集的标准规范属性，以及当前世界的开放性和全球化，中国选择的指令集应当具备一定程度的全球共识，而不是闭门造车、敝帚自珍。综合而言，RISC-V 指令集是当下中国最好的指令集选择。

当然，仅仅做出 RISC-V 指令集的选择，仅能保证在指令集上不会出现"卡脖子"。同时，中国基础软件的从业者还必须深度参与 RISC-V 指令集规范的制定、参考实现（开源 IP 核、开源工具链等）的贡献，才能赢得国际社会的尊重，才能有足够的话语权。

2. 工业软件要用业务场景牵引

工业软件的全生命周期都离不开业务场景的牵引。中国在发展工业的同时，一定要同步发展独立自主的工业软件。要把每一次新建产线或产线升级换代都变成牵引国产工业软件的机会，为此甚至可以放慢实施节奏，因为一个自主可控的工业软件才能保证未来的可持续、不受限发展；要把每一次技术改造、效率提升的经验都变成工业软件的算法、知识、数据沉淀下来，而不仅仅是技术工人大脑里的"Know How"；要把有无国产工业软件当成衡量产业是否在走高质量发展之路的标准。

3. 真正落实"产学研用"结合

这里涉及两方面的反思。一方面，产业机构不能只诟病高校和科研院所的成果不落地、对产业贡献少，而要反思是否提供给"学研"足够的、真实的需求，要反思是否有勇气尝试"学研"的新技术、新方法。但另一方面，更应该反思的是科技工作者。如习近平所说："实践证明，我国自主创新事业是大有可为的！我国广大科技工作者是大有作为的！我国广大科技工作者要以与时俱进的精神、革故鼎新的勇气、坚忍不拔的定力，面向世界科技前沿、面向经济主战场、面向国家重大需求、面向人民生命健康，把握大势、抢占先机，直面问题、迎难而上，肩负起时代赋予的重任，努力实现高水平科技自立自强！"①因此，对于学术科研界来说，不能只抱怨产业界保守封闭，而要反思学术研究的对象为什么不能优先选择国产设备和系统（不研究怎么能改进），反思论文的实验环境为什么不能优先使用国产设备和系统（不使用怎么能发现问题），反思为什么不能主动去找产业对接研究成果。

（三）实施建议

面对我国基础软件和工业软件产业存在的问题，本文提出如下实施建议。

（1）转变思想，依靠制度优势，加大软件产业政策支持。充分发挥我国新型举国体制和政策优势，通过"揭榜挂帅"等形式，充分调动社会力量，激励相关机构、优秀技术力量集中攻关解决软件"卡脖子"问题。同时，加大对软件产业项目支持力度，摒弃"重硬轻软"的固有思维，提升软件研发经费在各类项目中的比例，大幅提升软件研发相关项目的人员费比例等。

（2）找准核心卡点，构建完善供应链体系。软件供应链的建立能够明确我国在这类新型创新型技术上的脆弱点、关键点及优势点。通过弹性地维护和控制软件供应链，能够降低对诸多核心关键技术的依赖性。建议构建能够对关键软件供应链进行评估的框架，并制定一定规则，加强核心关键类软件的自主可控替换；同时，建议构建基于软件供应链的完整体系，制定竞争壁垒、安全关键技术管制，"卡脖子"技术研发和保护的具体政策，明确值得重点投资和保护的核心技术。

（3）凝聚技术力量，加大力度吸引高端人才。软件的研发作为知识高附加值产品，归根结底于人才的参与度和产业的资本投入。建议经过充分

---

① 习近平：《习近平重要讲话单行本（2021年合订本）》，人民出版社2022年版，第68页。

的论证和调查后，明确"卡脖子"软件的技术类型，以及人才分布情况（卡脖子软件、行业竞争壁垒软件、安全关键软件、催化剂软件技术）；加大力度吸引高端人力，维护持久的资本投入和商业化良性循环，为"卡脖子"软件问题的解决提供资源保障，为"卡脖子"软件技术的调研和实施营造更好的环境。

（4）深化开源合作，形成相互交融、互相牵制的国际发展态势。加强新型软件协作机制，积极推动开源软件"根社区"建设，大力推进面向 RISC-V 开源指令集的软件产业生态发展，集众人之智以源代码开放协作和统一许可协议的方式，采用全球化的开发模式来集中开展软件研发和生产。加强与国际相关组织团体、优势技术力量的合作，推动形成"你中有我、我中有你"的相互依存的软件发展新态势。以开源软件为抓手，创建和谐、规范的全球化开源软件协作体系，积极构建软件生态人类命运共同体。在参与国内龙头企业主导的大型开源软件项目方面，还应当破除"唯牵头论"和"唯首创论"，弘扬"功成不必在我，功成必定有我"的精神，重视在国家重大需求和经济主战场发挥了"关键助攻"和"催化剂"作用的成果，而不是一味强调"牵头"和"首创"，这是破解成果碎片化、虚化的关键。

（5）严格保护知识产权，树立尊重软件知识产权的社会观念。这里主要是解决思想观念问题。哈尔滨工业大学被禁用 MATLAB 时，有人不屑一顾说"这年头还有人用正版"，然而正是这种错误思想在一定程度上贻误了中国软件产业的自主发展。因此，需要加大对软件付费理念的宣传，加大对盗版软件的打击力度，多渠道建立软件创新文化。

四、总结

在中美竞争格局中，中国基础软件和工业软件的相对滞后有其历史原因，也有其内在属性带来的根本原因。在厘清形势、找准原因、定好策略之后，更加重要的还是脚踏实地、持之以恒地落实执行。

基础软件和工业目前对中国是"卡脖子"领域，对美国是"护城河"，然而假以时日，中国一旦在二者上实现突破，那么对整个 IT 产业、对大多数的工业领域都将形成巨大的"加速器"效应，带来产业质量的飞跃，带来产业安全的保障，更会带来持久的生产力提升和产业繁荣。

参 考 文 献

侯建国：《把科技自立自强作为国家发展的战略支撑》，《求是》2021 年 3 月 16 日。

习近平：《在中国科学院第十九次院士大会、中国工程院第十四次院士大会上的讲话》，《人民日报》2018 年 5 月 29 日。

习近平：《在中国科学院第二十次院士大会、中国工程院第十五次院士大会、中国科协第十次全国代表大会上的讲话》，人民出版社 2021 年版。

Competition A, *A Strategy for China & Technology, Actionable Insights for American Leadership*, China Strategy Group. Nov. 2020.

作者：武延军，中国科学院软件研究所。

人才队伍建设

国家科研机构人才队伍建设的思考

——以中国科学院为例

在中国科学院第十九次院士大会、中国工程院第十四次院士大会上，习近平指出："实现建成社会主义现代化强国的伟大目标，实现中华民族伟大复兴的中国梦，我们必须具有强大的科技实力和创新能力"。[1]2020 年 6 月 29 日，在第十九届中央政治局第二十一次集体学习时，习近平又进一步提出："要深化人才发展体制机制改革，破除人才引进、培养、使用、评价、流动、激励等方面的体制机制障碍，实行更加积极、更加开放、更加有效的人才政策，形成具有吸引力和国际竞争力的人才制度体系，努力聚天下英才而用之。"[2]

纵观国际，大国之间的竞争，本质上是生产力之争，核心是科技创新能力之争，归根到底是人才竞争，而聚集人才的关键要靠制度。谁拥有制度优势，谁就拥有人才，谁就能够赢得竞争主动权。进入新发展阶段，要进一步巩固和加强党管人才制度优势，构筑科技创新引领优势。要深刻认识新时代人才工作的极端重要性，牢固树立人才引领发展的战略地位，

---

[1] 习近平：《习近平：在中国科学院第十九次院士大会、中国工程院第十四次院士大会上的讲话》，2018 年 5 月 28 日，https://www.ccps.gov.cn/xxsxk/zyls/201812/t20181216_125694.shtml。

[2] 习近平：《习近平在中央政治局第二十一次集体学习时强调：贯彻落实好新时代党的组织路线 不断把党建设得更加坚强有力》，2020 年 6 月 30 日，http://cpc.people.com.cn/n1/2020/0630/c64094-31765095.html。

认真落实"十四五"规划和2035年远景目标要求，紧跟党和国家事业发展需要，加快培养各领域各方面的专业人才，经风雨、见世面、壮筋骨、长才干，努力让各类人才引得进、留得住、用得好。

四十多年来，我国在改革开放的大路上越走越宽，从以大批派出留学人员出国留学为代表的人才辈出，到以海外留学人员和华人回归创新创业为代表的人才大进，引智工作和人才开放取得了巨大成就。但近年来，一些西方国家在人才引进与交流方面对我国的围堵和打压达到蛮横无理的程度，加之愈演愈烈的对华舆论战、科技战等一系列戕害关系的举动使相关工作遭遇前所未有的巨大障碍和不确定性。我们要从国家新发展格局出发，以全球人才变局为背景，做好人才发展的战略预设，加快构建以国内循环为主体的国内国际双循环人才发展新格局。为此，结合国家人才建设的具体情况和中国科学院的团队优化背景，本文提出了如下的思考和建议。

一、全方位引才，构建人才发展新格局

（一）加快国内人才大循环，巩固人才根基

人才发展新格局是我国整个经济社会新格局中不可或缺的重要组成部分，是起引领作用的动能格局。要以人才国内循环为主体构建人才新发展格局，发扬国内人才的主场优势。

目前，我国国内部分高校处于教学型向研究型转型阶段，在政策导向、管理体制、管理模式上难免会出现偏差，如体量过大、机构臃肿、管理僵化、学科分散、梯队断层等问题仍然存在。而高科技企业有其固定的商业模式，以市场为导向，更侧重研发，研究方向偏工程和产业化，行业环境决定企业的需求是应用型实战型人才，缺少基础研究的积累。与之相比，中国科学院则具有学科方向凝练、组织机制灵活、项目资源丰富、管理体系更注重服务的巨大优势。因此，鼓励高校、科研机构、企业的人才流动，有利于进一步激发人才活力，使人才得到有效配置，切实提升人才使用效能。中国科学院作为国家战略科力量的重要组成

部分，人才储备丰富。遍布全国的 100 余家科研单位，成为各地争相引进的"国家队"。各研究机构可以充分利用所在城市的地缘优势，多渠道多角度差异化引才，作为引才主体和载体，为加速国内人才大循环做出应有贡献。

（二）驱动国内国际人才双循环，打通国际人才渠道

以国内循环为主体，并不是要关闭国门、放弃和割断国际循环，而是更高水平地敞开胸怀、打开国门。"十四五"期间，必须以大智慧开启新思路走出人才变局，打破人才危局，重塑参与国际人才竞争与合作的新优势，重构和畅通具有全球竞争力的国际人才大循环。

中国科学院应进一步破除"唯论文、唯职称、唯学历、唯奖项"，突出用人主体作用和市场激励导向，重构人才分类评价激励体系，由"以帽取人"转为"以岗择人"，由支持"帽子"转为支持"岗位"，具体引才的理念可概括为"引进看成就、评聘看水平、待遇看贡献"。建立健全科技关键技术项目悬赏制；建立顶尖人才引进"一事一议"制；靶向引进全球高精尖缺人才；面向全球升级中国科学院的国际雇主品牌。

另外，要以引智聚才为接口和纽带使国内人才循环与国际人才循环有效链接，以高质量的国际人才循环提升国内人才循环的效率和水平。要构建和完善人才国内国际双循环人才供给体系相互补充、相互促进的机制，畅通人才国内循环，促进人才国内国际双循环，依托我国国内人才大市场，吸引全球一流人才来华学习、工作、创新创业，聚天下英才而用之。

（三）落实人才政策，加速高层次人才聚集效应

习近平强调："一个国家对外开放，必须首先推进人的对外开放，特别是人才的对外开放。"[①] 中国科学院"百人计划"是 1994 年由中国科学院启动的一项高目标、高标准和高强度支持的人才引进与培养计划，是中

---

① 中共中央文献研究室编：《习近平关于科技创新论述摘编》，中央文献出版社 2016 年版，第 114—115 页。

国改革开放以来大规模引进、培养与储备高端人才的直接发起者，也正是由于这个人才计划，直接吹响了中国高端人才集结的号角。目前"百人计划"已有3000多人入选，对于我国科技水平的快速提升与经济社会的发展起到了巨大的推动作用，但人才结构及发展体制仍需继续优化，才能加快形成有利于知识分子干事创业的体制机制，打造一支规模宏大、富有创新精神、敢于承担风险的创新型人才队伍。

在人才政策方面，深圳在近几年领跑全国。作为先行示范区，坚持树立全球视野和战略眼光，把人才工作摆在更加突出的位置，打造人才对外开放新高地。从数据来看，深圳称得上是受益于引才政策的赢家。根据《2020海归留学生就业洞察报告》的数据，深圳是对海归需求占比最大的城市，排在了北京、上海、广州之前，占比为13.55%。

（四）树立"大人才观"，打破地域藩篱柔性引才引智

习近平高度重视人才工作，并提出"聚天下英才而用之"的大人才观。中国科学院应持续加强与港澳台地区、国外知名大学（研究机构）合作，逐步构建协同创新集群。依托"一带一路"国际科研组织联盟，开展交流研讨，促进科研合作。通过设立"访问学者""客座教授"等岗位，开展横向项目合作，定期举办学术交流沙龙等，吸纳知名学者非全时工作，与机构内全时中青年骨干和优秀的年轻博士与青年学生组成人才梯队，在学科把握、队伍建设、人才评价等多方面充分发挥引领作用。中国科学院作为国家战略科技力量的重要组成部分，人才储备丰富，在面向世界科技前沿和面向国家重大需求时，通过多渠道引才引智将有能力实现异地多家科研单位的人才动态调整和重组。

二、多层次培养，以人才培养推动科技创新

（一）加强青年人才培养，助力青年科学家成长

选拔一批优秀青年科技人员，通过重点资助扶持，促进青年骨干的快

速成长，培养本领域的优秀人才。例如，坚持并优化青促会模式，广泛开展青年学术交流。通过举办青年学术沙龙、青年论坛等活动，强化青年科研人员之间的交叉融合创新，致力于在学术、科技成果转化、科学传播、制度建设等方面持续取得突破性进展。

（二）促进专业交流合作，提升人才培养质量

聚焦新时代新发展，科技是第一生产力，是强国兴国的重要支撑，要想抓住科技创新，应从全球视野去推动交流合作，建立科技发展与创新的人才库。20世纪90年代初，香港各大学科研水平不高，基于此背景，一方面香港从欧美发达国家大量引进高水平青年人才，另一方面推出内地英才访港计划，给予来访人员高收入来访待遇。此两项举措的实施使得香港各高校科研水平飞速提高，部分大学跻身世界高水平名校。因此，建议合理利用经费支持，大幅增加流动人员规模如博士后、来访科研人员等，以增强青年科研人员与院外人才的合作交流，增强青年科研人员在本领域的影响力。

（三）打造战略科技队伍，形成发展格局高态势

战略科技人才队伍是提升国家战略科技力量的重要依托，是突破关键核心技术破解创新发展难题的关键少数，是建设世界科技强国的中坚力量。

近年来，我国加快实施创新驱动发展战略，提出了到2035年跻身创新型国家前列、至2050年建成世界科技强国的宏伟目标。我国在过去几十年的时间里在生物技术、航天技术和信息技术等领域取得了重大成就，但要建设成为世界科技强国，仍面临重大挑战。在当前错综复杂、异常激烈的国际竞争中，我们必须拥有顶尖的战略科技人才队伍，才能掌握制胜优势。在新阶段人才队伍建设中，要突出高端引领，抓关键少数，构建战略性人才优势，通过整合资源、创新方式、创造条件，培养造就一大批具有国际水平的战略科技人才、科技领军人才和高水平创新团队，开展原创性、引领性、系统性创新研究，形成新的发展优势。

三、多渠道保障，建设稳定均衡的人才队伍

（一）健全稳定的"长周期"经费支持

传统的向政府部门申请经费的做法，尽管行之有效，但仍有两大劣势：一是高风险的探索性项目难以得到资助；二是对意料之外的新兴研究热点的反应不够快。美国对于具有颠覆性潜力的高风险研究项目通常会在早期提供持续稳定的资金支持，尤其是针对处于职业早期的青年科学家。美国国立卫生研究院（National Institutes of Health，NIH）研究表明，科研产出和资金支持存在一个钟形曲线关系，当稳定的经费保持在 50 万美元/年的时候，科研产出（论文、专利、著作等）处于最高点。研究还表明，当在职业早期获得稳定的资金支持时，科学家们更能在此支持下获得大量的外部竞争性资金，从来进一步开展后续研究，这被称为"蓄积作用"（cumulative effect）。因此，通过稳定的科研启动资金支持，把科研人员从申请项目资助的事务中解脱出来，开展更富挑战性的原创研究。同时，通过限制稳定资金支持的规模，调动科研人员的能动性，激发他们的竞争意识，在后续寻求更大规模的外部资金支持。

（二）采取"一破一立"的人才聘用方式

"一破"，即打破国内外研究院所的围墙，不唯论文、不唯职称、不唯学历、不唯奖项，灵活聘用并引进领军人才。受聘者全职或兼职，跨单位、跨学科的交流和思想碰撞，这样有利于催生颠覆式创新。"一立"，即围绕领军人才建立团队，以课题组为单位开展独立研究，营造多学科交叉的合作氛围，全力支持国家重大需求驱动的前沿和创新性研究；同时，由高效的管理团队提供科研保障，专业的转化团队提供成果产业化支撑。

（三）建立科学合理的人才激励机制

习近平曾说过："用好科研人员，既要用事业激发其创新勇气和毅力，也要重视必要的物质激励，使他们'名利双收'。名就是荣誉，利就是现实

的物质利益回报，其中拥有产权是最大的激励"①。中国科学院应从国家需要角度出发，推进战略科学家资助体制机制创新。以分类评价为基础，加快构建导向明确、科学规范、竞争择优的人才激励机制，最大限度激发人才创新创业活力，促进各类别优秀人才竞相涌流。以流动率实现科研队伍年轻化，形成"能上能下、能进能出、动态优化"的人才正向流动机制。建立差异化资助体系，并在资助额度上有所倾斜和突破，真正做到人尽其才、才尽其用。

（四）营造各类人才施展才能的氛围

经济社会发展既要有良好的营商环境，也要有有利于人才成长和发挥作用的环境。在人才工作氛围上，要深化科学研究及项目管理中的"放管服"改革，推进教育体制、科技体制等改革，破除各种不合理限制，使科研团队有更大自主权，使各类人才心无旁骛潜心研究、专心致志钻研技能，推动三百六十行，行行出状元。支持更多优秀青年在重大科研任务中挑大梁，促进他们在科研黄金阶段多出成果。希望老一辈科学家和高技能人才奖掖后学、甘当人梯，为年轻人成才拓展空间。在人才生活氛围上，瞄准人才反映强烈的突出问题，着眼于满足各方面人才的高品质公共服务需求，为人才提供方便快捷的服务，切实增强各类人才的获得感、幸福感、归属感。

（五）加强各类人才的政治引领和政治吸纳

加强对优秀人才的政治引领，增强他们的政治认同感和向心力，实现增人数和得人心有机统一。各国人才竞争加剧，核心机密和核心技术人才资源争夺日趋激烈；创新驱动急需最大程度汇聚人才合力，最大限度激发人才活力；同时，党管人才工作面临着人才价值观念多元化、社会结构多极化、人才流动市场化、社会组织分散化等新形势新挑战。世情国情党情

---

① 中共中央文献研究室编：《习近平关于社会主义经济建设论述摘编》，中央文献出版社2017年版，第139页。

的深刻变化，给人才的政治引领和政治吸纳带来的新挑战、新使命、新难题。要引导优秀人才弘扬新时代科学家精神。要有强烈的爱国情怀，将实现个人科学抱负的"小我"融汇于国家民族命运的"大志"；要把原始创新能力提升摆在更加突出的位置，从根本上推动我国科研工作从"跟跑""并跑"变为"领跑"；要秉持求实精神，坚持立德为先，践行社会主义核心价值观；要静心笃志、心无旁骛、力戒浮躁，甘坐"冷板凳"，肯下"数十年磨一剑"的苦功夫；要培养国际视野，加强国际合作，面对单边主义和"卡脖子"技术坚持开放的心态，在联合攻关中提高自身的科技创新能力，为构建人类命运共同体做出应有贡献。

作者：曹敏，中国科学院生物物理研究所；刘陈立，中国科学院深圳先进技术研究院；孙东明，中国科学院金属研究所；周伟奇，中国科学院生态环境研究中心；刘传周，中国科学院地质与地球物理研究所；周溪，中国科学院武汉病毒研究所；黄飞敏，中国科学院数学与系统科学研究院；袁小华，中国科学院近代物理研究所。

解放科研院所基层科研人员的创新能力

一、引言

随着我国全面建成小康社会，我们党领导全国人民向 2035 年基本实现社会主义现代化这个远景目标而努力。为了实现这一宏伟目标，我国经济社会需要由原来的高速发展转向高质量发展，但目前我国整体创新能力还不能适应高质量发展需求。党的十九届五中全会提出了 12 个方面的重点工作方向，其中第一个方向就是坚持创新在我国现代化建设全局中的核心地位，这也表明党中央对于国家创新能力的高度重视。在当前日益复杂的国际大环境下，创新能力对于我们显得更为重要。

科研院所是我国创新体系的重要组成部分，不仅是知识创新的重要力量，也是技术创新的主力军。在过去的几十年，科研院所在我国科技创新方面发挥了重要作用。随着我国转向新的发展阶段，对科研院所的创新能力提出了更高的要求，而由于科研院所体制的特殊性，目前存在的一些问题却束缚了广大基层科研人员的创新能力。

二、存在问题

（一）直接科研时间不足

调查结果显示，科研人员的平均直接科研时间仅占一半略强，近一半的人直接科研时间不超过工作时间的 50%，有 20% 的人花费在直接科研上的时间不足 1/3[①]，导致这一结果的主要因素包括：项目申请和管理繁复、项目考核指标过多、多重角色、会议繁多等。

一个科研项目的完整周期包括申请、执行、年度或中期考核、财务验收和技术验收等，每一环节都需要准备大量的支撑材料并进行评审，这就导致真正用在项目研究上的时间大为减少。

科研项目成果形式考核指标过多，如一个样机研制类的项目，除了样机本身外还要求有文章、专利、各种报告等，这样在完成最主要的考核指标之外还要投入精力完成其他成果要求。

许多基层科研人员往往身兼多重角色，如担任某一科研项目负责人的同时又参与其他多个项目，还有一些科研人员被安排非直接科研的调度、经费、质量、保密等岗位。

繁多的会议是挤占科研人员的直接科研时间的另一重要因素，如工程研制类项目执行过程中的众多节点都有若干会议并且需要准备大量的会议材料。

（二）待遇普遍不高

较好的待遇是保证科研人员安心进行科研创新工作的重要前提。科研院所基层科研人员的收入相对于目前高收入的互联网、金融行业普遍偏低，对毕业生的吸引力不够，导致具有较高创新能力的人才流入率不高，并且有一定的人才流失现象。

部分科研院所科研人员收入的一大部分来自竞争性经费，而来自财政稳定支持的部分占比较低。为了保持或提高科研人员的待遇，就需要不断争取各种类型的项目，结果往往导致基层科研人员疲于完成项目，没有时间和精力用在创新研究上。

科学创新存在较高的失败风险，而一些科研院所更倾向于高薪聘任高端人才（尤其是海外人才）。激烈的竞争抬高了高端人才的身价，这也导致

---

① 黄艳红：《中国科研人员科研时间调查报告》，《河南社会科学》2011 年第 19 期，第 148—154，219 页。

高端人才和基层科研人员的收入差距不断拉大，大部分基层科研人员的收入被平均了。

（三）创新贡献认可度不足

科研院所基层科研人员基数大，他们在创新能力方面往往侧重点不同，有人善于提出新想法而有人善于通过技术创新实现新想法，因此有些时候原创思想提出者并不是其具体实现者。但往往最终获得赞誉和实际利益的却是实现者，而真正的新想法的提出者却默默无闻，这会大大影响他们的创新积极性，使他们逐渐失去创新动力。即使是在通过技术创新实现创新想法的整个链条上，走在前台的往往仅是项目负责人或有限的骨干科研人员，其他多数基层科研人员的点滴创新贡献没能体现甚至被抹杀，这也会严重打击这些人的创新积极性。

（四）对创新失败不够宽容

创新成功的概率远低于失败的概率，有资料显示科研创新成功率仅有10%左右[1]，而相关调查显示仅有24.3%的被调查者认为我国有"宽容失败的氛围"[2]。基层科研人员在科研院所处于相对弱势地位，这种"以成败论英雄"的导向，导致他们更担心创新失败的风险。不能容忍他们在创新方面的失败，相当于束缚住了他们的手脚，使他们趋于保守，不愿意去尝试创新。

比如，笔者所从事的航天载荷研制工作，由于其固有的不同于地面产品的特殊性，科研人员需要承受任务失败风险带来巨大的压力。这种情况下他们多数会选择成熟的经过验证的技术，而很少选择新技术或者主动开展创新研究并进行应用，从而导致了相关技术进步较慢。

---

[1] 沐沂：《宽容失败有多难》，《人民日报》2016年1月26日，第19版。
[2] 中国科协调研宣传部、中国科协发展研究中心：《第三次全国科技工作者状况调查报告》，中国科学技术出版社2014年版。

（五）创新资源和能力导向存在偏差

多数科研院所的资源都是围着"大牌"专家进行配置，给他们做了很多"锦上添花"的事，而较少为基层科研人员"雪中送炭"。功成名就的"大佬"们不断地获得各种资源，基层科研人员则只能背负着科研和生活压力艰难前行，他们中的多数人有幸熬出头的时候也已经错过了宝贵的创造力黄金期[①]。

刚刚走出象牙塔进入科研院所的基层科研人员，正处在敢想、勇于实践的阶段。但多数科研院所往往忽略了他们的这些优势，给他们中的很多人安排了简单重复性工作，在这些工作负担下他们的"棱角"渐渐被磨平，创新能力没有得到及时的培养和发挥，而最终将变得平庸。

三、解决建议

针对上述束缚科研院所基层科研人员创新能力的问题，从科研院所和相关主管部门两个层面给出如下建议。

（一）增加直接科研时间

1. 简化基层科研人员的角色

设置财务助理，将他们不擅长但却需要花时间和精力的采购、报销、项目经费报价/审价/审计、项目经费管理和使用等事务中解放出来，专业的事情交给专业的人去完成。

对于工程相关的课题组或科研院所，着力提升项目计划调度人员的能力，并充分发挥其在项目执行中的作用，使基层科研人员从项目执行计划调度工作中解放出来。

对于工程项目中的试验、值班等不需要创新和高学历人员的工作内

---

① 于璧嘉：《让青年成为科研创新的引领力量》，2016年4月7日，http://chuangye.cyol.com/content/2016-04/07/content_12388879.htm。

容，可设置专门的岗位并聘用专门的人员负责该类工作，使基层科研人员从这些简单重复性工作中解放出来。上述三类措施可根据实际情况考虑若干课题组共同聘用，从而节约人力成本。

2. 改进会议形式、精简会议

能够在线上进行的会议尽量在线上组织，减少科研人员由于参加线下会议而在市内或外埠差旅上花费的大量时间。

对于多方参与的协调、沟通类会议，会议组织方可将会议时间段进行细化，避免要求所有与会人员全程参与，只要相关方在相应的时间段参会即可，节约各方时间。

没必要召开的会议尽量不开、可合并的会议尽量合并，以工程研制领域为例，可考虑仅在设计和验收等关键节点召开会议，调试、测试和试验等环节仅进行结果审查即可。

3. 简化项目申请和执行流程

多部门联合建立申报信息数据库，项目申请时需要提供的相同的材料（如单位信息、人员信息等）共享共用，减少基层科研人员重复劳动。项目经费采用"包干制"，减少项目经费使用和审批流程。把住立项和验收两个关键节点，减少科研项目执行过程中的各类评估、检查、抽查、审计等活动。合并财务验收和技术验收，仅在项目执行期末进行一次性综合评价。

4. 改进评价体系

减少科研项目验收时评价指标数量，增大成果质量考核的权重，如样机研制类的项目仅考核产品的最终性能指标的先进性，基础研究类项目仅考核1~2项代表性文章的创新性。项目申请时对研究基础方面的考察要点进行细化并设置权重，已有关键性成果给予高优先级，降低奖项及其他非关键成果的权重，从而降低科研人员申请项目或经费的压力。类似的，科研院所职称评定时也应合理设置各项评价指标的权重，使科研人员不必为了实现每一项指标而花费大量的时间。

（二）切实提高待遇

通过成果转化提高待遇。对于有成果转化能力的科研院所，在政策上鼓励基层科研人员将知识产权进行转移转化，转化后的收益向拥有产权的基层科研人员倾斜，这样一方面可提高基层科研人员的待遇，另一方面可进一步激发他们的创新积极性。成果转化后的一部分收益可作为科研院所的公共基金，给暂时没有成果转化的基层科研人员提供支持。整个科研院所通盘考虑，保持基层科研人员队伍的稳定和可持续发展。成果转化可以考虑聘用有经验的企业、团队、平台进行，减少基层科研人员为进行成果转化而需要投入的时间和精力。

合理分配高端人才与基层科研人员的收入。科研院所应根据自身情况合理设置高端人才的数量及其收入，不应一味追求高端人才数量或通过高收入吸引高端人才，适当提高一部分能力较强的基层科研人员的收入，保持高端人才和有能力的基层科研人员收入的合理差距，激发能力较强的基层科研人员的积极主动性。

改革科研项目经费管理办法中在工资方面"一刀切"的政策，针对不同类型的科研院所，根据其实际薪酬体系构成及基层科研人员的占比情况，确定项目经费中工资部分的合理占比并切实落实。一方面对各类项目经费预算中的间接费用提取比例规定一个合适的范围，另一方面申请单位如实填写领取津贴的基层科研人员及其工时，这样可让科研项目所需的经费更透明，也可以防止基层科研人员个人承担过多的项目。这还将保持财会制度的严谨性，也可体现科研人员的科研诚信。

（三）尊重原创并建立创新贡献记录

科研项目的主管部门应切实保护相关单位和科研人员提出的创新想法，不将一个科研单位的创新想法透漏给其竞争对手，切实尊重原创想法的提出者。另外，若创新想法的提出者与实现者（完成攻关和应用）不是同一人员或团队时，在进行奖励时不应只奖励实现者而忽略提出者，只有这样才能不让提出者感到失望并失去创新动力。

相关科研项目主管部门应联合起来建立整个创新成果链条的记录，翔实、永久地记录从创新想法的提出者到整个创新实现链条上每个创新点的所有参与者（技术、管理）的贡献，而不仅仅是记录成果负责人或有限的骨干人员，让每个参与的基层科研人员的贡献都能够记录在案，增强基层科研人员的自豪感和成就感。

（四）宽容创新失败

改变"以成败论英雄"的结果导向，充分肯定科研人员在创新工作过程中所做出的努力，宽容科研人员在创新方面的失败。《中华人民共和国科学技术进步法》（2021年修订）第六十八条规定："国家鼓励科学技术人员自由探索、勇于承担风险，营造失败的良好氛围。原始记录等能够证明承担探索性强、风险高的科学技术研究开发项目的科学技术人员已经履行了勤勉尽责义务仍不能完成该项目的，给予免责。"

对于前沿探索类的项目，在确保科研经费没有违规使用、科研数据没有造假的前提下，要以宽容和积极的态度对待失败案例。探索失败时，科研人员应总结失败的经验并把这样的经验分享给后来者，避免重复走弯路。

对于失败容忍度极低的项目（如重点工程研制任务），可考虑对创新设计开展前期验证，另外鼓励关键环节设计主份和备份两套方案，主份采用成熟方案，备份采用创新方案，从而能够容忍创新方案的失败（在创新方案失败时仍能够完成既定目标）。

（五）改善创新资源和能力导向

在科研院所的科研经费、科研课题等资源配置方面，适当向基层科研人员倾斜，如为他们设置专门的课题或基金，给予部分基层科研人员一定的资源使用权力，激发他们的创新能动性。

对于刚刚进入科研院所的年轻基层科研人员，引导他们继续保持积极学习和勇于实践的精神，让他们保持原有的"棱角"，在完成基本工作的前提下，发挥他们"初生牛犊不怕虎"的精神，勇于在创新方面进行尝试，避免完全按照规定好的路线开展工作而不敢越雷池一步、扼杀他们的创新活力。

（六）应对可能的负面结果

基层科研人有了充足的科研时间、较好的待遇、创新能够得到充分尊重、失败能够被宽容、获得了资源配置和创新方面的正确引导，也有可能会出现一些负面的结果，如部分人员处于"摸鱼"状态、创新思想或成果弄虚作假等。

针对部分人员"摸鱼"而不进行创新研究的情况，可采取建立集中的创新团队、树立创新典型、引入竞争机制等措施。选拔具备创新能力并且不甘于"摸鱼"的科研人员组成集中的创新团队（类似于"实验班"），该团队中的科研人员互相带动，形成良好的创新气氛。对于做出创新贡献的科研人员，加大奖励（收入、科研资源等），树立典型，起到模范带头作用。团队中引入具有创新能力并敢于创新的人才，形成"鲇鱼效应"，促进该团队的成员积极主动开展创新活动。

针对创新成果弄虚作假的情况，建立个人和单位的黑名单制度。一旦发现弄虚作假的情况，将其列入黑名单，并在各主管部门之间共享、录入查询平台。在一定时间内对个人和单位的科研诚信情况在查询平台上前置性审查，有不良信用记录的不予受理新项目的申请。对于项目创新思想和成果的评价，可利用"互联网+"时代的网络共享技术和大数据平台，根据不同的学科领域，建立专业评审人的数据库，为成果评价搭建基于网络、开放式的管理平台。进一步强化盲审的透明度，设立问责机制，杜绝利益输送、裙带关系等学术腐败现象。

四、结语

由于存在直接科研时间不足、待遇普遍不高、创新贡献认可度不足、对创新失败不够宽容、创新资源和能力导向存在偏差等方面的问题，科研院所基层科研人员的创新能力受到了较大的束缚，而他们是科研院所创新活动的主力部队，在当前国家巨大的创新需求背景下，急需解放他们的创新能力。

本文从增加直接科研时间、切实提高待遇、尊重原创并建立创新贡献记录、宽容创新失败、改善创新资源和能力导向、应对可能的负面结果等六个方面给出了具体建议，包括科研院所层面能够直接实施的建议，以及需要相关主管部分层面进行改进的方面，对于解放科研院所基层科研人员的创新能力具有较好的实际参考价值。

作者：张爱兵，中国科学院国家空间科学中心。

战略科学家领导力研究

习近平在 2021 年中央人才工作会议上指出:"大力培养使用战略科学家……要坚持实践标准,在国家重大科技任务担纲领衔者中发现具有深厚科学素养、长期奋战在科研第一线,视野开阔,前瞻性判断力、跨学科理解能力、大兵团作战组织领导能力强的科学家。要坚持长远眼光,有意识地发现和培养更多具有战略科学家潜质的高层次复合型人才,形成战略科学家成长梯队。"[1]当今中国,已站在实现中国梦的历史征程上,需要一大批战略科学家及其科研团队在科技创新中发挥引领作用,创新报国,为国家的发展点亮科技的辉煌,培育一流的人才、奉献一流的才智、创造一流的成果,实现科技的跨越发展。因此,研究战略科学家的科技领导力内涵及其要素,既是科技研究者也是领导学研究领域共同感兴趣的焦点。

一、战略科学家的概念和衡量标准

(一)战略科学家概念

关于战略科学家的概念,目前只停留在称谓或名称的应用上,其实际内涵并没有得以严格意义上的深入研究和阐述。经综合检索相关文献,笔者发现涉及战略科学家的概念一般集中在领袖型科学家、战略科学家与战

---

[1] 习近平:《深入实施新时代人才强国战略 加快建设世界重要人才中心和创新高地》,2021 年 9 月 27 日,https://www.12371.cn/2021/12/15/ARTI1639552808831273.shtml。

略科学家能力体系的阐述上，其主要观点来自张九庆[①]、路甬祥[②]、郭传杰[③]、方新、范维澄、何祚庥、阎康年[④]等人，其关于"科技将帅才""战略科学家"的阐述或相近概念特征的阐述，分类梳理后，可得出如下结论。

战略科学家概念的内涵主要包括以下五点：①对科技（学科）的发展做出过突出贡献，其成就为社会所公认，能引领与指导相应学科的可持续发展；②有战略眼光，统观全局，善于把握人类社会或国家发展战略需求与科技发展规律，洞察国际科技发展前沿，善于进行科技发展战略的规划、实施，有着卓越的科技领导才能；③具有跨越多学科的知识素养，创造力强；④善于培育、激励、造就大批科技优秀人才，领导科技研究团队或组织持续创新，形成科技持续竞争优势；⑤有求真唯实、有执着的科学精神和强烈的社会责任感、使命感。

因此，战略科学家的基准定义可概况为：战略科学家是具有跨学科知识素养、科技创造力强、有战略眼光、能引领学科持续发展，并以科技创新成就为人类文明或社会的发展做出过卓越贡献、为社会公认的杰出科学家。

(二) 战略科学家的衡量标准

目前，关于战略科学家的衡量标准尚未有具体的条文可循，结合前述的概念研究，参照研究国际、国内重大科技奖项（诺贝尔奖、我国国家科学技术奖、俄罗斯科技奖项、美国联邦科技奖）和我国院士的评选标准，通过提炼与拔高的方式，从创新成就的角度来挖掘战略科学家的关键衡量标准，主要是从其对人类社会、国家战略、科技领域、产业经济等方面做出的突出贡献评定。因此，以此为基础推理分析，从战略科学家创新绩效

[①] 张九庆：《自牛顿以来的科学家——近现代科学家群体透视》，安徽教育出版社 2002 年版。
[②] 路甬祥：《路甬祥院长在中国科学院人事工作会议上的讲话》，中科院内部资料，2001 年 4 月 23 日。
[③] 郭传杰：《郭传杰副书记在中国科学院人事工作会议上的讲话》，中科院内部资料，2001 年 4 月 23 日。
[④] 阎康年：《英国卡文迪什实验室成功之道》，广东教育出版社 2004 年版。

的层次角度来看，其衡量标准主要可定性分为如下三个方面。

（1）对人类文明的发展与进步做出巨大科技贡献。科技的首要目的和最根本目的应是服务于全人类社会，促进人类文明的发展。具体来说，战略科学家应该在相关学科领域或高新技术领域取得重要发现，其创新成就的应用能超越国家和时空的局限，为整个人类文明的发展做出重大的贡献，且有深远影响。

（2）对国家发展战略的实现做出卓越的科技贡献。在纷繁的世界和全球竞争中，不同的国家在不同的发展时期有着不同的发展战略，尽管科学无国界，但科学家有祖国，服务于自己的祖国与人民既是其人格魅力之所在，也是其职责与使命之所在。一个国家发展战略（或某一领域的发展战略）的制定与实现，需要众多的优秀科学家参与其中，同时也需要科学家的创新成果来支撑战略的实现，更需要有领衔的战略科学家来统筹考虑、全面决策，并引领科技队伍以优秀的科研成果与绩效来促进国家战略的顺利实现。

（3）对学科（科技）发展或产业发展做出重大贡献。也就是在学科领域，在基础研究、应用基础研究领域取得系列或者特别重大发现，丰富和拓展了学科的理论，引起该学科或者相关学科领域的突破性发展，为国内外同行所公认；在产业贡献方面，主要是在高新技术领域取得系列或者特别重大技术发明，并以市场为导向，实现产业化，引起该领域技术的跨越式发展，促进了产业结构的变革，创造了巨大的经济效益或社会效益，对促进经济发展、社会发展做出了特别重大的贡献。

二、领导力研究概述

（一）领导理论的演变与领导力要素维度

从领导力的角度分析，经典领导理论如领导特质理论、领导行为理论、情境领导理论、权变领导理论、路径-目标理论、领导-下属交互理论、变革型领导理论、团队领导理论、心理动力理论、领导伦理学理论等都涉及领导力的相关要素研究[①]。其主要内容介绍如下。

（1）领导特质理论代表学者斯托格迪尔（Stogdill）经过长达30年的研究指出，领导者必须具备10个方面的能力或素质：成就、韧性、洞察力、主动性、自信心、责任感、协调能力、宽容、影响力和社交能力。美国学者柯克帕特里克（Kirkpatrick）和洛克（Locke）在1991年进行的研究也证明，领导者在6个方面不同于常人：内驱力、领导欲、诚实与正直、自信、感知力和专业知识。诺斯豪斯（Northouse）2003年在总结多种特质领导理论研究成果的基础上，归纳了领导力的主要特性：才智、自信、决策力、正直和社交能力。

（2）领导行为理论主要关注的是领导者做什么和怎么做，因此，领导力的要素能力也可从领导行为中得以体现。从领导行为角度来研究领导力的学者认为，领导力总体上由两类重要行为构成：任务导向行为和关系导向行为。

（3）情境领导理论认为，成功的领导是通过选择恰当的领导方式而实现的，选择的主要依据是下属的成熟度，即个体能够并愿意完成某项具体任务的程度。从领导力的要素分析，在特定情境下，领导力主要由两方面要素共同组成：一是指导维度；二是支持维度，而这两者都必须运作方能体现领导者的领导能力与领导效果。

（4）权变领导理论是一种"与领导者相匹配"的理论，也就是领导者与适当的情境相匹配，其研究的代表人物与观点主要是费德勒（Feidler）在1964年和1967年，以及费德勒和加西亚（Garcia）在1987年提出的观点。费德勒的领导权变模型通过两种领导风格（任务取向和关系取向）与三种领导情境因素（领导者-成员关系、任务结构和职位权力）的匹配得出8种领导情境，每个领导者都可以从中找到自己所在的或适合自己的情境。

（5）路径-目标理论是关于领导者如何激励员工达到指定目标的理论，路径-目标理论研究的领导行为主要包括四种类型：指导型、支持型、参与型和成就导向型。路径-目标理论的基本观点在领导力的体现上主要是：领导者的行为包括指导、支持、参与和主张目标导向；领导力行为要素主

---

① Northouse P G：《卓越领导力——十种经典领导模式》，王力行等译，中国轻工业出版社2003年版。

要包括设置目标、说明路径、清除障碍和提供支持。

（6）领导-下属交互理论将领导描述为一个以领导者和下属之间的相互作用为中心的过程。该理论认为，只有在领导者和下属之间存在高效交流并从而产生相互依赖、尊重和责任感时，才会形成高效的领导行为。

（7）变革型领导理论主要涉及价值观、伦理观、准则和长远目标，包括评估员工的动机、满足其愿望、尊重其人权等方面。变革型领导的代表研究人物伯恩斯（Burns）1978 年在其经典著作《领导》中指出，变革型领导者通过提出激动人心的愿景、情感激励和精神激励来促成团队目标的实现。英国领导学者阿戴尔（Adair）认为领导者在履行职责时需要展现以下品质或特性：群体影响力、指挥行动、冷静、判断力、专注和责任心。

（8）团队领导理论最早源于 1964 年麦格拉思（McGrath）提出的一个理论模型，该模型认为，领导者最重要的任务是观察和采取行动。在团队领导力研究者看来，领导并非一个角色，而是一个持续不断地收集信息、减少模糊概念、构建团队结构、跨越障碍的过程。

（9）心理动力理论的代表学者伯尔尼标示了三种自我状态（父母、成人、孩子）及其相互间沟通方式对领导行为的影响。心理动力理论最大的特点是分析领导和下属之间的互动关系、强调领导需要洞察自己的内在心理，强调领导者和下属之间的有效交流与沟通。

（10）领导伦理学理论认为，领导者道德是领导伦理的关键，而领导道德主要体现在五个原则上，即尊重他人、服务他人、显示公正、诚实和树立公众意识，这五方面有效构成了领导者的个人道德伦理特性。

上述十大经典领导理论从不同的角度对领导者的领导行为等进行了相应视角的研究，并得出了具体的结论，对领导者的领导实践行为有着很好的指导作用。就领导力要素研究的角度而言，上述理论均涉及相关的领导力要素，或者可从领导行为中推导若干要素，但从整体而言，尚需依据一定的分类逻辑来做一梳理提炼。

Ulrich，Zenger 和 Smallwood 于 1999 年在其合著的 *Results-Based Leadership: How Leaders Build the Business and Improve the Bottom Line* 一书中，综合领导理论相关研究提出领导属性模型架构。Ulrich 等认为大多

脱离不了四个领域，即展现个人风格、确定方向、鼓励员工及带动组织，如图 1 所示。

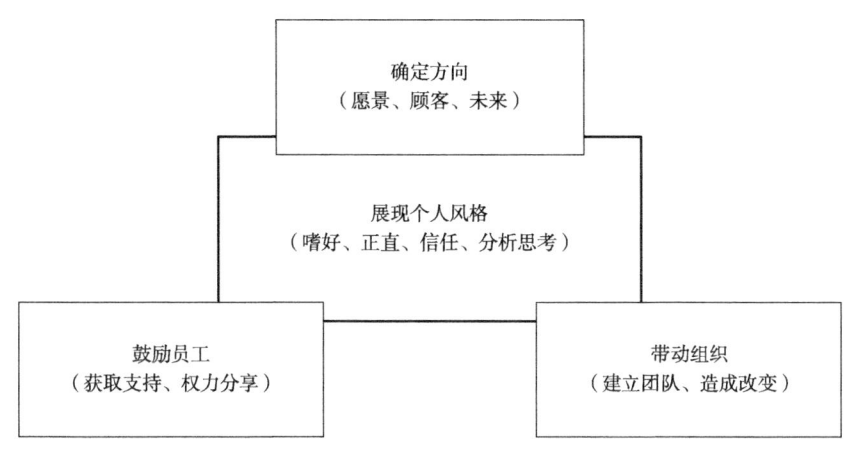

```
            ┌─────────────────┐
            │   确定方向      │
            │（愿景、顾客、未来）│
            └─────────────────┘
                    
              展现个人风格
          （嗜好、正直、信任、分析思考）

┌─────────────────┐      ┌─────────────────┐
│   鼓励员工      │      │   带动组织      │
│（获取支持、权力分享）│      │（建立团队、造成改变）│
└─────────────────┘      └─────────────────┘
```

图 1　领导属性模型图

中国科学院"科技领导力研究"课题组基于对国内外学者关于领导力要素的综合研究，从系统和全面发展的角度，提出了领导力的"五力模型"[①]（图 2）。

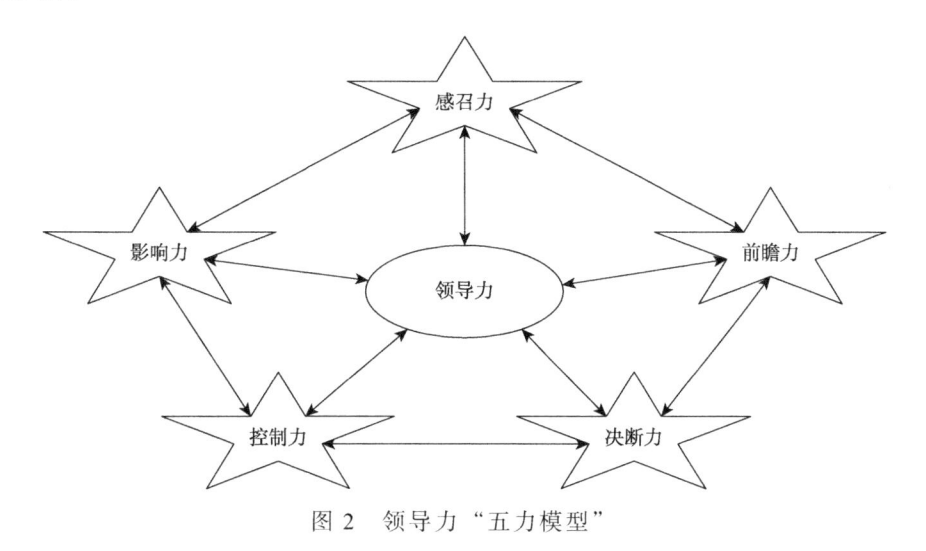

图 2　领导力"五力模型"

---

① 中国科学院"科技领导力研究"课题组、苗建明、霍国庆：《领导力五力模型研究》，《领导科学》2006 年第 9 期，第 20—23 页。

（二）基于科学家能力体系研究的领导力维度归类

领导力是领导者在特定的情境中吸引和影响追随者与利益相关者并持续实现群体或组织目标的能力。结合战略科学家的概念、衡量标准，以及领导力内涵要素，通过对国内外关于优秀科学家能力体系（创造力理论、学科发展规律、科研团队领导者、优秀科学家素质等）的研究，从领导力层面进行挖掘归类，可构建表 1，以初步归纳出战略科学家的领导力维度要素。

表 1 基于优秀科学家能力体系研究的战略科学家领导力要素内容归类

研究来源	领导力要素主要内容归类
创造力理论	创造动机、理想和愿景
	科学精神、人格特质与认知风格
	学科知识、学习与创新思维能力
	创新管理和创新环境建设
	科技人才培育与激励
学科发展规律	学科发展规律把握能力
科研团队领导者	团队愿景构建能力：个人愿景、共同愿景
	团队领导风格：领导个性、认知风格、激励等
	团队结构搭配能力：异质性、知识、能力、性格、经验、人数规模等
	团队协同激励能力：沟通、协同、激励、创新氛围建设
优秀科学家素质	理想信念、科学精神、性格特质、人格品质
	科学兴趣、知识结构、思维方法、哲学素养、创造能力
	（战略科学家）要有广阔的国际视野、敏锐的专业洞察力，能够准确把握科技发展和创新的方向，善于对解决重大科技问题提出关键性对策
	（战略科学家）要善于组织多学科的专家、调动多方面的知识，领导创新团队在重大科技攻关和科技前沿领域取得重大成就

（三）战略科学家领导力传记挖掘

为深入挖掘战略科学家的领导力内涵，在参照领导理论及领导力主要维度的基础上，结合前述关于战略科学家的概念和衡量标准，遴选牛顿、爱因斯坦、爱迪生、卢瑟福、居里夫人、奥本海默、钱学森、钱三强、袁隆平等九位国际著名的科学家，通过对其传记的分析挖掘，采用内容分析方法，以描写人格特征、知识素养和领导行为等方面的词语为分析单元，以频数为点算体系进行统计分析，对于同一个人，相同与相近的词只统计频数1次。通过对九位著名科学家传记材料的内容分析发现，主要体现在理想信念、知识/智能、气质性格、视野/前瞻、科学精神和领导行为等要素上，现将描绘这六方面的词语归类列入表2。

表2 战略科学家领导力要素传记内容分析结果（描述词后的数字为频数）

理想信念	知识/智能	气质性格	视野/前瞻	科学精神	领导行为
服务人类2次	科学兴趣9次	宽容8次	阅历丰富9次	追求真理9次	人才培育8次
报效国家6次	知识渊博9次	倔强2次	有洞察力9次	治学严谨9次	人才吸引8次
服务产业5次	创造力强9次	乐观6次	学科权威9次	诚信8次	团结合作8次
学科发展9次	哲学思维/方法9次	激情2次		坚强/执着9次	资源配置5次
	成就巨大9次	强权1次		奉献8次	指挥协调6次
		谦虚8次		勤奋9次	

通过上述对优秀科学家能力体系和著名科学家传记关于领导力要素的内容频数分析，可以发现，战略科学家所拥有的领导力要素主要包括：报效国家、促进科技和产业发展的理想；科学兴趣、知识渊博、创造力强，掌握科学的研究方法，有哲学思维能力，科技创新成就巨大；在性格上，主要是宽容、谦虚、乐观；在视野上，阅历丰富，有洞察力；科学精神主要体现在追求真理、治学严谨、勤奋、坚强/执着、诚信，有奉献精神；在科学活动的领导行为中，善于培育、吸引优秀的科技人才，讲求团结合作，能有效地调配科技资源，能引领学科的发展。为此，挖掘提炼战略科学家领导力关键要素，主要包括科学信念、理想追求、科学兴趣、科学精神、科学道德、创新思维、哲学思维、人才吸引与培育、资源整合与指挥协调能力、广博的知识与创新能力等。

（四）战略科学家领导力假设与验证

1. 战略科学家领导力假设

通过对领导力要素内涵和战略科学家传记的分析研究，本文选择有代表性的领导力行为或要素，提出了战略科学家领导行为的10条假设。其中，因变量为创新绩效，自变量有10个，分别是战略科学家的科学信念、科学兴趣、战略预见能力、哲学思维能力、跨学科思维能力、吸引和激励科研人员的能力、科研梯队研究方向的战略持续性、合作竞争能力、整合与有效利用科技资源的能力、培育学习型创新文化的能力等因素。假设是：这10项要素（自变量）分别与战略科学家领导的科研团队的创新绩效正相关。

2. 战略科学家领导力假设调查与分析

本次调查群体主要针对中国科学院的院士群体进行，本次调查共向中国科学院各研究所的300名院士发出了调查问卷，共收到57份返回问卷，其中55份有效。在有效问卷中，鉴于理解的差异，有2份问卷对"影响科研团队创新绩效的因素"未回答，但对其他各题都做了认真细致的解答，因而可应用有效部分数据进行分析。本文对筛选后的样本数据进行了描述性统计分析，接着用多元线性回归分析法分析检验了假设。多元线性回归分析和单因子分析都使用了Spss11.5软件。

数据分析后，可以得出假设检验结果，即除"战略科学家整合与有效利用科技资源的能力与其科研团队的创新绩效正相关"未得到验证外，其他假设均得以验证。对未通过的假设而言，其实，资源整合的能力是组织领导者构建组织核心竞争力的关键要素之一。在关于组织核心竞争力的研究上，组织资源观获得了较大的认可，其中有代表性的是巴尼（Barney）的资源观[①]，巴尼认为，核心竞争力是企业所拥有的一系列复杂的资源（resources）和能力（capabilities），核心竞争力来源于企业的知识（know-how）、经验（experience）和智慧（wisdom），能够在企业多元化的

---

① 虞群娥、蒙宇：《企业核心竞争力研究评述及展望》，《财经论丛》2004年第4期，第75—81页。

业务之间进行传递和共享。巴尼还认为，企业资源是核心竞争力的基础，也是企业拥有持续竞争优势的最终来源。资源包括企业所控制的全部资产、组织能力、组织过程、信息、知识等。同样，领导力学者普遍认为，资源是组织能力的来源，组织能力是企业核心竞争力的来源，核心竞争力是竞争优势的基础。通过分析可以看出，组织资源同样是组织的核心竞争力来源之一。基于上述原理分析，在科研组织中，组织资源也应成为组织核心竞争力的主要来源之一，因此，领导者整合资源的能力也就会影响到组织核心竞争力的提升，进而影响组织的科研产出。

（五）战略科学家领导力模型与要素

领导力研究学者 Hughes 等提出"领导者—追随者—情境"框架是有效分析领导力的综合结构。下文主要依据该研究框架对战略科学家的领导力体系做一整合归并，并生成领导力要素的第一、二级指标要素。

第一，从"领导者"自身人格修养和魅力角度而言，即要求战略科学家能够通过不断提升和完善自己的能力、品质、修养、信念和综合素质来吸引、凝聚追随者，这是领导者自我修养能力的体现。对战略科学家来说，应有着崇高的科学信仰和理想追求，运用科技为人类、为国家谋福祉；应有着追求真理、不被经验束缚、敢于怀疑一切、不迷信权威、勇于捍卫科学真理，有实事求是的科学精神，以及敢于面对挑战的豪情与勇气；具有良好的人格特征、良好的个性修养，遵守科学伦理与道德；有着卓越的科技创新成就，并为科技同行和社会所公认。

第二，从"领导者—情境"的角度考虑，战略科学家应有着卓越的科技预见力或洞察力，能把握科技（学科）发展规律。也就是说，既能通过洞察和把握科技发展规律和发展态势，又能在了解组织、行业、宏观环境相关历史、现状的基础上，指明科技的发展方向和组织发展的共同愿景。对战略科学家而言，主要是要具备战略理念和战略思维能力，善于预测和把握人类社会发展、国家发展、经济产业发展与人民生命健康等对科技的战略需求，能有效地把国家战略需求与科技发展相结合，科学决策，制定科技发展战略；能在了解科技（学科）发展史的基础上，洞察科技（学科）发展规律，准确预测与把握国际科技发展趋势；能善于对国内外科技环境进行科学分析，准确把握国际科技合作与竞争的焦点；能基于战略的分析，科学规划国家科技发展方向、重点领域，并构建组织发展共同愿景。

第三，从科学探索的本源出发，战略科学家应有着卓越的创造力，尤其是卓越的科技原创力。原创力是成就卓越科学家的基石，对战略科学家来说，其科技原创力主要源于如下方面，即有着强烈的科学兴趣，对科学探索和研究有着浓厚的兴趣与持久的执着；有着跨学科的综合知识，知识结构宽广，并善于融会贯通、科学运用；善于哲学思维，掌握系统的科学方法论；以科技问题为导向，乐于解决科技难题，有着卓越的科技创造力，能产生出优秀的、有着重大影响的创新成果等。

第四，从"领导者"对"追随者"的有效吸引、凝聚和激励角度而言，战略科学家应有着良好的激励能力，以凝聚和激励科研人员协同创新。具体来说是，要能通过科学构建科研团队与组织的共同愿景来吸引、凝聚和激励科研人员；要能通过创新文化、价值观的塑造、传承与传播，以优秀的价值观体系来规范、约束和激励科研人员积极进取，努力工作；要能通过言行教导和率先垂范来有效引导、影响和把握追随者的动机，激发其工作使命感、主动性、积极性；要能通过科技资源的有效整合配置，以及职业发展机会、科研平台的提供、良好氛围的营造等多种有效的协同激励方式来激励科技追随者，使其全心投身于科学事业。

第五，从"领导者—追随者"的相互关系来看，战略科学家应有着广泛的国际知名度和影响力，能通过其卓越的科技成就和贡献，以及知识权威的身份来影响国家、产业乃至人类社会相关领域的发展方向和政策；能通过有效沟通管理和科学能力展示，获得政府、相关组织和追随者的信赖与支持；能与世界科技同行，尤其是与跨国界学术权威机构和优秀科学家保持密切联系，是公认的学术权威和科技引领者；对科技做出卓越贡献，对学科发展与研究方向产生巨大影响；能积极参与到国家、国际重大科技战略决策中，并能有效主导或影响战略的制定与实施等，有着广泛的社会知名度。

基于前述分析，战略科学家的领导力一级要素指标分别是科技感召力、科技洞察力、科技原创力、科技影响力和科技激励力。其中，科技感召力主要着眼于战略科学家的自身特点；科技洞察力关注于战略科学家对领导情境、客观世界的洞察、把握、分析和决策能力，是对客观世界的深刻认知和把握；科技原创力关注于战略科学家对研究对象的创新研究能力；科技影响力是指战略科学家对其追随者，包括科研团队、科研人员、社会公众，乃至对国家科技发展战略、政策的影响能力；科技激励力主要是指为实现科研组织（团队）的战略目标，而整合协同组织内外各种资源与要素，集成凝聚多方面力量，通过多方位的激励协同，促使科研团队成员高效完成科研使命、实现战略目标的能力。这五种力可较为全面地反映战略科学家的领导力。现将这五种力组合成战略科学家领导力模型，如图3所示。在此基础上，基于研究生成领导力各要素的二级指标要素见表3。

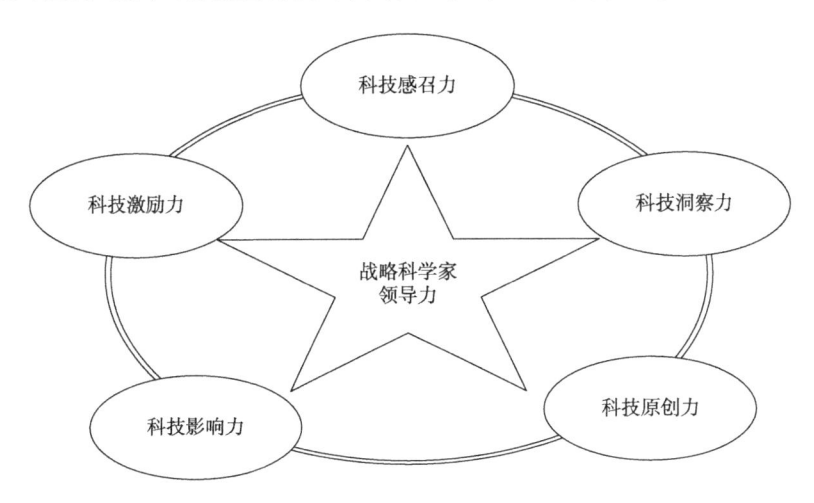

图 3　战略科学家领导力模型

表 3　战略科学家领导力二级指标要素

科技感召力	科技洞察力	科技原创力	科技激励力	科技影响力
科技愿景与理想	战略理念与思维	科学兴趣	愿景激励	科学权威
科学信念与科学精神	人类社会需求分析	跨学科知识	价值观激励	学科范式
科学伦理与道德	客观规律把握	哲学思维能力	动机激励	战略咨询

续表

科技感召力	科技洞察力	科技原创力	科技激励力	科技影响力
科学人格与特质	科技环境分析	科学顿悟	资源配置激励	学科网络
科技成就与贡献	科技愿景构建	科学方法	环境激励	社会声誉

上述五种领导能力组合而成即构成战略科学家领导力的完整体系，在这领导力的构成要素中，科技感召力是其领导力的基础，离开了领导者自身的修为、人格、品德、科学精神和理想信念，战略科学家就不可能被追随者所认同和接受，也就难以成为真正意义上的科技领导者；科技洞察力是组成战略科学家领导力至关重要的领导能力之一，是其对社会环境的准确判断、对客观世界深邃的洞察，对人类社会、国家和产业发展需求的准确把握，对科技发展规律的掌握、预测与准确运用，这是战略领导者的本质体现；科技原创力是其科技领导力的根本来源，也是其培育和带领科技追随者进行科技创新的根本点，是战略科学家基于科学兴趣和对哲学思维、方法论的深刻把握与运用而产生出的创新能力；科技影响力是战略科学家作用于追随者并使追随者凝聚、团结在自己周围，同时通过自身卓越的科技成就和科学权威作用，影响国家、社会等发展战略和政策，促进科学与人类社会科学发展的能力。任何领导效应的产生都必须能通过领导者自身的领导行为来作用于追随者群体，这是领导者有"追随者"的重要原因；科技激励力是凝聚、激励科研人员持续协同创新、积极进取，以实现组织愿景和战略的能力。可以说，战略科学家的科技感召力是其领导力产生的基础和起点，科技洞察力是其领导力中战略领导能力的重要体现，科技原创力是其科技创新特点所要求的核心能力，科技影响力是产生凝聚和集群效应的重点，科技激励力是使科研人员积极协力创新，促使科技战略任务与目标顺利完成的能力，是其领导力落到实处的重要体现。这五种力环环相扣，各有侧重，又彼此紧密联系，共同构成战略科学家的领导力体系。

本文在综述研究战略科学家概念、经典领导理论、领导力内涵要素的基础上，遴选国际著名科学家进行传记分析挖掘，遵循"领导者—追随者—领导情境"研究模式，提出了战略科学家领导力的模型，并进一步就其科技感召力、科技洞察力、科技原创力、科技影响力和科技激励力做了相关阐述。需要特别说明的是，战略科学家领导力五项子领导力相互构成一个有机的整体，彼此共同形成完整的领导力体系结构。同时，各子领导力内部五要素之间亦存在着密切的联系，它们相互交织构成完整的领导力的全要素系统。因此，有志于成为战略科学家的科学家必须在科技实践活动中，不但要注重上述方面各能力与要素的系统把握，而且还需持续提升与优化自己在这些方面的知识、素养与能力。只有这样，才能有效不断提升领导能力，带领科技工作者高效实现组织目标，以科技创新服务国家与人类社会的发展需要。

三、战略科学家科技感召力研究

现代管理科学之父彼德·德鲁克指出，领导者的唯一定义是其后面有追随者。一些人是思想家，一些人是预言家，这些人都很重要，而且也很急需，但是，没有追随者，就不会有领导者。可见，领导者与追随者是既对立又统一的两个相关概念，领导者最重要的能力之一是能吸引追随者。而要有追随者，领导者就必须有着基于自身人格魅力的内在感染力、凝聚力。

（一）科技感召力模型构建

中外学者关于领导者领导力的要素都普遍有着一个共同的观点，那就是领导者必须有着自身的独特感召力，并以此吸引和凝聚追随者。在我国，传统管理思想也特别强调领导者的内在修为，如儒家《礼记·大学》中所提倡的"物格而后知至，知至而后意诚，意诚而后心正，心正而后身修，身修而后家齐，家齐而后国治，国治而后天下平"的治国理念，同时，从儒家、道家、法家、墨家等学说为代表的中国传统管理思想中，我们可归纳总结出，领导者必须从"修己""立德"开始，加强自身修为，从而达到吸引和凝聚追随者的效果。可以看出，个人的人格感召力是所有领导者必须具备的基本领导力要素。

对战略科学家来说，这方面的领导力称之为"科技感召力"。结合关于战略科学家领导力的综述研究，可以发现，战略科学家的科技感召力主要是由其科技愿景理想、科学信念、科学精神、人格修养、科学道德、科技成就等构成的一种内在的吸引力，是领导者的内在修为能力。战略科学家的科技感召力越强，吸引的追随者就越多。可以说，战略科学家科技感召力既是其领导力的基准起点，也是其领导力的关键构成。

基于分析研究，本文认为，战略科学家的科技感召力主要源于以下几个方面。①具有远大的科技愿景和理想，即立志于通过探索自然、社会和思维的奥秘与规律，促进科技的发展；通过科技成果的创新与产出，使科技服务于产业与经济发展、服务于国家和人类社会，促进人类社会的健康、和谐发展。②有着坚定的科学信念，矢志追求真理，热爱科学，有着执着的科学精神，有激情，敢于迎接挑战。③有着惠及人类、国家或社会经济的科技创新成就，对学科、科技的发展做出过卓越的贡献，并为社会和科技同行所公认。④有着良好的伦理道德修养，能做到以人为本、尊重个人、尊重创造、淡泊名利，坚守科学伦理与道德。⑤具有卓越科技领导者所具备的人格品质，主要有专注、执着、自控、宽容、理性、职责使命感强。

结合上述五点，可形成战略科学家的科技感召力要素模型，如图4所示。

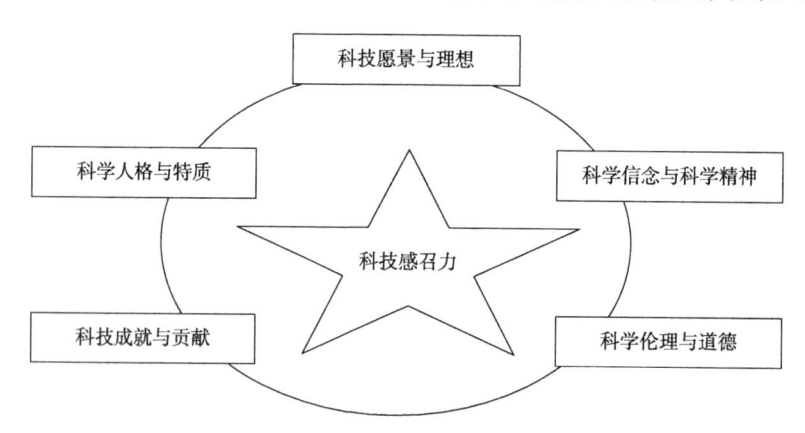

图4　战略科学家科技感召力要素模型

战略科学家的科技感召力五要素之间是相互联系、紧密互动的。其中，科技愿景与理想指引着战略科学家前行，犹如航行的灯塔指引着其追求的目标和努力的方向；科学信念与科学精神是其内在的精神动力，是其科技感召力的内在基础;科学伦理与道德是战略科学家内在科学素养的体现,是其科技感召力形成的内心价值理念与行为规范的源泉;科学人格与特质是其成为战略科学家的内在性格品质;科技成就与贡献是战略科学家创新成果的外在体现,是其内在综合素养通过创新成就的外部展示,也是吸引与感召科技追随者的引力源。这五个方面的能力要素构成了战略科学家的科技感召力模型,该模型是战略科学家科技感召力的科学归纳与抽象。

(二)科技感召力要素验证

为进一步验证上述基于研究分析而得出的战略科学家科技感召力各要素的实际认可度,本文将科技感召力的二级子要素(或二级子要素的关键内容代表项)在适当增加其他项后,特别设计了要素验证问卷,向中国科学院、中国军事医学科学院、中国工程物理研究院研究所的77位局级科技领导做了进一步的延伸验证调查,回收有效问卷59份。调研结果显示,科研院所领导者对战略科学家的科技感召力要素获得了较高的认同。

调查显示,研究所科技领导认为战略科学家科技感召力的主要来源依次是:科技愿景与信念(82.14%)、科技成就与贡献(73.91%)、科学信念与科学精神(69.64%)、科学人格与特质(60.71%)、科学伦理与道德(53.57%)、中华传统美德(14.29%),如图5所示。

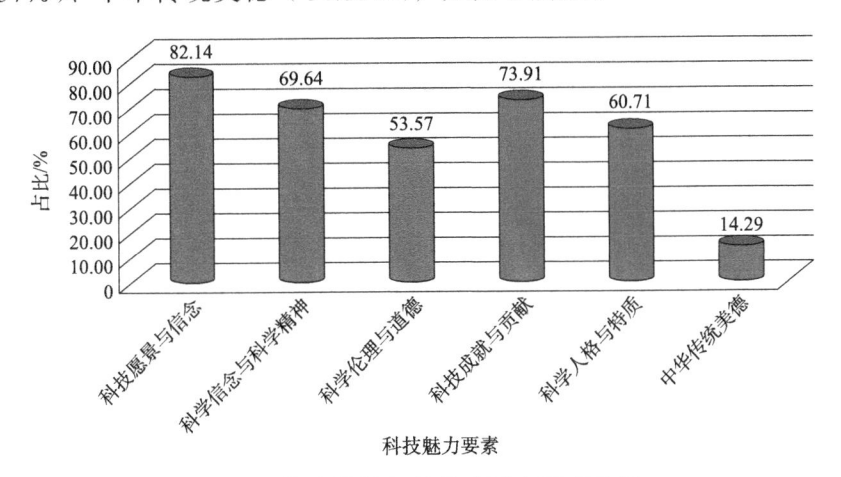

图 5 战略科学家科技感召力要素验证

调查结果显示，基于综述和传记挖掘等研究的战略科学家科技感召力要素得到了科技领导者的普遍认可，尤其是对其中的关键要素点的认可度均超过了53%，而对特意增加的选项"中华传统美德"的认可度并不高，这可能从一定程度上说明科技创新文化对传统文化的某种冲击或取舍。因此，可以认为，战略科学家的科技感召力主要由科技愿景与信念、科学信念与科学精神、科学伦理与道德、科技成就与贡献和科学人格与特质所组成。

（三）科技感召力要素分析

下面就构成战略科学家科技感召力的五个要素分别阐述。

1. 科技愿景与信念

对战略科学家来说，具有远大的愿景与理想是其在科技探索道路上前进的关键动力来源之一。传记分析挖掘显示，就战略科学家的科技愿景与理想信念而言，主要有四个层次。

（1）科技造福人类，即战略科学家始终不渝地坚持用科技来解决人类发展的根本问题，立志于科技造福人类，能从全人类的发展需求和服务于人类社会的战略高度与层次规划自己和团队、组织的科技理想、追求和战略目标。

（2）科技振兴国家，即始终不渝地坚持用科技发展来解决国家相关战略问题，立志于科技服务于国家，能从国家不同发展时期的战略需求来思考、确立自己、团队和组织的科技理想与奋斗方向。比如，从国家战略层面思考国家发展所需的国家安全问题、能源问题等，并把国家的战略需求作为选择科研项目和学科研究领域的重要依据。

（3）科技促进产业，即始终不渝地坚持用科技来解决当前社会经济发展中急需解决的问题，立足于用科技知识、成果、技术和方法来促进社会经济持续稳定的发展。比如，当前存在的生态平衡和环境保护问题、循环经济问题、先进仪器设备的制造问题等。

（4）促进学科与科技发展，即始终不渝地坚持与追求科学真理，有着坚定的科学精神，能克服各种艰难险阻，痴心于探求科学奥秘，以知识的发现和科技的发明创造来促进科技发展。

2. 科学信念与科学精神

信念是人们在一定的认识基础上，对某种思想理论、学说和理想深信不疑，并认为可以确信的看法，愿以坚强的意志与决心去执着追求、坚决执行的精神状态。信念在领导活动中至关重要，犹如航行的灯塔指引着方向。科学发展史表明：是否有坚定的信念是一个科学家的研究工作能否成功的一个至关重要的影响因素。因为这种科学信念将会影响科学的研究方向和目标，同时也是科学家克服重重困难、不断前进的强大精神动力。科学精神是人类文明中最宝贵的精神财富之一，它集中体现为追求真理、崇尚创新、尊重实践、弘扬理性；它源于近代科学的求知求真精神和理性与实证传统；它的本质特征是倡导追求真理，鼓励创新，崇尚理性怀疑，恪守严谨缜密的方法，坚持平等自由探索的原则，强调科学技术要服务于国家民族和全人类的福祉。

综合而言，战略科学家的科学信念与科学精神主要包括如下方面。

（1）追求科学真理。所谓求真，就是对自然规律的执着追求。战略科学家要有着为了探索自然的奥秘、科学的本质，面对任何艰难险阻，始终都坚持崇尚理性、相信真理，并为追求真理、坚持真理而献身的价值与精神追求。

（2）尊重客观存在与规律，即尊重事实和被客观实践所证明的规律，对客观存在和规律有着理性的认同，同时不迷信权威和陈规，敢于探索，有着力求创新的开拓精神。

（3）治学严谨，即有着严谨、准确和务求可靠的治学精神，不怕挫折和失败，并善于将热情与冷静、兴趣与需要理性结合的探索精神。

（4）维护科技正义。既要有着敢于与各种学术不端行为和违规现象决裂的科学批判精神，也要有着以科技成就服务于人类和平与幸福的价值取向，维护科技的纯洁与正义。

（5）宣传普及科学精神与价值，即要善于宣传和践行科学的价值观和科学精神，将科学信念和科学精神向大众宣贯，促进人类文明价值观的升华。科学精神是战略科学家及其领导的科研团队的灵魂。按照贝尔实验室首任研究指导学者的看法,研究精神是将研究看成人的心智对于尚不了解的自然及其关系所做的探求,它是猎奇的、有气概的、不迷信的、无偶像的、总是追求好想法的,就像工程机械开进原野,开拓出一片沃土来。

3. 科学伦理与道德

在科技界,伦理道德主要涉及科学伦理道德。科学伦理道德是指人们在从事科技创新活动时对于社会、自然关系的思想与行为准则,它规定了科学家及其共同体所应恪守的价值观念、社会责任和行为规范。可以说,科学伦理道德是科技创新和现代社会的文明理念,是科技创新的不竭精神动力,是科技创新的共同行为规范,也是科技创新的先进文化氛围。基于此,为达到有效领导,战略科学家需具备如下科学伦理道德。

(1)坚持以人为本。科学技术的探索性与真理性,要求人类能够不懈求索,求真求是,而科学技术的双刃性,又要求人类恪守伦理、造福人类。坚持以人为本,就是要基于人类的共同的基本的价值观,要以实现人的全面发展为目标,从人民群众的根本利益出发谋发展、促发展,不断满足人民群众日益增长的物质、文化需要,切实保障人民群众的经济、政治和文化权益,让科技发展的成果惠及全体人民。

(2)尊重个人、尊重创造。就是要尊重每个人的人格、尊严、权利和自由,尊重每个人的社会劳动和其创造的成果,这既是促进科技发展的需要,也是建设创新型国家的价值要求。

(3)处理好科学观和社会观、自然观的相互关系。科学观,要求人们求真求是,造福人类;社会观要求人们尊重人的尊严与人权,尊重人与自然的和谐可持续发展;自然观则要求人们尊重生命,保护生物多样性,保护生态环境。正确处理这三者的关系,以科技促进环境友好型社会、和谐的人与自然关系有着极其重要的意义。

(4)淡泊名利。就是指领导者要以人类、社会、国家和集体利益为价值取向,不追逐个人名利,把国家利益、社会利益和集体利益放在第一位,以科技创新的成果服务于社会。

（5）恪守科学诚信。战略科学家要在科研数据、利益冲突、科研成果发表与公开等方面，做到恪守科学诚信、维护科学精神。概而言之，科学伦理道德，是所有科技界人士应该共同恪守的行为准则。

4. 科学人格与特质

人格是指人的性格、气质和能力等特征的总和，也指个人的道德品质。通常而言，人格要素包括正直诚信、奉公守法、严于律己、坚定顽强等方面。特质通常指个人经常性的行为和态度，也指一个人突出（独特）的个性特征。战略科学家科技感召力的影响对象是其追随者，包含个人和群体。领导者实施影响的目的是要使针对的个人和群体产生领导者所期望的行为，而目的是心悦诚服、自觉自愿的行为。对战略科学家而言，要具备乐观开明、专注执着、自控宽容、诚信理性的人格特质。

（1）乐观开明。乐观，是一种积极的性格因素，它能使人积极向上、充满自信，同时也能使人面对困境与挑战时锲而不舍，保持良好的进取心态。开明，是指人通达事理、思想不守旧，能以学习、兼容的态度来对待社会事务，求得上进。

（2）专注执着。专注，就是指人能集中精力、全神贯注、专心致志。一个专注的人，往往能够把自己的时间、精力和智慧凝聚到所要干的事情上，从而最大限度地发挥积极性、主动性和创造性，努力实现自己的目标。执着，主要是指在制定正确的目标和方向后，能做到坚定不移、努力追求。

（3）自控宽容。自控，即领导者能很好地自我约束与管理自己，以社会公认的价值、法规制度和伦理道德规范自己的言行。宽容，即允许他人有行动和判断的自由，对不同于他自己或被普遍接受的方针或观点持有耐心而不带偏见地容忍或接受。在科学研究上，为激发他人的创新积极性，自控宽容是领导者营造良好科研氛围，并取得集体创新成就的关键。

（4）诚信理性。诚信，从道德范畴来讲，即待人处事真诚、老实、讲信誉，言必信、行必果。在《说文解字》中的释义是："诚，信也"，"信，诚也"。可见，诚信的本义就是要诚实、诚恳、守信、有信，反对隐瞒欺诈、反对弄虚作假。理性，指处理问题按照事物发展的规律和自然进化原则来考虑的态度，考虑问题、处理事情不冲动，不凭感觉做事情，能基于逻辑的思考和判断来开展科研工作。

5. 科技成就与贡献

对战略科学家而言，其卓越的科技成就与贡献既是他们成为战略科学家的主要原因之一，也是其有着巨大科技感召力与影响力的直接影响因素。通过对战略科学家的传记分析，我们可以看到一个鲜明的共性特点，那就是每位战略科学家都对科技的发展做出过卓越的贡献。结合战略科学家的衡量标准和调查数据，可就其科技成就与贡献分成如下四个层次。

（1）对人类文明的发展与进步做出过巨大贡献。对人类文明的发展与进步做出巨大贡献是科学家奉献给人类社会的至高贡献。科技的首要目的和最根本目的应是服务于全人类社会，促进人类文明的发展，为整个人类谋福祉。战略科学家要能基于全人类的发展需求，积极探求以科技促进人类文明发展的方式、途径。

（2）对国家发展战略的实现做出过卓越贡献。对国家发展战略的实现做出卓越贡献是衡量战略科学家创新绩效的第二个层次。一个国家的发展、进步与繁荣，离不开科学技术的巨大支撑。作为战略科学家，要能基于国家的发展战略需求或亟待解决的重大问题，积极探求以科技的创新来服务于国家和民族，并取得卓越成就。

（3）对产业或经济的发展做出过重大贡献。"科学技术是第一生产力"，科技服务于社会经济与产业发展也是科技作用的直接体现。随着社会经济的发展，其对科技的需求与依赖性也日趋强烈。善于从产业与经济的客观发展需求中发现其对科技的需求，并能积极组织科研力量，以科技的创新成果服务国家经济，诸如科技成果转化等，既是战略科学家科技洞察力和创新力的体现，也是其个人科技感召力的展示。

（4）对学科的发展做出过重大贡献。作为科学家，对学科（科技）发展做出贡献是其应有的职责和使命，而作为更高层级的战略科学家，就更需以科技的原创力产出卓越的科研成果，促进学科（科技）的发展进步。比如，发现前人尚未发现或者尚未阐明的科学理论，并具有重大科学价值，得到国内外科学界的公认等。可以说，对学科（科技）发展做出过重大贡献是其成为战略科学家的基准条件，也是其个人科技感召力的现实来源。

（四）战略科学家感召力实例

在古今中外科学史上，拥有科技感召力的卓越科学家不胜枚举，比如，像著名科学家爱迪生、袁隆平等分别从着眼于解决人类社会所面临的电气化应用问题、粮食问题入手，执着探索，以其卓越的创新成就解决了人类社会发展中的系列问题，极大地促进了人类生活的改善与提升；像钱学森、王大珩、侯祥麟等著名科学家从解决国家战略需求的高度出发，把科技创新和国家战略紧密结合，分别成就了"两弹一星"、中国光学、炼油和石化科技事业。布鲁诺为了宣传"日心说"，谈笑面对死刑；伽利略为了支持"地动说"，甘受囚禁；居里夫人为了提炼 0.1 克的镭元素，在极其艰苦的条件下，亲自动手，处理了数以万吨的沥青铀矿；阿基米德为了演算完最后一道数学命题，即使在被砍头前，依然沉着地对刽子手说"请等一会儿，让我把这道数学题算完"；陈景润为了证明哥德巴赫猜想，在不到 6 平方米的斗室里，借着昏暗的灯光，废寝忘食，竟用完了几麻袋演算稿纸……上述卓越科学家的感召力可以说是跨越了时空，一直激励着科学工作者献身于科学探索，这也是这些科学家为世人所铭记的重要原因。可以说，对战略科学家来说，立足自身感召力的修炼，是其成为杰出领军科技人物的基石和出发点。

科技感召力是战略科学家吸引追随者的能力，是战略科学家通过不断完善自身素养，并基于科技成就的取得而形成的一种能影响科技追随者的独特感召力。战略科学家的科技感召力更多地是一种内在的素养和外在的科技成就而共同形成的、能吸引追随者的能力体系。综上所述，战略科学家的科技感召力主要源于其远大的科技愿景与信念、执着的科学信念与科学精神、良好的科学伦理与道德，优秀的科学人格与特质，更源于其卓越的科技成就与贡献。对科技领导者和未来将成为科技领导者的优秀人才来说，必须有意识地全面培育自己的科技感召力，这既是战略科学家领导力来源的直接启示，也是战略科学家影响与吸引着追随者的客观需要。

四、战略科学家科技洞察力研究

从一定意义上说，领导者的预见能力可理解为其洞察力或前瞻能力，洞察力从本质上来说是一种着眼未来、预测未来和把握未来的能力。对战略科学家而言，其科技洞察力亦是其卓越领导力的关键要素之一。

（一）科技洞察力模型构建

领导力研究学者斯托格迪尔于 1948 年和 1974 年对领导特质的调查研究认为，洞察力是领导者的典型特征之一；而洞察力一般包括两个维度，一是透过现象看到本质的能力，二是立足历史和现实而预见未来的能力，这也是斯托格迪尔所讨论的领导洞察力的主要含义。同时，洞察力还和领导者的战略规划能力有关。美国学者 Freedman 和 Tregoe 认为，领导的确是门艺术，因为战略是由不可预知的未来的决策构成的。最成功的领导者是那些能够成功建立他们的战略规划，然后实施到现实生活中的人。此外，洞察力还和领导者描绘愿景、理想和梦想的能力有关。领导学专家 Kouzes 和 Posner 认为，领导的一项最重要的活动，就是通过描绘一个令人激动的愿景，赋予生活和工作以意义和目的。美国领导学者 Chapman 和 O'neil 认为，领导者是充满理想的目标制度者，能够清晰地说明一个理想或梦想，并用实际的、可达到的目标来支持这个理想。归结而言，洞察力和领导者的战略思维能力、客观规律把握能力、战略环境分析能力，以及构建组织愿景等能力密切相关。

在战略科学家的洞察力方面，基于调查中国科学院院士关于战略科学家战略预见力及其要素整合的实证数据验证分析，经归纳合并可知，对战略科学家来说，其科技洞察力主要涉及五个方面的子要素。①要拥有战略思维理念与知识；②要能准确把握人类社会发展、国家发展战略、社会经济产业的发展对科技的客观需求，并积极以科技成就的产出来服务这三类主要需求；③善于进行科技环境分析，能以宽广睿智的视野对科技发展与变革态势、对国际科技合作与竞争态势、国家战略与重点领域等有准确的了解和判断；④能准确预测或把握科技（学科）发展规律，对相应学科与相关学科客观规律有较深的了解，并用之于科学探索；⑤能基于科技内外环境的综合分析，准确把握国际科技竞争重点领域和国家科技发展战略，能结合科技组织的核心竞争力，科学构建共同愿景、有效规划科技发展战略。可以说，上述五方面是组成战略科学家科技洞察力的关键能力项。

为此，我们可以把这五个要素归纳为：战略理念与思维、人类社会需求分析、科技愿景构建、科技环境分析、客观规律把握，并组成如下模型，如图 6 所示。

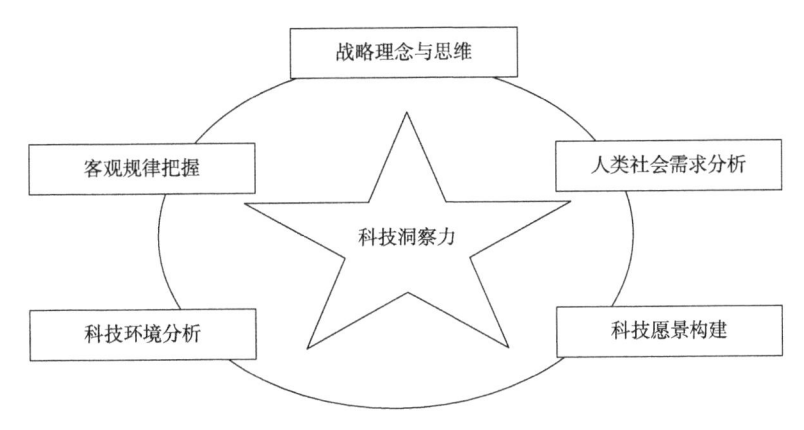

图 6　战略科学家科技洞察力要素模型

从相互关系来看，战略科学家洞察力中的战略理念与战略思维能力是基础，洞察力离不开战略科学家的战略理念与战略思维能力。在此基础上，战略科学家要能基于人类社会发展对科技的发展需求、客观事物发展规律和科技环境的分析，科学构建科技（学科）或科技组织的发展愿景，指明科技发展方向。五个要素彼此依赖，共同构成战略科学家的洞察力体系。

（二）科技洞察力要素验证

为再次验证上述基于在院士群体中调查研究分析而得出的战略科学

家科技洞察力各要素的实际认可度,同样,本文将科技洞察力的二级子要素(或二级子要素的关键内容代表项)在适当增加干扰项后,特别设计了要素验证问卷,向中国科学院、中国军事医学科学院、中国工程物理研究院研究所的 77 位局级科技领导做了进一步的延伸验证调查,回收有效问卷 59 份。调研结果显示,科研院所领导者对战略科学家的科技洞察力的关键要素也获得了较高的认同(图 7)。

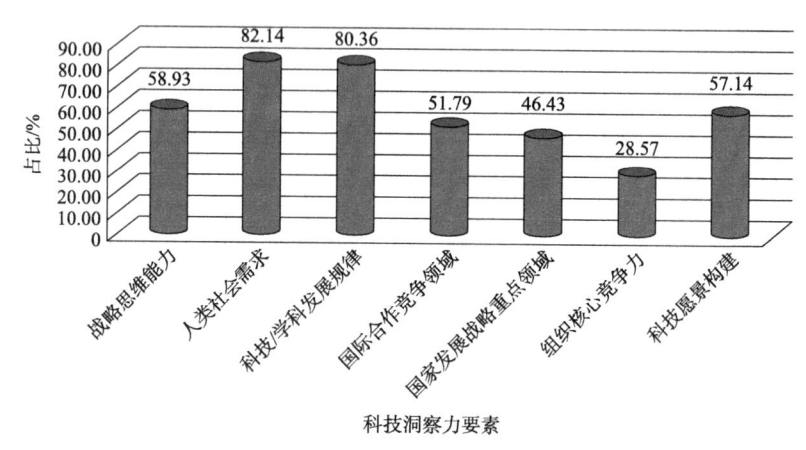

图 7 战略科学家科技洞察力要素验证

由图 7 可知,科研院所领导对战略科学家洞察力的主要来源认可是:善于把握人类社会需求(82.14%)、科技/学科发展规律(80.36%)、战略思维能力(58.93%)、科技愿景构建(57.14%),以及国际合作竞争领域(51.79%)和国家发展战略重点领域(46.43%)。从战略领导力的角度分析,科技环境分析中的关键要素,即国家战略重点领域和国际科技合作竞争领域洞察与把握获得了较高的认同。此外,依据战略管理理论将组织的核心竞争力和构建组织愿景相统一,会更好地凝练战略科学家的洞察力要素。因此,洞察力要素主要包含:战略理念与思维、人类社会需求分析、客观规律把握、科技环境分析、科技愿景构建五方面。

(三)科技洞察力要素分析

下面就构成战略科学家科技洞察力的五个要素分别阐述如下。

1. 战略理念与思维

战略理念与战略思维是作为战略科学家必备的一种重要的领导素养，可以说，科学家只有在超越单一学科思维的基础上，从战略与宏观的角度进行思考探索，才有可能成为战略科学家。战略科学家战略理念与战略思维能力包括以下几个方面。

（1）掌握战略知识。战略科学家要了解组织使命、愿景、核心价值、目的、战略目标、战略和战略家等基本概念内涵，并有独到的认识。这是战略科学家进行战略思维的知识基础，离开了战略的基础知识进行战略思维既不现实，也达不到真正的高度和深度。

（2）掌握战略理论与方法。战略科学家要了解与熟悉战略分析、战略选择、战略实施、战略评价和战略控制等战略管理理论，了解各战略管理学派的知识要点、关键要素和研究分析方法，这有利于战略科学家抓住战略分析的关键要素，进行科学决策。

（3）把握规律。规律就是本质的关系，这就要求战略科学家在理论学习的基础上，要从理论思维的高度把握规律。正确的战略是对事物全面的、本质的、规律的认识，而规律是事物内部的关系或联系，因此要把握规律，就需加强哲学的学习。

（4）把握全局，善抓重点。要善于把握全局、抓住重点，从战略高度认识问题。战略思维的基本内涵，首要的是战略全局观，这是马克思主义哲学唯物辩证法的全面性和整体性的要求，在此基础上，抓住重点。

（5）注重战略实践。战略科学家要能应用战略管理理论指导自己的战略实践，并善于在实践中总结提升。从理念到行动的实践是决定领导者成功的关键环节。为此，在基于战略知识、方法的基础上，战略科学家要能以战略管理理论来指导自己的实际工作，使战略行动能在实践中得以真正落实，同时也得以锻炼自己的战略管理能力。

2. 人类社会需求分析

把握人类社会发展对科技的需求主要分为如下四个层次。

（1）全人类发展对科技的需求。科技的发展必须面向世界，面向整个人类社会。就人类的需求而言，结合马斯洛的需求理论，可做如下推导，即生理需求方面、安全需求方面、社交需求、尊重需求、自我实现需求等方面。为此，科学家可从人类的需求角度认真挖掘具有普惠意义的科学研究项目，如解决全球粮食危机、重大疾病问题、公共安全危机、能源问题、自然环境问题、社会交往的通信与沟通技术问题等等，以科技造福人类。

（2）国家战略对科技的发展需求。战略科学家要能从国家的发展战略、重点领域出发，以全局的思维把握能力，准确把握国家发展战略需求，使科技研究与国家战略需求紧密结合，促成科技服务国家战略目标的实现。

（3）社会产业经济对科技的发展需求。不同的国家，由于其经济与产业的基础、结构不同，其对科技的需求亦有差别。但战略科学家必须能基于科技服务社会的理念，以解决社会发展所需为己任，积极促成科技服务国家的经济发展，积极推进科技成果的转移转化。

（4）学科领域自身的发展需求。在科学研究上，重大科技的突破往往需要理论方法创新。回顾人类社会发展历史和科学技术进步历程，科学技术的每一次重大突破、重大跨越、重要发现和重大发明，无不与思维创新、理论创新、方法创新、手段创新密切相关。因此，战略科学家要能从学科发展的高度出发，抓住学科创新的重点、关键点，勇于创新，注重相关学科研究理论方法的突破，从而带动学科的迅猛发展。

3. 客观规律把握

对规律的把握是领导者的尖端领导能力之一，而规律通常隐藏在事物的表象之下，但认知规律需要人们长期的实践、挖掘和提炼总结才能实现。在科技行业，战略科学家需分析把握的规律主要包括以下几个方面。

（1）科技（学科）发展规律。学科的发展方向是指一个学科理论体系完善、扩展和创新的方向，它主要由该学科中尚未解决的各种理论和应用问题所构成。把握科技发展规律，重点是了解科技发展史和学科代表人物、理论和相关研究方法。实践与经验表明，深入了解科技发展史等对战略科学家的成长具有巨大的启迪作用，无论是在对相关学科发展历程、知识脉络、代表人物、研究方法、主要科技成就，乃至科技进程发展中所遇到的挫折与失败的经验教训，都能给战略科学家提供重要参考。

（2）知识生产规律。在科学知识生产方式的历史演变上，主要经历了三个阶段。以古代"经验试错式"和"哲学思辨式"为主的科学知识生产阶段；以近代"实验型"科学知识生产方式为主的知识生产阶段；"实验型"科学知识生产阶段。越到后续发展阶段，科技知识的生产越是渗透并影响社会物质生产。因此，战略科学家必须以实践的观点，融入社会生产系统中，促使科技生产与社会实践相结合。

（3）社会科技互动规律。其主要包括科技和社会政治经济之间的互动关系与规律。从柏拉图的以哲学为王，到培根的知识就是力量、圣西门的以学者和实业家为尊，到马克思的科学技术是生产力、列宁的共产主义就是苏维埃政权加全国电气化、贝尔的后工业社会理论、托夫勒的三次浪潮理论等，都反映着科技已渗入社会政治经济生活之中，并通过科技的进步与发展来推进人类文明和社会经济生活的繁荣与发展。战略科学家要以理性和科学的态度，从战略的高度来把握科技发展和社会各领域的互动关系与规律，使科技服务人类文明的发展，促进人类物质与精神生产过程的科学、理性与和谐。

（4）和谐发展规律。即科技促进自然与人类社会，以及人类社会自身的和谐发展规律。在人类社会的发展史上，人类文明的进步有时是以牺牲自然环境为代价的，而要解决诸如环境污染、生态恶化、资源紧缺等问题，就需科技提供强有力的支撑和服务。因此，要善于把握自然与人类社会和谐发展的规律与趋势，以科技服务人类社会，促进人类社会和谐发展。

4. 科技环境分析

从理论上讲，任何社会组织都是一个开放系统，都是更大的社会系统的组成部分，都不可避免地要受更大的社会系统的影响，这些更大的社会系统就构成了组织的外部环境。在科技环境的分析中，主要涉及如下方面。

（1）国际科技发展态势。21世纪以来，世界各国纷纷通过制定本国的中长期科学技术发展战略，锁定本国重点发展的高科技领域，努力培育本国的科技优势和高新技术产业。因此，战略科学家需洞察世界科技发达国家的科技战略布局和科技前沿竞争焦点，系统分析，准确把握科技发展态势，同时结合本组织的优势，有效融入到国际科技合作与竞争中去。

（2）国际科技合作、竞争与发展战略。由于现代社会大科学项目的日益增加、科技资源的互补、人才国际化需求、国际学术交流与认可等主要动因的出现，科技合作与竞争日益成为科技界的发展趋势，这就要求战略科学家具备竞争合作意识，能及时、准确知晓世界主要国家，尤其是科技发达国家的国家科技竞争战略和重点领域，并对合作竞争者有深刻的洞察力，能科学分析，准确把握合作与竞争者的来源、组成、优劣势，以及合作竞争者的发展战略、目标、发展途径和手段，进而选择合作竞争领域，积极参与到国际科技合作与竞争中去。

（3）科技政策与法律。科技活动离不开相关政策、法规的保障、促进与制约，为最大限度地整合科技资源，使科技资源发挥有效作用，同时促进管理的有序化和规范化，需了解、分析和把握科技相关政策、法规，从而既使管理科学化、法制化，又使科技活动和成果能得到法律法规的保护和促进，同时又能结合科技的发展状况，适时调整和改革相关科技管理制度，促进科技持续发展。

（4）科技组织核心竞争力。知己知彼，是科技合作与竞争的需要，也是自身准确定位的需要。为此，战略科学家要能在广泛获取信息的基础上，对科技行业，尤其是相同学科和研究领域类似的相关科技组织（包括自身组织）的战略定位、组织资源、核心竞争力、竞争优劣势等都有准确的把握，以利于战略决策和执行。

5. 科技愿景构建

纵观人类发展史，能获得成功的组织或个人，都是那些能够在更高层面整合不同利益相关者的价值观并以此作为组织愿景的组织或个人。为有效构建组织愿景，战略科学家需具备如下知识与能力。

（1）知晓组织的历史、文化。组织从其诞生开始，即伴随着其历史的演进。组织的历史包括组织的创始者及其影响、组织的重大事件及其影响、组织价值观的演变、组织战略的演变、组织治理结构的演变、组织领导者的更替和制度变迁、组织结构的演变、组织业务组合的变化和业务模式的演变、组织发展中的经验教训等等。作为战略科学家，要能对科技组织上述要素有较为详细的了解，同时，基于继承和发展的理念上，培育和升华科技组织的创新文化，使文化融入到科技研究的各项活动和管理中，融入到研究人员的价值追求与行为准则中。

（2）塑造组织优秀的价值观。愿景的核心问题是价值选择，从价值观的层面分析，领导者需要整合个人、团队、组织、国家和人类的价值观，要能站在组织、国家，以及全人类的价值选择上，塑造组织的优秀价值观，并以此激励众人。

（3）把握组织核心竞争力。核心竞争力是组织取得持续竞争优势和创新成就的根本来源。科研组织的核心竞争力构成要素主要有资源类（如科研人才、科研管理人才、学科资源、科研经费与实验平台）、能力类（如创新能力、科研能力、战略管理能力、组织管理能力、知识管理能力）和文化结构类（如创新文化、组织结构）。战略科学家要从系统的角度，立足于科研组织"系统优势"核心竞争力的建设和培育上，同时，持续巩固与加强组织的核心竞争力的各构成要素，以要素的建设促进核心竞争力的持续增强。

（4）了解组织利益相关者的期望。即科学兼顾各方期望，按照"统筹兼顾，各得其所"的原则"调动一切积极因素"。在科学研究中，利益相关者不仅涉及科研组织的成员、团队，而且涉及科技活动的经费提供者、研究合作者、评价者，以及社会乃至国家的战略利益和全人类的需求，因此，对战略科学家来说，决策相关科研项目或计划，要有宏观全局的思维角度，从绝大部分人的整体利益出发，坚持原则，排除干扰，以人类、国家、集体的战略利益为主，进行科学的战略决策。

（5）确立科技愿景与战略。愿景对其组织成员有着巨大的凝聚和激励作用，是对未来的憧憬和想象，回答"我或我们想创造什么？未来我/我们将成为什么？"。战略科学家要能在基于组织历史、文化、价值观、资源和自身优势、外部环境等的综合分析上，准确把握组织的核心竞争力和品牌，科学规划与确立组织的共同愿景和战略目标，并进而传播宣传愿景，使其融入科研团队（组织）成员的理想与追求中，以愿景与战略来引领、激励科研人员，以行动的落实来促进团队（组织）愿景和战略的实现。

（四）战略科学家洞察力实例

王大珩，中国科学院、中国工程院院士，应用光学专家，被国内外同行公认是"中国光电学之父"，是具有卓越科技洞察力的战略科学家。

1986年3月3日，王大珩等科学家鉴于美国战略防御倡议和西欧"尤里卡计划"等高新技术计划在世界各国引起的反响，认为我国也应采取适当的对策。因此，作为该计划的倡导者，他发起并连同王淦昌、陈芳允、杨嘉墀3位科学家联名向国家最高领导提出关于发展我国战略性高技术的建议，即《关于跟踪研究外国战略性高技术发展的建议》，也称"863计划"。该计划的主要目的是在选定的生物、航天、信息、自动化、新材料、能源、激光等7个高技术领域内，跟踪世界先进水平，通过不断创造和实践，缩小同发达国家的差距。如今，"863计划"的形成和实施已见显著实效，对我国科技发展有着深远的影响。

"863计划"的实施与推进，彰显了王大珩卓越的战略领导能力。从王大珩等提出建议到最终获得批准，可以看出王大珩的战略思维与预见力主要体现在如下方面。

（1）具有战略思维理念与把握国际科技竞争态势的能力。王大珩等基于美国1983年提出的"战略防御计划"，以及欧洲共同体1985年提出的"尤里卡计划"和苏联、日本等国对高科技的高度关注与积极推进等国际科技竞争态势，以科学家的责任与使命，敏锐地捕捉到了国际间高科技的竞争趋势和态势，以及其对我国产生的战略影响，并积极寻找对策，这正是王大珩能成为战略科学家的关键，能基于国际科技发展态势和国家发展所需，并从战略的高度谋划国家科技的发展。

（2）善于指方向，抓重点，系统布局。为给国家高层领导提供战略性的有效建议，王大珩等经磋商，将"863计划"的基本精神定位于提高我国高技术的科技水平，在倡议时着重考虑了以下三点：第一，在关键技术的掌握上强调一个"有"字；第二，突出重点，用有限的、标志科技前沿的目标，形成具有示范作用、带动作用和发展前进的方向；第三，珍惜和培育人才，我国在"两弹一星"上培养成长起来一批具有自主创新能力的科技骨干队伍，继续发挥他们的积极性为国家做贡献，也是为在21世纪我国科技发展培养后继的技术力量。此外，建议将"863计划"的特点有机连接，即将"863计划"的前沿性、综合性、带动性、时间性和发展性密切结合，从而带动整个中国科技水平的发展。

纵观"863计划"的提出、完善和实施，充分体现了王大珩等著名战略科学家的战略思维与预见能力，也反映出卓越的科技创新成就往往需要卓越的战略思维与预见能力，重大成就的产出和战略预见能力两者彼此依存、相互促进。

战略科学家的科技洞察力是其领导力的重要组成部分，也是决定一个领导者优秀与否的关键权衡指标。在该模型内，各要素在造就战略科学家洞察力方面有着不同的作用，其中"战略理念与思维"是战略思维的哲学基础，"人类社会需求"和"客观规律把握"是引力和推力，"科技环境分析"是约束力，而"科技愿景"则是科研组织持续发展的持久动力来源，也是组织成员齐心协力奋斗努力的方向和目标。战略科学家必须在学习和实践的基础上，有意识地、主动地培育和持续提升自身的科技洞察力，以更好地适应科技发展趋势、适应社会发展需求，从规律等多角度综合分析方面探求科技领导的真谛，促进科技事业的蓬勃发展。

五、战略科学家科技原创力研究

原创力即科技的原始创造力，创造力是科学家的关键能力。然而，创造力亦有高低强弱之分，对战略科学家来说，应该居于科技创造力的高层次位置，即具有优秀的科技原创力。

（一）科技原创力模型构建

创造力是科学家的关键能力，20世纪50年代至90年代，创造力研究呈现四条发展脉络，即创造性人格特征研究、创造性认知过程研究、创造力激发研究、创造力社会心理学研究，其研究出发点分别为创造性人物、创造性过程、创造性产品和环境影响。近年来，创造力研究又出现了新的进展，其中创造性人格特征研究、创造性认知过程研究、创造力激发研究与创造力社会心理学研究领域的新发现为深入理解创造行为提供了全新的视角，主要体现为动机、情感与气质，创造性思维，创造力开发和环境因素四个方面。

在创造力理论上，主要有创造力内隐理论、系统理论、投资理论、元理论、培养理论。从领导力角度来析，创造力内隐理论指出了创造者的人格因素、认知因素，以及这两种因素的有机结合。系统理论提供了优秀创造者的领导力要素：动机、愿景和理想，相关学科领域的知识和能力，创造群体的相互启发与作用发挥。投资理论反映出了学习能力与智力建设的重要性。元理论主要体现在科技决策与反馈管理上。创造力培养理论提出了有效的创造力培养方法和相关要素的处理关系。

基于对创造力理论研究、杰出科学家传记研究和对院士群体科技领导力内涵要素、假设与实证数据的整合分析，本文认为，战略科学家的科技原创力主要包括如下方面。第一，战略科学家必须有着对科学探索的浓厚兴趣，这是科技创新力的基础；第二，战略科学家必须有着跨学科的综合知识，这是产生优秀创新绩效的知识基础；第三，要有着系统的哲学思维理念和习惯，能以辩证的观点全面探索分析科学规律；第四，掌握良好的创新思维与科学方法论体系，并善于运用；第五，有科学顿悟、创造直觉和灵感，能有效破解科学迷局。把这五方面进行整合，可构建战略科学家的科技原创力模型，如图 8 所示。

从相互关系上，战略科学家科技原创力中的科学兴趣是产生创造力的心理动力基础，跨学科的知识是奠定其创造力的知识基础与平台，而哲学思维、方法论的掌握与运用，以及其科学直觉和灵感都属于创造性思维能力的范畴与方式，是战略科学家产生原始创新成就的创新思维能力体现。这五方面彼此依靠、相互促进，共同构成战略科学家的科技原创力能力体系。

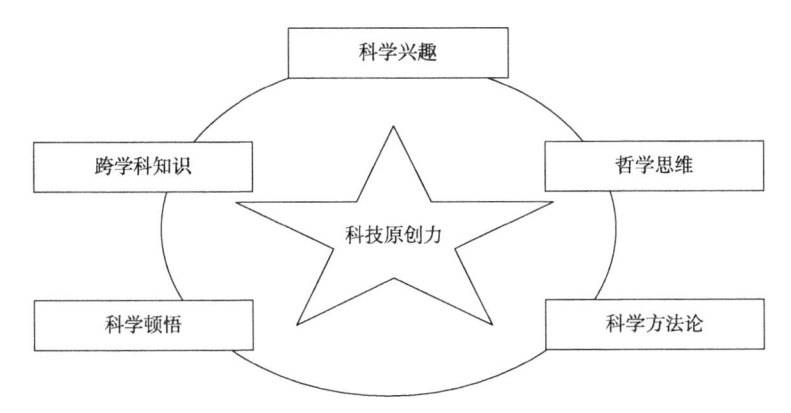

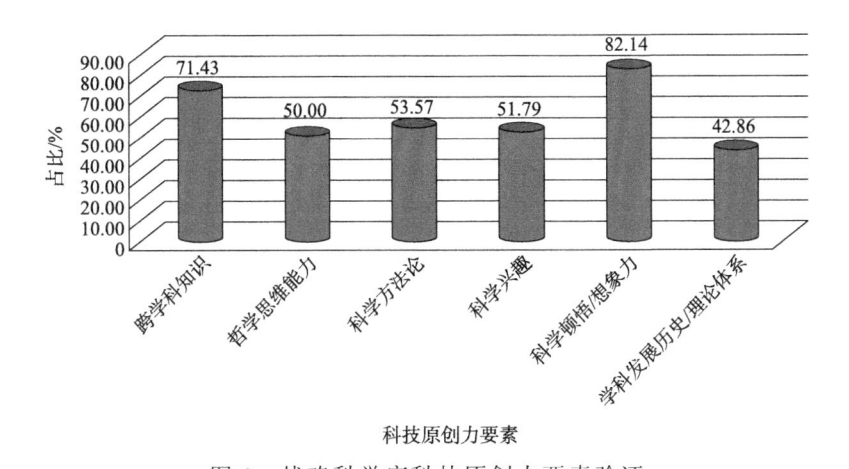

图 8 战略科学家科技原创力要素模型

（二）科技原创力要素验证

为再次验证上述基于在院士群体中调查研究分析而得出的战略科学家科技原创力各要素的实际认可度，本部分将科技原创力的二级子要素（或二级子要素的关键内容代表项）在适当增加干扰项后，也特别设计了要素验证问卷，向中国科学院、中国军事医学科学院、中国工程物理研究院研究所的 77 位局级科技领导做了进一步的延伸验证调查，回收有效问卷 59 份。调研结果显示，科研院所领导者对战略科学家的科技原创力的关键要素也获得了较高的认同（图 9）。

图 9 战略科学家科技原创力要素验证

由图 9 可知，科研院所领导者对战略科学家科技原创力的来源主要包括：科学顿悟/想象力（82.14%）、跨学科知识（71.43%）、科学方法论（53.57%）、哲学思维能力（50.00%）和对学科发展历史/理论体系的掌握（42.86%）。调查同时显示，将学科历史和相关理论体系的掌握按逻辑并入跨学科知识类，其科技原创力要素结构将更加合理规范。因此，基于分析验证，战略科学家的原创力要素主要是科学顿悟/想象力、跨学科知识、科学方法论、科学兴趣和哲学思维能力等关键要素。

（三）科技原创力要素分析

下面主要对战略科学家科技原创力的五个要素进行分解阐述。

1. 科学兴趣

科学兴趣，从一定意义上说，即个体对自然、社会、思维等客观存在和研究这些客观存在的科学活动所产生的积极的、带有倾向性、选择性的态度和情绪。科学兴趣主要包含如下要素。

（1）兴趣方向。兴趣方向的选择和战略科学家能有所建树的学科领域有着紧密的正向关系。兴趣方向主要是指在科学兴趣的选择上主要倾向于哪一领域或学科。比如，自然科学领域、社会科学领域。在这些领域中，又倾向于哪些学科、哪些专业。科学家对某一领域或学科有较强的兴趣，会促使对该领域真理的热烈追求、深入探索，并取得良好的创新绩效。

（2）兴趣稳定性。兴趣的稳定性指的是人对某事物认识倾向所持续的时间的长短。时间越长，稳定性就越高。古往今来，大凡取得卓越创新绩效的科学家，都对科学探索研究有着执着的精神，对研究领域或对象有着锲而不舍的科学态度。

（3）兴趣广度。兴趣广度是指兴趣范围的大小，广泛的兴趣有助于战略科学家开阔眼界，获得多方面的知识与广泛的创造信息。创造者拥有的知识信息越多，就越容易在创造中触类旁通，也就奠定了创新思维与想象的空间和途径，其思维就越富有广度和深度。

（4）兴趣深度。兴趣深度主要指在兴趣方向的基础上，能在其主要感兴趣的领域或学科中坚持追根探源，了解事物发展规律与内在逻辑的深入程度。兴趣深度能促使思维深度的发展，有助于想象强度的发展，为在某一领域做出较高水平的创造性成果提供条件。

2. 跨学科知识

20世纪以来，科学的一个重要发展趋势是与技术的融合以及科学、技术与社会的相互渗透，这使科学更加变成了一项社会综合性事业和工程，乃至不通过跨学科研究的方式，就不会有真正的科学突破。跨学科的知识结构主要包括以下几个方面。

（1）业务学科核心知识体系。掌握本业务学科的核心知识要素体系、知识的发展历史与主线、知识与理论要点及相互关系、代表人物及其研究成就等，是奠定其研究成就的基础。

（2）相近学科知识。科学历来是开放和彼此联系的，故步自封只能加速衰败和没落。在掌握本学科核心知识体系的基础上，对和本学科联系密切的相近学科的知识同样要有充分的掌握，这也是构建支撑主学科研究的科技框架的实际需求。在此基础上，使这些知识体系彼此互通、整合应用，提升科研效率，促进科学知识的联合优化应用。

（3）自然科学知识。科学研究的对象是关于自然、社会、思维等的客观规律，因此，从创新角度而言，战略科学家必须掌握相关领域的自然科学知识，并在立足于本学科研究领域的基础上，有针对性和目的性地选择相关自然科学知识进行系统学习，如数学、物理、化学、天文、地理、生物与生命科学、信息科学与技术等等。不同自然科学的知识体系和研究方法可给予不同领域的科学家以极大的启发，从而促进科技的产出。

（4）社会科学知识。自然科学知识与社会科学知识是人类文明发展不可分割的两翼。当今世界，自然科学知识与社会科学知识彼此渗透影响。为此，战略科学家也需有重点、有选择地学习、掌握相关社会科学知识。

（5）哲学知识。哲学是关于世界观的理论，它揭示的是事物发展变化的一般规律。从严格意义上说，哲学属于社会科学领域，但从创新影响度来说，系统地掌握哲学知识，对提升创新者的科学思维能力有着重要的作用，因此，把哲学知识单独提炼出来，作为战略科学家应具有的知识素养中的重要部分。哲学的意义就在于，任何事物的运动规律都逃不出它的研究范围，哲学虽不能代替具体的科学，但可以帮助人们更好地掌握和运用具体科学。在哲学知识上，战略科学家要系统地掌握辩证思维的理论和方法，积极借鉴各哲学流派的思维精华，要善于从卓越科学家的成功要素中去了解其思维的方式与特点，掌握方法论，促成自身思维素养的提升。

3. 哲学思维能力

从哲学与科学的关系看，哲学可以说是一种猜想与思维，它可以引导科学的发展，也可以提供思考科学的根据与来源。许多卓越的大科学家也是哲学家，如爱因斯坦。哲学思维能力主要包含如下理念与思维方法。

（1）辩证思维理念。辩证观点包括整体的、联系的、发展的和矛盾的等子观点。整体的观点是指在考察任何事物时将其各个部分、方面作为一个整体加以认识，不偏执于某个部分、方面。联系的观点是指在考察任何事物时把它放到相关的诸事物组成的系统中来加以认识，弄清它与相关事物之间的相互影响。发展的观点是指在考察任何事物时把它放到由既在、现在和将在连贯起来的过程中去认识，而不把它视为一成不变的东西单从当下来认识。矛盾的观点是指在考察任何事物时都意识到它有一个对立方并且二者之间相辅相成还可能相互转化，以及正视矛盾和设法巧妙地利用和解决矛盾，而不是因害怕矛盾而否认或回避矛盾。

（2）哲学还原法。哲学还原法又称为追本溯源方法，意指通过层层还原把事物的终极本原或原初基质探索出来。这种方法不只是在宇宙论中的万物本原问题上被应用，在认识论中的认识根源问题上和历史观中的社会起源问题上亦被应用。

（3）首因探求方法。意指通过层层深入把事物的根本原因或第一原因发掘出来。对于世界万物，哲学不仅要知其然，而且要知其所以然，不仅要知其所以然，而且要知其所以然之所以然。宇宙的起源、生命的形成、人类的诞生等各种发生学问题和生物的进化、社会的发展、文化的进步等各种过程论问题的哲学解答都有赖于首因探求方法的应用。

（4）具体理性方法。意指从对事物的感性认识出发通过抽象达到对事物的简单的理性认识，再通过深化和拓展达到对事物的各种特性和本质以及各种联系直至规律的复杂的理性认识。

（5）反思方法。反思思维方式，以主体自身、以主客体关系为对象进行多维的考察。它不仅以主体自身为对象，还以主客体关系为对象，即考察人在进行认识和实践活动中，怎样实现主客体的统一。

4. 科学方法论

方法论是关于认识世界和改造世界的方法的理论。方法论在不同层次上有哲学方法论、一般科学方法论、具体科学方法论之分。对战略科学家来说，需系统地把握如下科学方法。

（1）科学归纳法。归纳法也叫归纳逻辑，是指论证的前提支持结论但不确保结论的推理过程。它把特性或关系归结到基于对特殊的有代表性的有限观察的类型；或公式表达基于对反复再现的现象的模式的有限观察的规律。归纳法常常包括简单枚举归纳法、完全归纳法、科学归纳法、消除归纳法、逆推理方法和数学归纳法等。

（2）分析综合方法。该科学方法由笛卡儿提出，他在《方法论》中指出：研究问题的方法分四个步骤。①除非我已经明显地认识到了，否则永远不接受任何我自己不清楚的真理，就是说要尽量避免草率和先入之见：不把任何东西包括在我的判断中，除非我理解该事物对我的心智呈现得极其明晰完全有别于其他，以至于我不会有任何机会加以怀疑。②可以将要研究的复杂问题，尽量分解为多个比较简单的小问题，然后一个一个地分开解决。这就是分析的方法。③将这些小问题从简单到复杂排列，先从容易解决的问题着手再上升到对复杂问题的研究。甚至在没有先后关系的事物中也要假设出个顺序来。这就是综合的方法。实际上就是把分割得到的最简单的东西还原为具体的事物，是从一般走向个别，从抽象回到具体。④将所有问题解决后，再把一切可能的情况完全列举出来进行检验。看能否完全将问题彻底解决了，从而确信没有遗漏。

（3）还原论、整体论和融贯论。复杂性科学出现后，复杂性科学方法论也随之诞生，主要是还原论、整体论和融贯论。还原论有深入分析的优点，整体论有从整体上看问题的长处，融贯论的精髓是从内外上下、横纵前后认识和解决问题，既包括客观的过去和现在，也包括未来；既重视分析，也重视综合；在研究具体系统时，既注意部分，也注意整体。

（4）系统方法论。系统方法其根本特征在于从系统的整体性出发，把分析与综合、分解与协调、定性与定量研究结合起来，精确处理部分与整体的辩证关系，科学地把握系统，达到整体优化。

（5）演绎法和证伪法。演绎法是由一般公理、定律推论出个别、特殊的方法，结构严密。演绎法不仅能确认已知的存在，还能推论出未知事物的性质，如从元素周期律中推论出未知元素，这是演绎法的重要作用。证伪法由波普尔提出。波普尔证伪逻辑的要点是：首先，科学理论并不是来自经验的归纳，主要是因为已有理论不符合新的经验，产生了问题，需要新的理论来解决。其次，任何理论最初都是一种猜测或假设，需要由经验来验证，不能直接用归纳法验证，因为理论、原理、定律是全称命题，包含无限个对象，而经验都是个别的。有限不能证明无限，归纳多少个正面经验都不能证明其理论是真，反之，用演绎法，只要推出一个反面结论，就可证明该理论是伪的。没有证实的逻辑，只有证伪的逻辑。最后，问题—猜想—反驳（证伪）—新问题，循环探索，科学知识就是这样不断增长的。

5. 科学顿悟

千百年来，"顿悟"作为人类解决科学和其他问题的一种独特方式，基本得到了科技界的广泛认可。现代心理学家发现，任何顿悟必须要以明确的思考问题为大前提，同时顿悟必然对此问题经过长期、认真、甚至艰苦的思考才可能出现。顿悟主要表现为三种现象。

（1）灵感。灵感是人们在艺术、科学、技术等探索过程中，由于艰苦学习，长期实践，不断积累经验和知识而突然产生的富有创造性的思路。如果说，科学上的发现有什么偶然的机遇的话，那么这种"偶然的机遇"只能给那些学有素养的人，给那些善于独立思考的人，给那些具有锲而不舍的精神的人，而不会给懒汉。灵感是人们思维过程中认识飞跃的心理现象，一种新思路的突然产生，具有随机性、偶然性的特点。

（2）直觉。直觉是指不以人类意志控制的特殊思维方式，是基于人类的职业、阅历、知识和本能存在的一种思维形式。直觉具有迅捷性、直接性、本能意识等特征。心理学研究发现，直觉突现于人类的大脑左半球逻辑思维方式，它能对于突然出现在人们面前的事物、新现象、新问题及其关系的一种迅速识别、敏锐而深入洞察，以及直接的本质理解和综合的整体判断。直觉思维的基本内容包括直觉的判别、直觉的想象、直觉的启发三个方面。

（3）想象力。想象力是指在知觉材料的基础上，经过新的配合而创造出新形象的能力。现代科学的基本概念变得越来越抽象、离经验越来越远，不可能直接由经验归纳得出。

（四）科技原创力案例

爱因斯坦，现代物理学的开创者和奠基人，20世纪最伟大的科学家之一。从传记挖掘中可以看出，爱因斯坦在科技原创力方面具有上述各要素的集成优势。

在科学兴趣上，爱因斯坦从小就喜欢思考和探索，对科学有着浓厚的兴趣。比如，他幼时不爱一般儿童打闹的游戏，喜欢独自一人比较宁静的生活，喜欢思考，对科学问题和自然界的奥秘有着强烈的思考探索精神，从小就对动手技术和抽象的数学非常感兴趣。少年时期，爱因斯坦就读完了《欧几里德几何》《自然科学通俗读本》，以及康德的哲学名著《纯粹理性批判》。爱因斯坦17岁时进入瑞士苏黎世联邦理工学院学习数学和物理学，对实验达到了痴迷的程度，他大部分时间是在实验室度过的，"迷恋于同经验直接接触"，其余时间用于阅读一些著名物理学家的著作，逐步了解到当前物理学前沿的一些重大理论问题。无论年岁如何增长，其科学兴趣一直促使着他探索自然的奥秘。

在哲学思维与科学方法论上，科学史研究指出，爱因斯坦所创立的相对论与他的科学哲学观点、科学研究方法是分不开的，他经常用宇宙的和谐、自然的秩序、事物的统一性、实在的理性本质等言词来描述自己科学观点。例如，他在众多科学家寻找以太坐标系的努力都失败后，能以科学的哲学思想为引导，认为相对性原理也应该适用于电磁运动、麦克斯韦方程应用到运动的物体上所引起的不对称不是现象所固有的，正是这一科学观点引导他走向狭义相对论的基本思想。正如他本人所言，如果把哲学理解为在最普遍和最广泛的形式中对知识的追求，那么，显然哲学就可以被认为是全部科学研究之母。

在跨学科知识上，爱因斯坦博览群书，从阅读中知道了整个自然科学领域的主要成果和方法。爱因斯坦在创建相对论时，就全面而系统地研究了笛卡儿、惠更斯的以太学说、牛顿的经典力学和光的微粒说、麦克斯韦、赫兹的电动力学，以及电磁学和力学的统一等多方面的知识。尤其是在其探索过程中，爱因斯坦认真研究了麦克斯韦电磁理论，特别是经过赫兹和洛仑兹发展和阐述的电动力学。此外，在数学等方面的修养也为相对论的诞生奠定了基础。值得特别提出的是，爱因斯坦所著文章《关于理论物理学基础的思考》从侧面给我们展示了他广博的知识结构、全面的总结归纳能力和创新能力，同时也可探摸到爱因斯坦这样一位伟大的科学家的科技思路。文章中爱因斯坦对科学研究目的、科学方法、物理学的发展进展、典型代表人物（诸如牛顿、法拉第、麦克斯韦、赫兹、汤姆生、普朗克、德布罗意、薛定谔、海森堡等）及其科技贡献、成就、不足；不同学者成就之间的相互联系、物理学的发展设想、新理论概念等都做了系统深刻的阐述。这充分反映了爱因斯坦广博的知识结构，反映了他善于学习吸收、归纳总结、提炼精华、探索规律的科技创造力。

在科学顿悟方面，在概念的理智构造问题上，爱因斯坦多次提到了直觉和想象。他说，我相信直觉和灵感，想象力比知识更重要，因为知识是有限的，而想象力概括着世界上一切，推动着进步，并且是知识的源泉。严格地说，想象力是科学研究中的重要因素。

从爱因斯坦从事科学研究的历程来看，正是他浓厚的科学兴趣、跨学科的广博知识、系统的哲学思维和方法，以及基于科学探索而形成的直觉与想象力成就了他辉煌的科技成就。

战略科学家的科技原创力是其科技领导力的根本来源之一,离开了卓越的科学原创力,科学家便成不了战略科学家,也就难以形成战略科学家的领导力。结合本文的研究阐述,战略科学家的科技原创力主要由科学兴趣、跨学科知识、哲学思维、科学方法论及科学顿悟/想象力等要素组成,它们彼此联系,共同构成战略科学家的原创力要素内涵。对科学家来说,要成为战略科学家,首先必须着力培育和提升自己的科技创造力,同时在有科学兴趣的基础上,系统地掌握科学研究的相关学科知识、掌握科学研究的哲学思维方法和科学方法论,进而从创新的顿悟中获取智慧的启迪,创造出优秀的科技成果。

六、战略科学家科技激励力研究

为保证科技愿景和组织战略的顺利实现,需要战略科学家、科技人员团结协作,共同努力,以积极的态度和务实的行为开展科研工作。当今时代,科学活动的主体已日益突破个人模式,朝着团队和组织协同工作的模式发展。因此,战略科学家需能有效激励科技追随者,使其以积极务实的态度开展科研工作。

(一)科技激励力模型构建

基于前述"战略科学家科技领导力研究"中关于卓越科学家的传记研究、领导力要素提炼,以及在院士群体的实证数据验证和关于战略科学家领导力内涵要素整合的分析,本文认为,战略科学家的激励力主要包含如下五个主要方面。①愿景激励。要善于构建为科技追随者所共同认可、并愿为之全力以赴、充满激情的远景,以此调动追随者的持久动力。②价值观激励。价值观是人世界观的核心,是驱动人们行为的内部动力。战略科学家要善于建设合乎社会文明进程、超越个人利益取向,以团队、组织、国家和人类利益为主的价值观体系。③资源配置激励。追随者作为社会人,既有其精神追求,也有着其物质的追求和利益诉求,所以战略科学家要善于通过资源配置的方式，促进追随者按组织期望开展工作。④动机激励。战略科学家要善于激发并满足追随者合理的、良好的动机，并采取适当方式提供成长与发展平台，促进追随者的成长，满足其成就动机与发展的需要。⑤环境激励。对科研组织和个人而言，建设学习型组织的创新环境和良好的科研文化氛围，既有利于创新者个人，也有利于创新集体。战略科学家要积极采取措施，使组织学习成为一种价值观、精神、制度与文化风尚，使所有成员通过学习不断地吸收源自外部的知识营养，为组织的可持续发展提供不竭的动力。同时，战略科学家要在组织与团队内部塑造和传承有利于科技创新的文化氛围，通过创新文化的培育，营造良好的创新环境。

上述关于战略科学家科技激励力的五要素，可浓缩为愿景激励、价值观激励、资源配置激励、动机激励和环境激励，在此基础上，构建科技激励力要素模型，如图 10 所示。

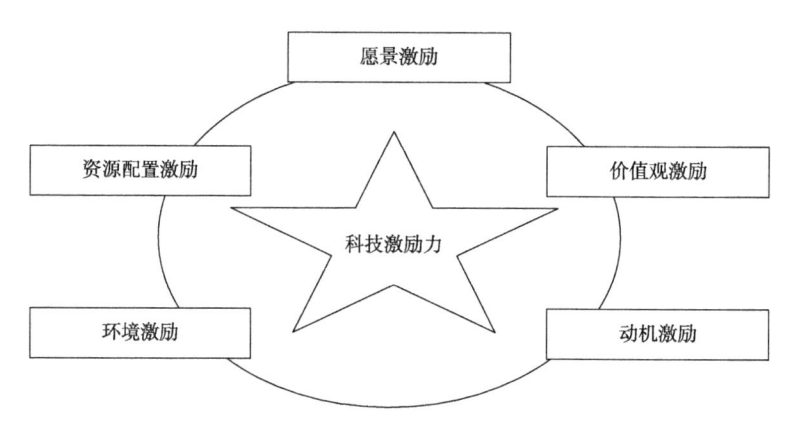

图 10 战略科学家科技激励力要素模型

在图 10 中，战略科学家科技激励力中的愿景激励属于统领地位，在共同愿景的基础上，其他四种激励方式都是为保证组织愿景的顺利实现而采用的，其中价值观激励属于精神层面的最佳激励方法，也是激励内容构建的核心要素；动机激励和资源配置激励是兼顾物质和精神两方面的激励方法；环境激励是基于科技组织发展和科技工作者工作性质和目的而设置的有效激励方式，能促进组织团队的整体创新绩效的提升。这五种激励能力要素相互配合，共同构成战略科学家的科技激励力模型。

(二)科技激励力要素验证

激励能力是领导者激发追随者积极投身于事业的关键。在对战略科学家科技激励力的要素验证上,本文挑选具有代表性的激励力要素也如前所述方式一样,面向中国科学院、中国军事医学科学院、中国工程物理研究院研究所的科技领导开展问卷调查,其要素也同样得到了科研院所科技领导者的广泛认可。具体数据如图11所示。

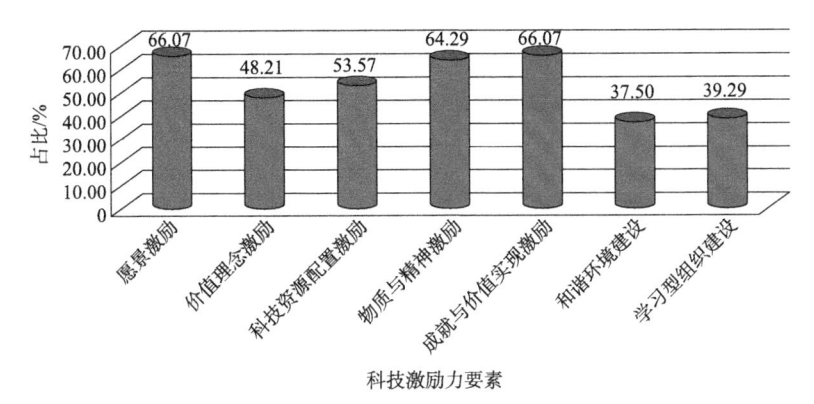

图 11 战略科学家科技激励力要素验证

由图 11 可知,战略科学家科技激励力主要应由愿景激励(66.07%)、成就与价值实现激励(66.07%)、物质与精神激励(64.29%)、科技资源配置激励(53.57%)、价值理念激励(48.21%)、和谐环境建设(37.50%)和学习型组织建设(30.29%)组成。从内容的包含角度来看,其中物质与精神激励和成就与价值实现激励是动机激励的主要内涵;学习型组织建设是环境建设的关键要素。

(三)科技激励力要素分析

1. 愿景激励

愿景是一个国家、一个组织、一个团队或一个人未来的发展图景。对于战略科学家而言,能否提出令人振奋、具有广阔的发展前景、能够为科技追随者所认同、能够持续引领科技组织或团队向前发展的共同愿景直接决定着其前途与命运。其主要包括以下几个方面。

（1）价值选择。愿景的核心是价值观，纵观人类发展史，最成功的组织或个人，都是那些能够在更高层面整合不同利益相关者的价值观，并以此作为组织愿景的组织或个人。因此，需要整合个人、团队、组织、国家和人类的价值观，形成组织共同的价值观体系，提倡团队价值、组织价值、国家价值和人类价值，并着力从科技服务国家、创新为民的价值高度来选择组织价值。

（2）社会演化。社会演化具体包括社会心理、社会制度、社会结构、社会性质及其变化发展趋势等，是影响组织愿景的最关键外部要素之一，组织的价值观是由社会环境、组织历史及其演化决定的。战略科学家要能从战略的高度了解社会演化历史，并洞察未来发展，高屋建瓴地预测社会的未来。

（3）文化变革。愿景是一种精神层面的产物，与社会文化及其变革的关系密切，只有洞悉文化变革及其发展趋势，才能更好地构建组织的愿景。由于跨地域、跨国界的科研活动日益增多，科技人员的来源也日益国际化，因此，要能充分考虑群体文化、地域文化、民族文化、宗教文化，乃至全球文化的特点与内涵，通过萃取符合人类共有的文化价值精髓来构建组织愿景。

（4）科技进步。现代社会的最主要特征在于科技对社会和组织的影响越来越大、越来越直接，科技甚至决定着一些行业和组织的生死存亡。这样，制定愿景就必须考虑科技进步的因素。诸如，科技新理念、新知识、新技术、新产品和新的产业发展情况及其未来发展趋势，以及其对组织与个人的影响。

（5）组织变迁。社会演化、文化变革、技术进步等外部环境的变化都会作用于组织而促进变迁，对于组织而言，其历史和现状必然会对未来的发展产生影响，这是制定愿景必须考虑的内部因素，包括组织发展历史、文化传承、人员结构、核心竞争力等。

总体而言，在考虑上述愿景五要素的基础上，战略科学家要能非常鲜明地阐述与宣扬组织的发展愿景，使愿景清晰明确、强劲有力、持续发展和令人心驰神往，以此凝聚和吸引、激励广大科技追随者。

2. 价值观激励

一个组织的主导价值观，是这个组织的精神支柱和文化动力。共同的价值观念具有导向、约束、凝聚、激励及辐射作用，可以激发全体员工的热情与才智。价值观不是与生俱来或凭空设计而出的，而是在一定的历史条件下和社会环境中产生的，是人们在社会实践中通过对自身经验的总结或者吸收前人的经验而逐步形成的。为使科技人员认同和接受有利于科技创新发展的价值观，战略科学家主要可把握如下要素。

（1）达成价值共识。任何组织的价值选择都是在个人价值到人类价值的价值谱系上选择合适的位置。对于期望做出卓越贡献的战略科学家而言，一般应在价值谱系的高端定位。战略科学家要激发全体成员参与讨论组织的价值观，在充分整合的基础上，从组织、国家和人类价值的选择上，提炼出团队（组织）成员的共同价值观，并凝练形成具有自身特色的文化价值理念，真正使价值观成为每个人的行为规范。

（2）发挥榜样作用。领导者首先要在自己的言行中展示和团队、组织所共同认可的文化价值观，身体力行，使组织的文化价值理念体现在领导者和领导集体的言行实践中，通过榜样作用的发挥，使价值理念对追随者产生潜移默化的影响。

（3）弘扬组织价值观。领导者要把共同价值观融入科研组织的使命与制度建设中，充分利用宣传、教育等方式来推广、深化；培育符合科研特点的崇尚科学精神，追求真理，报效国家，服务人类的优秀价值观，构建和谐创新、民主的工作氛围，使社会主义核心价值观真正渗透到每个人的脑海中，使文化与价值理念长期化、传承化。

（4）构建价值导向的绩效考核协同体系。领导者要把共同价值观转化为绩效考核标准，对于模范履行共同价值观的成员进行奖励，对破坏或抵触该价值观的行为进行批评教育，甚至采取必要的惩罚，以此加强价值观和组织成员行为间的关系，强化价值观的指导作用。同时，把绩效考核指标、优秀人物评选、骨干提拔和价值实践相统一。

（5）宣传共同价值理念。战略科学家要善于把优秀的共同价值观及其理念辐射传播至社会各领域，促使社会文化和价值理念符合建设创新型国家的需要，并使之成为国家、民族源源不断的创新动力与灵魂。

3. 动机激励

动机是行为的原因，是决定行为的内在动力。在科研组织中，知识分子云集，其中一部分人更是专家学者。对于科技工作者，动机的准确把握是战略科学家实施有效领导的基础。因此，战略科学家应了解追随者的相关需求。

（1）生理需求。生理需求包括衣食住行等维持自身生存的最基本要求，在一定意义上说，生理需要也是推动人们行动的最强大的动力。调查表明，知识分子对合适的物质报酬、薪酬激励、住房条件等都有着相应的需求。

（2）安全需求。安全上的需要是人类要求保障自身安全、摆脱事业和丧失财产威胁、避免职业病的侵袭、接触严酷的监督等方面的需要。在知识分子群体，除了人们普遍意义上的安全需求外，还有着基于现实职业竞争基础上的对自身职业安全的强烈渴求。

（3）社交需求。社交需求是情感和归属的需要，包括两个方面的内容：一是友爱需要，二是归属需要。感情上的需要比生理上的需要来得细致，它和一个人的生理特性、经历、教育、宗教信仰都有关系。科技工作者同样需要来自社会的关爱、需要情感的关怀。因此，战略科学家应能了解科研人员的情感需要和社交需要，要关注他们的成长和心理需求。

（4）尊重需求。尊重需求包括内部尊重和外部尊重，内部尊重是一个人希望在各种不同情境中有实力、能胜任、充满信心、能独立自主。外部尊重是一个人希望有地位、有威信，受到别人的尊重、信赖和高度评价。人人都希望自己有稳定的社会地位，希望个人的能力和成就得到社会的承认。尊重需要得到满足，能使人对自己充满信心，对社会满腔热情，体验到自己活着的用处和价值。

（5）自我实现的需要。自我实现的需要是指实现个人理想、抱负，发挥个人的能力到最大程度。实现自我价值会使人们感到最大的快乐。在现实生活中，每个科研人员都有自己的志向和抱负，希望为自己热爱的事业献身并获得成就。在基于成就和价值的追求上，科研人员的精神追求和价值追求也能被有效的引导，并产生巨大的精神动力和创新绩效。

4. 资源配置激励

在科技研发中，需投入相应的科技资源。鉴于科技资源的有限性，科技活动中往往不能充分满足科技研发的所有需求。因此，如何高效地配置科技资源，并使其成为激励科技工作者的有效手段是战略科学家的又一关键能力。同时，利益相关者理论认为任何一个组织的发展都离不开各种利益相关者的投入或参与。对战略科学家来说，需把握如下方面。

（1）正确识别利益相关者。在科研组织与外界环境中，利益相关者主要包括两类：一是组织内部的利益相关者，包括科研人员、管理人员、科技支撑人员等；二是组织外部的利益相关者，有政府、科技经费提供者、科技设备提供者、科技成果评价者、科技成果使用者以及科技的竞争与合作者等。战略科学家要根据利益相关者群体对科技组织愿景和组织行为影响的程度进行细分，正确识别和把握其共同点和个性。

（2）把握利益相关者主体需求。在识别利益相关者的基础上，战略科学家要能从不同的利益群体中，准确把握其主体需求，要能基于不同组织、人群的需求层次予以具体了解，并抓住科技组织相应发展时期利益相关者的主体需求进行均衡管理与激励，做到有的放矢。

（3）确立资源与利益分配原则。在资源与利益分配原则上，要讲求公平、公正、公开，既要依据组织的发展战略布局与目标，又要依据利益相关者的工作能力、工作绩效、工作态度和工作时间等指标作为资源与利益分配的依据，讲求资源配置与战略的匹配，并促使利益均衡，使利益分配为员工所共同认可，并受到持续激励。

（4）制定资源与利益分配方法。资源与利益分配包含物质激励和精神激励两大方式，从可操作层面来说，可具体描述为：提供合适的薪酬、构建科研共同愿景、提供职业发展通道、提供科研平台与资源、鼓励按国家需求，或个人兴趣进行探索、促使科研人员实现其成就与价值、建设和谐民主的文化环境、提供公平的竞争合作机会、采取人文关怀，以及解决子女上学和配偶工作、提供住房等方式。

（5）科学配置资源。资源整合配置能力是战略科学家结合科技战略目标，高效地整合配置和运用科技资源的能力，它直接影响科技创新的效能。对科技组织和人员来说，必须使有限的科技资源和组织的发展战略紧密结合、和科技人员实现自我成就价值的需求相结合，使资源配置科学合理、结构均衡、轻重相宜，符合组织战略发展需求，避免资源分配的平均化、无序化或个体化，从真正意义上以科技资源配置方式促成科技人员自我价值，满足其成就需求。

5. 环境激励

环境激励主要着重于学习型组织建设、创新文化和良好的科研氛围建设。战略科学家采取的环境激励主要包括以下几个方面。

（1）培育与提倡创新精神。创新精神的前提是尊重规律，核心是培育尊重知识和尊重人才的文化。战略科学家要积极倡导和鼓励创新，并把对创新的提倡与重视融入组织的核心价值观体系中，融入每个科技工作者的头脑中，以精神与价值追求来激发组织成员的创新积极性。

（2）塑造与传播创新文化。包括培育组织成员的创新信念，强调组织的成功取决于自主创新能力的理念，充分尊重每一个知识工作者和每一个创意，承认创新者的贡献并及时予以激励，倡导公平竞争和诚信宽容的风气，树立知识产权意识，鼓励合作与协同行为，不断发现和树立模范标杆。

（3）创建学习交流平台。战略科学家要适当采取措施，整合创新资源，搭建共同学习和交流的平台，促使不同学科、专业的科技工作者进行科技创新思想交流和碰撞，使其相互启发，彼此受益。比如，可以在组织中专门开设研讨室或开展研讨沙龙，并提供相应设备予以支持。

（4）培育团队合作精神。知识创新是由组织成员特别是组织中的团队完成的，要激发团队的知识创造力，就需要每个团队成员放弃过度竞争、个人主义、以自我为中心及自我扩张的行为，要破除潜藏在团队中的"习惯性防卫"心理，要团队成员视彼此为工作伙伴，彼此交换各自的假设，用心聆听，创造性地探究复杂而重要的议题，萃取超越个人智力的团队智力。

（5）采用团体激励模式。激励是强化某种行为的有效方式，基于学习型组织建设的需要，在激励设置上，除采取激励个人的创新行为外，更重要的是要强化对科技创新团队的集体激励，并要逐渐加大对团队整体的激励力度。只有这样，才能促使团队成员在内心上把团队看成自己的获得成功与激励的源泉，从而主动投入到团队的创新实践中去，积极思考、相互交流、共享智慧。

（四）科技激励力案例

卡文迪什实验室在出科技杰出人才和重大科技成果方面享誉世界。综观该室的成长历程，可以发现，卡文迪什实验室的成功有着诸多原因，但其历经多年形成的有效吸引和激励人才的举措无疑是重要影响因素。

（1）不拘一格选择和重用优秀人才。自1885年以来，卡文迪什实验室摒弃狭隘的人才观，开始面向不同阶层、不同国度广纳良才。对来自不同出身、国度、信仰、性别的人才都能做到平等对待，公平竞争。比如，1885年，年仅28岁的青年物理学者汤姆逊任教授后，吸取了德国成功的研讨班制，在世界上首次面向英国、继而面向世界招收男女研究生，从而开创了面向世界广揽英才特别是女研究生的体制，并由硕士制过渡到博士制。正是由于汤姆逊的杰出成就和开放办实验室的思想，使实验室逐渐发展成为国际著名的科研组织。

（2）积极筹措科研经费，改善科研条件。卡文迪什实验室历届教授都把争取足够的科研经费作为自己义不容辞的责任和义务。早在1869年决定筹建卡文迪什实验室时，时任剑桥大学校长的威廉·卡文迪什就捐款8450英镑用于实验室建设。第二任卡文迪什实验室教授瑞利勋爵利用他在政界的广泛影响，积极推动政府投资，后来还捐献了全部诺贝尔奖金用来添置仪器设备。后来历任实验室教授都积极开辟多方渠道（政府财政、公司资助、联合共建），整合资源，筹措经费为科研服务，这种优良传统一直沿袭至今。

（3）知人善任和支持创造性人才。尽管实验室在每个时期都有主攻研究方向，但都积极关注每个研究人员新的创新思想，无论研究领域是否属于主攻研究方向范围，只要具有发展前景就给予扶持，并创造条件使其成功。

（4）善于构建平等、民主、竞争的用人机制。实验室优越的条件和崇高的学术威望吸引世界各地优秀人才纷至沓来。实验室在国际范围内广纳贤才，对于选定的人才，都看作实验室事业的接班人，平等对待，要求每个人根据个人特长和兴趣提出研究方向。教授也从不将自己的思维强加于他们的研究中。对于有创见、思维活跃、才华出众的人更是给予全方位支持和帮助。遵循此原则，实验室对前来实验室要求学习、进修、交流的每一个人都慎重考察，广泛听取各方面的意见，不搞一锤定音，这种文化有效地促进了实验室的发展。

（5）有着良好的学术传统和学风。实验室最突出特点之一就是学风民主和自由探索的氛围，它强调宽容和合作，着力营造良好的研究环境，激发和调动研究人员的积极性和创造性。从1871年麦克斯韦奠定该室良好的传统学风始，在百余年的继承和发展中，严谨和民主的学风被不断加入。实验室教授强调将教育孕育于科研之中，认为只有实验探索才能培养出优秀科学家和出成果，相信在宽松学风和自由氛围中进行自己感兴趣的研究，取得成功的机会会更大。该室还有着独特的"在悠闲中治学研究"的剑桥风格，即每两周一次的物理聚会和每天下午 5 时进行的"茶时漫谈会"，在这里，不同国度的人们不分等级职务，平等相处，相互交流，气氛活跃，内容涉及文化、地理、风情、新闻趣事和个人的研究方向等，智慧火花的碰发，往往被用于研究上而取得重要发现。

是将帅，就需指挥千军万马。作为战略科学家的领导者，无论是从领导的有效性，还是从自身作用发挥来说，都应该在实践之中，融合愿景激励、价值观激励、动机激励、资源配置激励和环境激励等诸多要素，多维度地激发、调动科技工作者的积极性，促进科技事业的发展与超越。

七、战略科学家科技影响力研究

战略科学家作为举足轻重的科技领导者，其科技领导活动必然会影响其科技追随者，因为领导活动是有组织、有目的的社会活动，是领导者和追随者相互影响、相互作用的过程。为此，领导者要想对追随者或被领导者施加有效影响，就必须提升自己的影响力。

（一）科技影响力模型构建

美国著名领导学家约翰·科特对15位组织高级领导人进行的深度研究表明，组织领导者面临的诸多挑战中，大部分在于建立对他人的影响力。通常而言，影响力是领导者通过各种手段、途径、方法、技能和艺术来积极主动地对追随者施加影响，并改变其信念和行为，使其统一于组织的共同愿景，按照领导者的期望开展工作的能力或能力体系，是一种由领导者主动对追随者施加的推力，主要表现为对追随者的凝聚、吸引和软约束。

从战略科学家产生影响力的直接来源分析，基于关于战略科学家领导力内涵要素整合分析、传记分析和院士群体实证数据研究，可以发现，战略科学家通常有着广泛的国际知名度和良好声誉，能通过其卓越的科技成就和贡献，以及知识权威的身份来影响国家、产业，乃至人类社会相关领域的发展方向和政策；能通过有效沟通管理和能力展示，争取外部关系的和谐，获得政府、相关组织和追随者的信赖与支持；能与世界科技同行，尤其是跨国界学术权威机构和优秀科学家保持密切联系，是公认的学术权威和科技引领者；对科技做出过卓越贡献，对学科发展与研究方向，或者科学研究的范式产生过巨大影响；能积极参与到国家、国际重大科技战略决策中，并能有效主导或影响战略决策的制定与实施等。

为此，战略科学家的影响力主要可描绘成五个关键要素。①科学权威影响。战略科学家必须是某一学科或领域，甚至是多学科领域的领军人物，是本领域或跨学科的科学权威与领头羊，被科学同行和社会公众广泛认同。②科学战略决策与咨询影响。战略科学家必须有着为广大科学家、社会公众所认可的卓越科技贡献，在此基础上，战略科学家作为国家发展战略等方面专家，需发挥其思想库的作用，通过为国家发展战略、社会经济发展、科技发展出谋划策，提供有重大参考价值的决策咨询来影响相关领域的发展方向。③学科范式影响。即战略科学家可通过其对科学研究方式、科学方法论的创新与成就来影响科学界与社会大众。古往今来，众多卓越的科学家、哲学家在科学方法论上的创新成就长久地影响着科学研究的后来者。④学科网络影响。即战略科学家往往通过和其他科学家的合作和讨论，尤其是与一些知名科学家的合作，发表高质量的科研论文或创新成就，就能更好地得到学科网络中众多科学家的认同和支持，从而提升与扩大自己的影响力。⑤社会声誉影响。良好的社会声誉和名望会以极佳的软力量来影响科技追随者，并取得良好效果。把这五方面整合而成，可构建战略科学家的科技影响力模型，如图12所示。

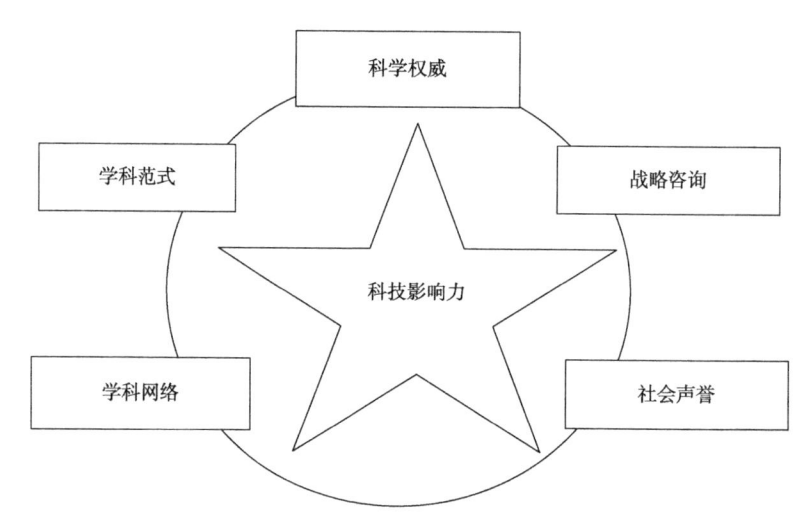

图 12　战略科学家科技影响力要素模型

由图12可知，战略科学家基于科学成就而产生的科学权威是其科技影响力的主要来源，也是最为根本的影响力要素；学科范式影响是战略科学家所创造的关于科学研究方法论或范式的突破，以及新范式和科技成就对科学界所带来的影响；学科网络影响是战略科学家基于科学研究活动而在学术圈子的网络结构和社会网络中所形成的影响力；战略咨询影响是战略科学家发挥国家思想库的作用而产生的影响力；社会声誉则来源于战略科学家上述要素和人格魅力的综合体现。这五方面相互关联渗透，共同组成战略科学家的科技影响力。

(二) 科技影响力要素验证

在科技影响力要素的验证上，本部分将科技影响力的二级子要素（或二级子要素的关键内容代表项）在适当增加干扰项后，也特别设计了要素验证问卷，向中国科学院、中国军事医学科学院、中国工程物理研究院研究所的科技领导做了进一步的延伸验证调查。调研结果显示科研院所领导者对战略科学家的科技影响力要素获得了较高的认同，如图13所示。

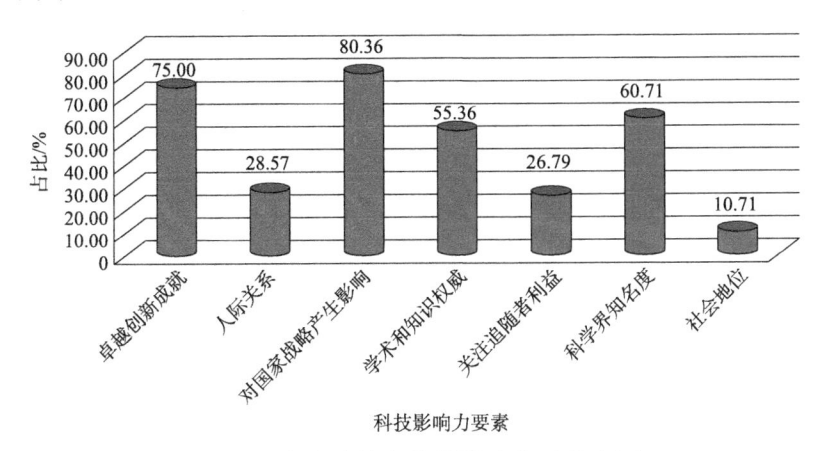

图13 战略科学家科技影响力要素验证

由图13可知，科技影响力主要源于其对国家战略产生影响（80.36%）、卓越创新成就（75.00%）、科学界知名度（60.71%）、学术和知识权威（55.36%）。而调查问卷中特意设计的干扰项（"人际关系"和"社会地位"）未获得较高的认可度，这符合预期的设想，这也从另一侧面验证了科技影响力的科学特征和科技界对影响力的本质看法，符合科学探索的科学精神特征。因此，从领导力的角度分析，上述影响力要素可规范描绘为：科学权威影响、战略咨询影响、学科范式影响、学科网络影响和社会声誉影响等方面。

（三）科技影响力要素分析

下面主要对战略科学家的科技影响力来源要素做详细阐述。

1. 科学权威

传统科学社会学考察了科学共同体内部的权威形式，对科学权威问题作了一定的解释。本文所讲的科学权威主要指在科学共同体内部，某个主体（主要指科学家）在扩展确证无误的知识方面做出了杰出的贡献从而获得了较多的承认和较高的声望而形成的影响力。

（1）知识权威。战略科学家不但要是本学科领域的知识权威，而且要成为跨学科的知识权威，以知识权威的内在要求而言，唯有追求真理，系统地掌握相关学科的知识、理论和研究方法，并取得突出的创新成就才能成为知识权威。在此基础上，知识权威还需通过宣传真理、普及科学知识来影响社会公众。

（2）导师权威。导师是科学权威的表现形式之一，导师由于其所处的学术地位及所拥有的资源优势，能做到有效发现和培养优秀人才。科学权威作为导师对学生的影响是多方面的，包括提高成就的标准、提高科学的修养、加强工作的信心、提供良好的研究条件及交流机会和环境，使其较早地进入科学殿堂等。根据朱克曼对1901—1972年诺贝尔物理学、化学和生理学、医学奖获奖者的研究，美国的获奖人当中有一半以上曾经在其他获奖人的指导下从事研究。

（3）评价权威。科学中的普遍主义及民主精神要求：在科学评价系统中需以统一的尺度来考察科学家做出的成果，以普遍的标准衡量科学家的工作质量。因此，就须由科学共同体依据相应的理论、逻辑和制度、流程进行评价。在这一过程中，科学权威起着重要作用，他们是科学评价系统的核心，以其所掌握的知识为基础，通过各种角色任务的实现，不同的方式来维持科学共同体的功能，保持科学创新在科学共同体内部的提出与传播，保证科学传统的延续，实现科学的社会功能。

（4）方向权威。科学权威在其科研领域里处在科学共同体的前列，并且拥有丰富的交流渠道，所以能及时掌握研究的最新动态、最新资料，对整个学科有着全面的认识,能以敏锐的头脑、明晰的思想、深刻的眼力,经常对理论基础作批判性的思考,预测科学发展的趋势,并能结合当时的发展状况分析判断并指出发展方向,同时可以带领和指导广大研究者继续向这一领域的深度和广度进行探索。

(5)领导权威。战略科学家在一定的程度上,会担任相关组织科技领导者的行政职务或成为国家科技决策和科技政策等方面的高级咨询顾问或思想库专家,乃至决策者。这是科学权威以科技服务于社会为职能的重要体现。他们通过参与制定国家科学发展纲要、规划,决定哪些科学领域需要优先发展,哪些领域需要重点发展;决定不同领域人力、财力、物力投入的多少,从而在一定程度上规定和影响着科学的发展方向。

2. 战略咨询

影响力的大小是分层次的,战略科学家基于其为人类社会、国家发展、产业经济,以及为学科发展所做的卓越贡献,其影响力无疑是居于战略层级的;同时,从科技的宏观发展环境来看,战略科学家往往对国际科技发展趋势和竞争合作态势有着深刻的洞察和把握,因此,战略科学家往往会成为国家战略决策和咨询机构中的中坚力量。具体而言,战略科学家在发挥战略咨询者角色时,其战略影响力主要来源于以下几个方面。

(1)国家科技发展战略。一个国家的科技发展战略往往是由这个国家的相关政府机构和科技管理部门,联合科技精英组成的国家智囊团、国家思想库,根据国内外社会、经济和科技形势的最新发展,结合本国国情,经多方研究、论证,进而提出国家的科技发展政策、战略、规划或计划。而在这群科技精英中,战略科学家起着至关重要的引领和决策作用。比如,我国"两弹一星"战略决策和"863计划",战略科学家发挥了决定性的作用。

(2)国家科技发展政策。科技政策的制定是国家政府管理机构、科技管理部门会同科技专家等联合制定的。在科技的发展政策和具体管理方式上,需要奋斗在科研一线的科学家们的经验、智慧和建议。可以说,在科学共同体中,要制定符合科学研究实践规律,又为广大科技工作者所普遍认可的政策体系，需要科学权威，即战略科学家发挥科技"领头羊"的作用。

（3）国家产业发展模式。国家产业与经济的发展模式在很大的程度上依赖于国家科技发展水平。从蒸汽机车的产生到电气化的实现、从破坏环境式的经济发展模式到循环经济发展模式，乃至实现人与自然和谐相处的科学发展模式，科学技术在其中起着直接的推动作用，而要把科学技术转化为生产力，并使先进的科学技术为产业经济界所采用，促进产业经济的转型升级，战略科学家就可发挥咨询、决策的作用。

（4）国际科技发展方向。对国际科技发展方向产生巨大的影响是战略科学家创新成就与影响力的极大体现。战略科学家的重大科技原始创新成就，比如发现新的定理、定律；揭开宏观或微观世界的深层次发展规律；发明新的科学研究范式等，都会极大地影响或改变着国际科技研究发展的方向，也可为科技发展方向提供咨询和决策。

3. 学科范式

范式基本含义可以概括为：某一科学共同体在某一专业或学科中所具有的共同信念，这种共同信念规定了他们共同的基本观点、基本理论和基本方法，为他们提供了共同的理论模式和解决问题的框架，从而形成了该学科的一种共同传统，并为该学科的发展规定了方向。可以说，任何科学研究都是在某一范式的指导下进行的，范式是一个科学部门达到成熟的标志。随着科技的发展，范式也会创新转化，这种"范式"的转化，就是科学革命。一种范式经过革命向另一种范式逐步过渡，正是成熟科学的通常发展模式。对战略科学家而言，结合科技的发展与时代特点，创新科学研究范式是其科技影响力的又一来源。学科范式的影响来源有以下几个方面。

（1）科学研究普遍范式创新。在科学史专家看来，范式的改变导致了世界的改变。范式在某种程度上来说，就是解决问题的工具。在科学的发展历程中，当按某种旧有范式研究到一定阶段时，科学工作者在科研过程中就会发现一些不符合原定范式的反常现象，以至于现有的范式理论已经不能解决这些反常现象，就会出现对现存范式及其知识体系下的核心提出挑战和质疑，因此科学家们迫切地需要一个崭新的理论体系来解决这些反常现象。只要一个理论体系能够使反常现象得到解决，便会取代了旧有的范式，新的范式就产生了。如果战略科学家能在普遍意义上的科学研究范式上去突破，必定会对科学界和人类文明的进程产生巨大的影响。

（2）专门科学研究范式创新。专门科学研究范式是用来指专门科学群的研究群体对本群体所从事的研究活动的基本规范和结构式的框架的共同认识。在专门科学研究范式上，主要反映于自然科学研究范式、社会科学研究范式上。比如，在社会科学领域，社会科学研究范式经历了三次重要转折：一是从朴素的社会学到自然主义社会科学的转折；二是从单一社会学学科到并列、多分支学科的社会科学的转折；三是目前正在发生的从分立的社会学科群到系统的社会科学体系的转折。如果战略科学家能够在本学科领域创新研究范式，并取得实际应用效果，其科技影响力也将得以极大地扩展。

4. 学科网络

在科学研究上，由于科学界人与人之间合作、竞争，乃至引文引用等都会形成一定的学科网络关系，本文所阐述的学科网络主要是指战略科学家由于其学术关系和地位而在科学界的网络结构中所形成的影响力。它主要表现在以下几个方面。

（1）业务学科领域网络。对战略科学家而言，首先必须有着本业务领域的影响力，这是其学科影响力的原始出发点，他需通过与其他科学家的合作和讨论，尤其是与卓越科学家合作，就能在科学家的学科网络中得到更多、更大的支持。其次，要发表高质量的科研论文或产生技术创新成果，这样才能被越来越多的科学家论文引用，他新的思想影响范围也就越大，自己的影响因子就越高。

（2）跨学科领域网络。在本学科领域影响的基础上，战略科学家要能结合自己的学科优势和特长，积极参与跨学科科技活动，通过广泛的科技合作、交流，在彼此互利、相互启迪的原则下，通过跨学科成就的展示来取得不同学科网络中各节点的支持，获得其内心的认可与追随，从而扩大他在不同学科领域的科学影响力。

（3）社会公共网络。从广义上来说，对社会公共网络的影响也是战略科学家影响力的直接体现。战略科学家既可通过其科学成就与贡献来影响社会大众，也可通过电视、电台、网络、书籍等多种技术和手段开展科学普及等宣讲活动来扩大他在社会各阶层人们中的影响度，这同时也会提升社会公众的科学素养。战略科学家应主动地寻求与扩大其在科技界和社会大众中的影响力，并进而为科学的进步、社会公众科学素养的提升营造良好的环境。

5. 社会声誉

对战略科学家来说，良好的社会声誉是基于他非凡的人格魅力、卓越的科技创新成就与贡献而产生。基于声誉理论产生原理，结合战略科学家和科学研究的特点，其社会声誉主要来源于如下方面。

（1）人格与责任。20世纪，心理学家就归纳出五大成功绩效特质，即外向程度、稳定的情绪、随和、认真负责、勇于实践。其中，认真负责的态度是工作绩效的关键指针。在声誉的来源上，战略科学家要有着为人类社会、为国家强盛、为社会经济和科技事业的发展而拼搏的强烈使命感，和对组织、社会、国家的强烈责任感，并将这理想信念与追求转化为对美好事业的支持和行为实践。

（2）科研行为。在科研实践行为中，战略科学家所展示的领导与科研行为、价值取向和科学道德既是其影响力的主要来源，也是其影响和凝聚科技追随者的关键。为此，战略科学家要切实展示其对真理的孜孜以求、对人类社会和国家和谐发展、科学发展的关注与思考，以实实在在的科研行为来践行自己的职责与使命，使自己的价值追求奠定在科研行为上。

（3）创新质量与科学成就。科学创新的成果包括战略科学家所发表的科技论文、发明创造、专利技术，以及对社会各行业、领域所做出的科技贡献。在影响力方面，上述创新成果的水平高低、成就大小在时间累计效应的驱使下，会形成规模效应：越是长期有着优秀创新成果的科学家，其影响力就越大。

（4）人文情怀。人作为社会性的群体，需要彼此的尊重、信任和相互关爱，这对科技工作者同样适用。战略科学家要在其追随者中有着良好的影响力，必须有着良好的人文情怀，能基于人类共有的社会需求来尊重人、关心人、支持人和信任人，使追随者有着一致的归属感、认同感。

（5）关注科技追随者的利益需求。战略科学家要能正确识别其科技追随者，并在识别利益相关者的基础上，能从不同的利益群体中，准确把握其不同发展阶段的主体需求，在符合组织价值观体系的基础上，对科技追随者的利益诉求进行均衡管理，做到有的放矢，增强实效性和针对性，从而获得大家的认可，提升自己在追随者中的科技影响力。

八、战略科学家领导力的形成路径

建设创新型的国家，需要国家对科技的长期重视与持续稳定的投入，需要精干高效的科技创新组织，需要符合科学研究规律的科技管理政策，需要一大批优秀的科技人员的孜孜以求……然而，"三军易得，一将难求"，在我国科技发展日益取得进步、赶超世界先进水平的同时，更需要一大批创新成就卓越、富有科技领导力的战略科学家。

前面基于对战略科学家概念和经典领导理论，对战略科学家领导力进行了剖析，通过遴选著名的战略科学家进行传记挖掘和数据分析，以实证为基础，遵循"领导者—追随者—领导情境"研究模式，提出了战略科学家领导力的模型，即战略科学家领导力主要由其科技感召力、科技洞察力、科技原创力、科技影响力和科技激励力组成。然而，如何才能锤炼出战略科学家呢？下面分三方面来探讨。

（一）战略科学家成长规律

卓越人才的成长是一个复杂的社会过程，包括个人资质、家庭熏陶、学校培育、社会锻炼等方面的集成影响，就成长规律研究而言，目前主要有如下观点。

美国科学社会学家哈里特·朱克曼（Harriet Zucherman）、乔纳森·科尔（Jonathan Cole）和斯蒂芬·科尔（Stephen Cole）等对1901—1972年美国92位诺贝尔奖获得者做过详细研究，提出了其成长的一般规律。中国学者曹聪在美国哥伦比亚大学学习期间，对1955—2001年当选为中国科学院院士的成长规律做了研究。此外，中国科学院及国内学者还对中国两院院士及创新人才成长规律做了相关研究。综述而言，可归纳为如下观点。

（1）少年形塑规律。该规律是指人具有不同类型，如人格、思维、认知模式等，而这种类型很大程度上是在成年之前塑造成型，之后便相对稳定，难以有质的改变。就创新而言，需要个体具有探索精神，这要求个体对特定事物具有浓厚的兴趣、开阔和发散的思维方式、坚定执着的意志、爱国有担当的品德。而兴趣的发现和培养、自信心的建立、思维方式的训练、爱国精神等，基本都在青少年阶段完成。

（2）家庭熏陶规律。卓越的科技创新人才一般出生在良好的家庭中，包括经济上的富裕、良好的教育环境。比如，朱克曼对美国71位诺贝尔奖获得者研究发现，其父亲82%是专业技术人员、经理或企业主。这些获奖者的父亲有55%从事科研或与科研密切相关的职业，如医生、工程师、理科教师或有资历的研究员。

（3）名师承继规律。该规律是指在人才的培育过程中，学生师从名师，求学名校，受德高望重名师的深刻影响，进而继承老师的学识、人品和做法等。在一个人步入学习阶段开始接受社会教育过程中，每人都会有众多老师，有些人会很幸运地遇到影响自己一生发展方向的"伯乐"。该伯乐不仅向学生传授知识，更为学生培育科学精神，破解学术迷津，指点分析思维，点化人生方向，搭建锻炼平台，以促进人才成长。

（4）扬长避短规律。在人才的成长过程中，每个人的主观能动性发挥都居于内生的主导地位，而人才主观能动性的发展主要体现为知晓自己的优势与劣势，进而发挥自身优势、规避自身不足，以成就自身价值。

（5）青年早慧规律。国内外研究发现，优秀的创新人员自成为科学家开始，就与同龄人表现出迥然不同的差异，大部分在20～30多岁的年龄段中就发表较多的高质量论文，其数量和质量要远远高于其他年龄段人员。

（6）环境共生规律。人才的成长具有环境共生规律，即人才和环境之间相互促进，人才成长越多、越快，环境优化和改善的步伐也越快；反之，环境越优良，人才成长也越多越快。而环境共生规律会通过其共生效应得以体现，也就是通过其示范效应、连锁效应、累积效应得以体现。

（7）锤炼成长规律。锤炼成长规律就是通过搭建平台在科研项目中积极锻炼使用人才，使其在实践中得以锻炼并逐步形成创新业绩。古今中外的重大科学工程，不仅孕育了大量的科技成果，也同时培养了卓越的创新人才。如我国的"两弹一星"工程、美国的"曼哈顿"工程便是锻炼培养并造就卓越创新人才的经典实例。

（二）战略科学家的培育环境思考

人才成长的环境有着非常广义的内涵，它是一个环境系统，这个系统相互作用、相互影响，并最终作用于人才，但其中起关键作用的是人才成长的社会文化宏观环境、人才成长教育环境、科研项目评价和人才使用激励等方面。

（1）弘扬科技创新价值，推进文化理念建设。科技发展的历史、世界科学中心的转移，以及众多成功组织的实践已证明：文化与价值观无论是对个体、团队、组织的成功与发展，还是对国家的凝聚和强盛，均起着至关重要的作用。为此，国家、组织和创新团队都要基于持续发展和科学发展的角度，采取切实措施，重视文化与价值观内涵的构建、传承和创新。在社会各领域，特别是科技领域，鼓励创新，积极培育有利于创新的社会文化氛围和价值观体系，宣扬追求真理、信守科学伦理道德的价值追求，弘扬科学精神，树立科技创新目标与人类社会和谐发展、国家利益相统一的价值思想，强调科技报国、创新为民的理念，而其中尤以从国家层面开展创新文化与价值观的宣扬、传承，并积极以物质、精神等激励措施最为重要，使国家民众将创新意识融入其思维理念、并以行动实践相促进。同时，务必使创新文化价值观的宣扬和社会政策、激励机制高度一致、长期协调。

（2）优化人才教育环境，激发创新思维能力。创新人才是具有创新意识、创新激情、创新能力的人。从现代教育的观点来看，教育是由内而外的一种发展，是顾及学习主体的心理条件的，对于学习者的兴趣、能力、欲求是兼顾的。学校教育必须培养学生具备独立性思维和批判性思维的能力，并且能够灵活应对新事物，从而改变对世界的固有看法。学校要教导学生不仅要学到知识，而且要鼓励学生创造出新的知识；要推广探究式、参与式的教学方法，鼓励质疑与科学思想自由交流的学习氛围；要以能力素养培养为核心，充分激发学生的好奇心、想象力和探索精神，培养高尚的品格，以及坚韧不拔的毅力和孜孜以求、锲而不舍的钻研精神，培养科学的思维方法，以及发现问题、分析问题、解决问题的能力，树立终身学习的理念。

（3）强化顶层战略规划，推进跨学科人才培养。加强国家科技管理的顶层规划与领导，从国家战略高度重视并积极推进跨学科研究及跨学科优秀人才的培养。基于此，必须加强国家智库的建设，基于国际科技发展前沿、国家发展战略、经济社会领域重大需求和国际科技竞争重点领域统筹规划国家的科技发展战略，预测科技发展路线，未雨绸缪，构建有前瞻性、系统性、重点性的科技布局规划；同时，配以相应的政策和财政支持，力推科技发展。从国家层面上把自然科学、工程技术和人文社会科学整合为一个有机整体的领导体系，构建国家、地方政府和国立科研机构、高等院校、企业、科技咨询机构等紧密衔接的科技价值链领导和创新体系。积极组建跨学科研究单元，促进不同学科的学者共同探讨和相互交流，使不同学科彼此渗透、相互融合，使不同的思维相互碰撞，相互启迪，形成科技创新的"倍增"效应，并促进新知识、新理论的产生、完善，从而有效促进知识共享和科技创新，并逐渐培育与锻炼一大批有着跨学科知识和跨学科从事科学研究工作的复合型人才。

（4）探索科研管理规律，优化科技项目管理。加强科技项目的科学管理，按科研规律进行有效管理与考评。第一，优化科技项目管理决策机制，使科技咨询机构和政府决策、管理机构等有效结合、互为补充，从全人类、国家发展、经济和产业发展等战略需求层面规划科技的发展战略，并进而依次确立研发项目。第二，改革项目考核评估制度，要针对不同性质、不同学科和规模的项目，设立不同考核指标和验收形式，使考核符合相应学科的科学研究规律，同时避免频繁的阶段考核所引起的应付式交差和时间浪费，避免急功近利的"短、平、快"考核方式。第三，完善科技项目信息管理系统，充分利用信息化建设的成绩，促进管理的信息化、高效化。第四，改革课题制管理模式。在一定的历史发展阶段，课题制曾发挥过积极的作用，但随着科技这一生产力的快速发展，这种类似于"包产到户"的科技项目管理模式已逐步不再适应大科学的发展需求。因此，宜适当改革课题制管理模式，整合科技资源，融分散的科技资源于一体，集中优势资源，服务于超越课题组形式的大科技组织战略，促进科学的新发展。在此基础上，建立以创新和贡献为导向的人才评价机制，不拘一格选拔、使用人才。

（三）战略科学家领导力的形成路径

战略科学家的成长之路和其个人的价值追求、学习教育及科研项目实践锻炼密切相关，为此，从精神层面和成长平台、教育和个人锤炼等方面而言，主要包含有如下路径。

（1）激发创新价值信念，投身科技创新报国。信念是人精神的永恒动力，为此，在科技界积极推广科学信念、科学理想、科学精神和报国情怀的宣传和实践，构建科技发展愿景，提升科学家群体的科技信念，激发科技动力。研究发现，越是优秀的科学家就越具有伟大的科学信念与追求，也越具有探索科学奥秘、不为外界因素所干扰的、坚定的科学精神。从产生卓越科技贡献的科学家的科学信念来看，普遍追求着以科技服务于人类社会、国家发展、产业经济的至高目标和理想。从价值追求角度来说，优秀的科学家能超越自身私利的考虑，将组织、国家、人类的利益放在首位。通观具有卓越成就的科学家和领导者，其价值追求往往将理想追求和国家、人类的福祉与发展紧密联系。在科学精神上，体现于追求真理，崇尚创新，尊重实践，弘扬理性。因此，基于科技发展史和战略科学家产生的内在原因来分析，在科技界必须积极进行科学信念、科学理想和科学精神的宣传和实践，并使其内化为科学家群体的价值追求和行为指针，切实提升科学家群体的科技愿景，激发其科技研究动力与责任感、使命感，这是产生战略科学家的内心价值要素。

（2）优化整体教育，倡导名师讲学。从人才的成长规律与影响因素来看，家庭和学校的教育是卓越人才成长的关键之一。为此，应整体把握两个方面的教育，即家庭教育和学校教育。在家庭教育方面，重点是家长要培育孩子健全的人格，培养孩子养成正确的道德观念，通过关爱、理解、沟通、引导、宽容和支持等方法使孩子善于思考、善于观察、善于表达，尊重他人，乐于与人沟通交往。在学校，必须大力提倡名师名家上讲台，整合中学、大学、国立科研机构的优秀师资走上讲台，给学生普及科学与人文知识；同时，加强顶层设计，逐步改革应试教育，优化课程体系和结构，改革学生评价指标，提倡素质教育，全面提升学生的身心素养、人文素养、科学素养和道德素养，鼓励学生大胆质疑，提高其动手能力，并引导学生深入社会、自然去探索问题、发现问题，进而解决问题。

（3）融入世界科技活动，把握科技发展前沿。卓越科学家传记研究分析表明，大多取得巨大科技成就并惠及人类社会、国家发展的科学家，通常都有着优秀的战略思维、预见能力并积极开展国际科技合作。为此，应在自主创新的主旋律下，加强国际科技合作交流，广泛吸收世界先进文明的精华和优秀的科学研究方法，积极利用全球科技资源为我所用，鼓励与支持科技人才参与国际科技合作与访问学习，尤其是资助优秀青年人才去世界一流名校和科研机构开展学术科研合作，造就一支具有原创能力的科学家队伍，并着力培养具有国际视野的青年科学研究人才和后备力量，培养具有世界水平的科学家和高水平创新团队。

（4）参与国家重大项目，培育历练优秀人才。科技发展历史表明，围绕国家战略需求和国际科技竞争的重点领域，超前布局，积极构建科技大项目与大科学工程，以国家重大科技任务为重要依托，以相应创新平台为载体，优化整合资源，既是促进完成国家战略需求的有效手段，也是以重大项目培养优秀科技创新人才的有效方式。战略科学家的传记分析和实证研究告诉我们，要成为战略科学家，就必须有丰富的科技阅历和经验，尤其是有参与国家级大科学项目的丰富经验，这既可以锻炼其综合各门学科分析问题、解决问题的能力，又可锻炼其领导和管理大科学项目的决策、沟通、协调、控制和激励等多项管理与领导能力，使科学探索和领导管理相得益彰，成就其人生的成长阶梯，锤炼一批科技领军人才。

（5）深入战略新兴产业，面向经济主战场。社会经济的发展对科技创新提出的现实要求是促进科技发展的主要动力来源之一。科技创新领军人才的培养需积极促进创新人才的科技创新活动和社会经济，尤其是战略性新兴产业的密切融合，而这要求着创新领军人才要拥有战略思维理念与知识，能准确把握人类社会发展、国家发展战略、社会经济产业的发展对科技的客观需求，提前部署、开展前沿性的科技领域探索，并积极和企业等机构紧密联系，协同创新，以科技成就的产出来服务经济社会的发展需求。

（6）培育人文情怀，提升哲学素养。科技创新人才除在学科领域具有专业知识和创新能力外，还必须具备人文与哲学素养。可以说，自然科学知识与社会科学知识是人类文明整体的两翼。两翼的隔离是人类文明进步的严重阻碍，因而需要使两者获得融合和均衡的发展。当今世界，自然科学知识日益渗透影响社会科学知识，也明显地存在着社会科学知识影响自然科学知识探索的现象。自然科学知识和社会科学知识的相互融合、交叉，促使彼此间互学所长，相互借鉴，共同提升。研究表明：科学理论的创新要求创新主体具备较高的哲学素养，科学家的哲学思想不仅可以为其理论创新提供坚强的科学信念和精神动力，而且可以为理论创新提供逻辑范畴、构建原则，以及科学方法和评判准则。在知识创新活动过程中，科学家的哲学思想对其科学研究方向的确立、理论的建构、科学研究方法的选用与创新，乃至学科发展规律的把握都起着决定性的作用。因此，优秀的科技创新人才必须在专业知识领域的基础上，拓展自己的人文视野和哲学思维能力，提升创新能力与领导能力。

（7）创新项目运作方式，持续稳定支持人才。科技项目是锻炼科技人才成长的优效途径之一，在领军人才培养上，可通过"人才+项目"的运行模式，把自主选题和承担国家科技计划紧密结合起来。在此基础上，建立稳定渠道,支持领军人才及其团队开展预研性或超前性的自主选题研究。同时,建立领军人才承担国家科技重大专项、科技计划和基地建设任务的优先机制,通过科研实践培养和造就科技创新领军人才。

造就卓越的战略科学家不是一朝之功,需要社会方方面面因素的长期整体协同和相互促进,无论是社会环境所涉及的文化、价值理念,还是国家科技与教育本身的战略规划布局、管理体制与机制,以及跨学科研究与大科学工程项目的规划实施,乃至科技人才自身成长的历程、科学信念与理想追求、知识结构、能力素养等都会影响着其成长的轨迹和发展方向。

成就一项伟大的改革,造就一大批卓越的科技领导人才和战略科学家,建设创新型国家,实现中华民族的伟大复兴,是中华儿女的神圣使命与光荣职责,为此,我们必须有所行动,有所作为!但愿本文能为有效培养造就我国战略科学家及提升其领导力奉献微薄之力!

作者:谭红军,中国科学院大学。